应用型本科院校校企合作教材

矿山运输与提升设备

主　编　卜桂玲　吴　晗
副主编　李　刚　格日乐　陈　峰

北京理工大学出版社
BEIJING INSTITUTE OF TECHNOLOGY PRESS

内 容 简 介

全书共分五章。第一章提升机械、第二章刮板输送机、第三章带式输送机、第四章辅助运输机械、第五章矿井提升机交流电气控制系统。

本书全面系统地介绍了矿山运输与提升设备的主要类型、结构、工作原理、工作性能、运行理论、电气控制系统、选型计算以及运行维护、检修等方面内容，并对本领域中新技术、新成果、新产品及其发展方向做了相应介绍。为便于组织教学，每章附有相应的思考题与习题。本书突出应用型本科院校教育培养应用型人才的特点，从矿山生产实际出发，以应用为目的，以理论适度、概念清楚、突出应用为重点，内容充实，具有先进性和实用性。

本书可作为高等学校矿山机电等矿业类相关专业的教材和参考书，也可作为矿山企业工程技术人员的参考资料。

图书在版编目（CIP）数据

矿山运输与提升设备/卜桂玲，吴晗主编. —北京：北京理工大学出版社，2019.7
（2023.2 重印）

ISBN 978 – 7 – 5682 – 7344 – 2

Ⅰ. ①矿…　Ⅱ. ①卜…　②吴…　Ⅲ. ①矿山运输 – 运输机械 – 高等学校 – 教材②矿井提升 – 提升设备 – 高等学校 – 教材　Ⅳ. ①TD5

中国版本图书馆 CIP 数据核字（2019）第 160762 号

出版发行／北京理工大学出版社有限责任公司

社　　址／北京市海淀区中关村南大街 5 号

邮　　编／100081

电　　话／（010）68914775（总编室）

　　　　　（010）82562903（教材售后服务热线）

　　　　　（010）68944723（其他图书服务热线）

网　　址／http：//www.bitpress.com.cn

经　　销／全国各地新华书店

印　　刷／北京国马印刷厂

开　　本／787 毫米×1092 毫米　1/16

印　　张／14　　　　　　　　　　　　　　　　　责任编辑／封　雪

字　　数／328 千字　　　　　　　　　　　　　　文案编辑／封　雪

版　　次／2019 年 7 月第 1 版　2023 年 2 月第 5 次印刷　　责任校对／周瑞红

定　　价／46.00 元　　　　　　　　　　　　　　责任印制／李志强

图书出现印装质量问题，请拨打售后服务热线，本社负责调换

校企合作教材编委会

主　任：侯　岩　马乡林

副主任：梁秀梅　于德勇　孟祥宏　周如刚　卜桂玲

编　委：金　芳　任瑞云　王　英　宋国岩　孙　武

　　　　栗井旺　陈　峰　丁志勇　谢继华　陈文涛

　　　　格日乐　吴　晗　宋青龙　李　刚　宋　辉

　　　　王　巍　孙志文　王　丽　田　炜

前　言

本书是根据国家对地方本科院校转型发展的要求，积极探索并实施校企合作等应用型人才培养模式，探索应用型课程内容结合职业标准教学模式，并总结编者多年从事教学、矿山生产实践经验编写而成的。

全书共分五章，内容有提升机械、刮板输送机、带式输送机、辅助运输机械、矿井提升机交流电气控制系统等方面的详细讲解。本书主要介绍了矿山运输与提升设备的主要类型、结构、工作原理、工作性能、运行理论、电气控制系统、选型计算以及维护运转、常见故障及处理方法等内容，并对本领域中新技术、新成果、新产品及其发展动向做了相应介绍。为便于组织教学，每章附有相应的思考题与习题。本书注重基本概念、基本原理、基本结构的分析，在精选内容的基础上，力求贴近矿山生产实际，使本书内容适应矿山生产的现状和发展的需要。加强教材的科学性、启发性和技术上的先进性、实践性，突出实践与理论紧密结合的特色，以适应培养应用型人才的需要。

本书由呼伦贝尔学院卜桂玲、吴晗担任主编，李刚、格日乐、陈峰担任副主编。具体编写分工为卜桂玲编写绪论、第一章，吴晗编写第二章、第三章；神华大雁煤业有限责任公司雁南煤矿陈峰编写所有章节检测、维修部分；呼伦贝尔学院格日乐编写第四章；呼伦贝尔学院李刚、王巍编写第五章。全书由卜桂玲负责统稿，呼伦贝尔学院任瑞云教授、陈峰工程师对全书进行了仔细审稿，并提出了许多十分中肯的修改意见，对保证和提高本书的编写质量起到了关键作用。

在本书的编写过程中，神华大雁煤业有限责任公司、扎赉诺尔煤业公司等单位的领导和同事给予了大力支持，在此一并表示衷心的感谢。

在编写过程中，我们参考了许多文献、资料，在此对这些文献、资料的编著者表示衷心的感谢！

由于编者水平有限，书中疏漏和不妥之处在所难免，敬请使用本书的广大师生和读者批评指正。

编　者
2019 年 6 月 8 日

目　　录

绪　　论

一、矿井运输与提升在煤矿生产中的地位及任务

煤炭既是我国的主要能源，又是重要的化工原料。中华人民共和国成立 60 多年来，煤炭工业作为我国的重要能源工业，为推动和保障国民经济的发展，取得了举世瞩目的伟大成就。我国煤炭储量居世界前列，原煤年产量在 1949 年为 0.32 亿 t，到 2017 年已突破 34.45 亿 t，跃居世界第一位。根据我国的国情，在一次性能源结构中，煤炭所占的比重一直在 70% 以上；而在今后相当长的时期内，煤炭仍然是我国的主要能源。随着我国经济社会的不断改革和发展，煤炭工业必将高速、持续、科学地向前发展。

矿山运输与提升是煤炭生产过程中必不可少的重要生产环节。从井下采煤工作面采出的煤炭，只有通过矿井运输与提升环节运到地面，才能被加以利用。矿井运输与提升在矿井生产中担负以下任务：

（1）将工作面采出的煤炭运送到地面装车站。

（2）将掘进出来的矸石运往地面矸石场或矸石综合利用加工厂。

（3）将井下生产所必需的材料、设备运往工作面或其他工作场所。

（4）运送井下工作人员。

可以说，矿井运输与提升是矿井生产的"动脉"与"咽喉"。其设备在工作中一旦发生故障，将直接影响生产，甚至造成人身伤亡。此外，矿井运输与提升设备的耗电量很大，一般占矿井生产总耗电比重的 50% ~ 70%。因此，合理选择与维护、使用这些设备，使之安全、可靠、经济、高效地运转，对保证矿井安全高效地生产，提高煤炭企业的经济效益和促进经济社会的可持续发展，都具有重要的现实意义。这就要求矿山机电技术人员很好地掌握矿井运输与提升设备的各种类型、结构、工作原理、运行理论、工作性能、维护、运转等方面的知识和技能。

由于矿井运输与提升设备是在井下巷道内和井筒内工作的，空间受到限制，故要求它们结构紧凑，外部尺寸尽量小；又因工作地点经常变化，因而要求其中的许多设备便于移置；因为井下瓦斯、煤尘、淋水、潮湿等特殊工作环境，还要求设备防爆、耐腐蚀等。

井下运输线路和运输方式是否合理，对降低运输成本的影响甚大。而它们的合理性在很大程度上取决于开拓系统和开采方法，因此，在决定矿井开拓系统和开采方法时，不仅要考虑运输的可能性和安全性，还要考虑它的合理性和经济性。

图 0-1 所示为矿井运输与提升系统示意图。图中煤流路线为：回采工作面 15 刮板输送机—区段运输机巷转载机、胶带机（或刮板输送机）—采区运输上山 11 胶带输送机—采区煤仓 12 装车—胶带运输大巷 6（或电机车牵引矿车组）—井底车场翻车机卸车、井底煤仓 3—主井 1 箕斗提升到地面。

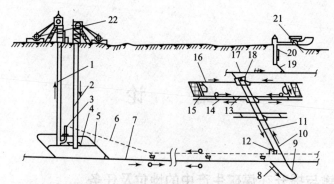

图 0-1 矿井运输与提升系统示意图

1—主井；2—副井；3—井底煤仓；4—中央变电所；5—井底车场；6—胶带运输大巷；
7—轨道运输大巷；8—采区石门；9—采区车场；10—采区轨道上山；
11—采区运输上山；12—采区煤仓；13—区段运输巷；14—区段轨道巷；
15—回采工作面；16—工作面回风巷；17—总回风巷；18—采区绞车房；
19—回风石门；20—回风立井；21—通风机；22—矿井提升机

由上可知，矿井运输与提升系统遍布各个环节，每一环节均布置有必需的设备，而环节越多，使用的设备台数和转载点也越多，可能的故障也越多，因此，如条件许可，应尽可能减少环节、简化系统，以便安全生产，提高经济效益。

二、矿井运输与提升设备的类型

矿井运输与提升设备的类型按其动作方式不同，可分为两大类：连续动作式和周期动作式。另外，还有一些辅助设备。连续动作式设备的特点是设备一经开动后，就能连续不断地运送货载；周期动作式设备的特点是设备以一定循环方式周期性地运送货载，在运转中需要经常控制其运行方向。

（一）连续动作式设备

1. 输送机

输送机，如刮板输送机、胶带输送机、勺斗提运机等。

2. 无级绳运输设备

无级绳运输工作系统如图 0-2 所示，这种运输方式是将货载装在单个矿车中用无级连续运转的钢丝绳牵引矿车在轨道上运行，矿车与钢丝绳之间通过连接装置挂钩或摘钩。这种运输方式可用于井下或地面水平运输及倾角小于 10°～15° 的斜巷运输，属于落后的运输方式，仅在个别老矿区和地方小煤窑尚有使用。

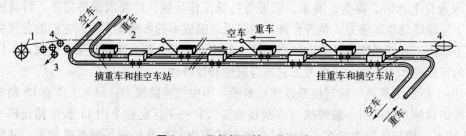

图 0-2 无级绳运输工作系统

1—主导绳轮；2—钢丝绳；3—拉紧装置；4—导向轮

3. 风力或水力运输

风力或水力运输可分为利用压缩空气或高压水在管内运送货载的有压运输和利用自然坡度在铁槽内运送货载的无压水力运输两种。水力运输适用于水力采煤或旱采水运矿井。

4. 自重运输

自重运输，即在坡度较大的情况下，利用货载本身的自重分力，使货载沿斜坡向下连续自溜运输。

（二）周期动作式设备

1. 机车运输设备

机车运输设备是指用机车牵引一组矿车在轨道上往返周期性地运送货载，是我国目前水平巷道长距离运输的主要方式之一。

2. 有级绳运输设备

有级绳运输设备是指用有级往复运行的钢丝绳牵引单个或一组矿车在轨道上往返运行。多用于小型矿井的主斜井提升或一般矿井的采区上、下山辅助运输等。

3. 矿井提升设备

矿井提升设备是利用提升机滚筒传动的钢丝绳牵引提升容器在井筒内往返运行，完成提升或下放人员及货物的任务。

4. 卡轨车

卡轨车是一种地轨式辅助运输设备，在车辆上除了安装有普通的行走轮对外，另装有卡轨轮，其作用是卡住轨道，使车轮不离轨道，以适用于巷道底板起伏大、有底鼓以及难以使用机车和有级绳运输的巷道。

5. 单轨吊车

单轨吊车是与综合机械化采煤配合使用的一种采区巷道辅助运输设备。其车辆悬吊于巷道上方工字型单轨上运行，以摩擦轮绞车作动力装置，通过钢丝绳牵引运送货载，图 0-3 所示为钢丝绳牵引的单轨吊车。

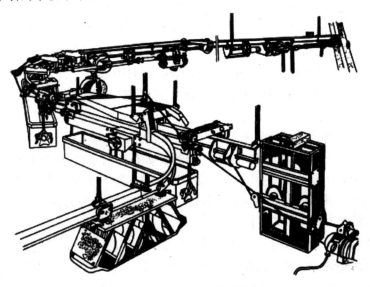

图 0-3　钢丝绳牵引的单轨吊车

6. 架空索道

架空索道适用于个别山区矿山地面运输设备。

（三）辅助运输设备

1. 给煤机

给煤机用来将煤仓中的煤均匀而定量地装到输送机或其他设备上。

2. 闸门

闸门用来关闭煤仓或漏斗，也可以起调节给煤量的作用。

3. 翻车机

翻车机用来翻转矿车，卸出所载物料。

4. 链式推车机或爬车机

链式推车机是在采区装车站、井底车场，向罐笼、翻车机，或在溜煤眼下部推送的设备。而爬车机则是在矿车自溜系统中，用以补偿矿车自溜所降落的标高差，故又称高差补偿器。

5. 调度绞车

调度绞车主要用于地面、井下车场或装载站作调度矿车之用，也可做运送材料等一些辅助运输工作。

6. 阻车器和限速器

阻车器和限速器是指在矿车自溜轨道上停止矿车运行和调节、限制矿车的滑行速度的设备。

7. 转载机

转载机是机械化采煤采区内煤炭运输系统中普遍采用的一种中间转载输送设备。

此外，还有提升设备的装、卸载附属设备等辅助设备。

三、国内外矿井运输与提升设备发展概况

我国缓倾斜煤层工作面比较多，刮板输送机应用极广，种类很多，达30多种，有单链、双链、三链刮板输送机，使用较多的有10多种，并且新品种不断增加，如有的可弯曲刮板输送机，能完成拐弯90°运行。我国自行设计、制造的SGW-150型和SGW-250型双边链高效可弯曲自移输送机，SGZ-764/264型双中链可弯曲刮板输送机等，与采煤机、液压支架配套，使工作面的采、装、运、支实现了综合机械化，大大提高了工作效率。

在带式输送机运输方面，近年来，国内外带式输送机向着长距离、大运量、高速度、大功率、低能耗方向发展。如北非撒哈拉大沙漠的磷矿石运输采用10台钢丝绳芯胶带输送机组成输送线，距离达100 km；美国的河湖胶带运输线长达169 km；德国的莱茵褐煤矿山公司费尔图纳露天煤矿使用的是目前世界上胶带宽度最宽、运输能力最大的胶带输送机，其带宽达6.4 m，运输能力达37 500 t/h。

为实现长距离无转载连续运输，在发展长运输线的同时，单机长度也在不断提高。如日本设计使用的一台输送机，单机长度达15.5 km。在德国已经有15 m/s的高速胶带机等。

在电机车运输方面，电机车正向着大型化、高速化、能爬大坡度、高度自动化控制方面发展。瑞典、美国、波兰等国家已开始研制和使用能自动装、卸载，无人驾驶运行的全自动

化控制的电机车运输设备。

　　在矿井提升设备的设计制造方面，我国已能成批生产各种现代化的大型提升机，并制定了单绳缠绕式和多绳摩擦式提升机的新系列型谱，这标志着我国提升设备的设计、制造已达达到一个新的水平。

第一章 提升机械

第一节 概 述

一、矿用提升设备的用途

矿用提升设备是联系矿井井下和井上地面的"咽喉"设备，在矿山生产建设中起着重要作用。矿井提升机主要用于煤矿、金属矿和非金属矿中提升煤炭、矿石和矸石、升降人员、下放材料、工具和设备。

矿井提升机与压气、通风和排水设备组成矿井四大固定设备，是一套复杂的机械——电气排组。所以，合理地选用矿井提升机具有很重要的意义。矿井提升机的工作特点是在一定的距离内，以较高的速度往复运行，为保证提升工作高效率和安全可靠，矿井提升机应具有良好的控制设备和完善的保护装置。矿井提升机在工作中一旦发生机械和电器故障，就会严重地影响到矿井的生产，甚至造成人身伤亡。

熟悉矿井提升机的性能、结构和动作原理，提高安装质量，合理使用设备，加强设备维护，对于确保提升工作高效率和安全可靠，防止和杜绝故障及事故的发生，具有重大意义。

二、矿井提升设备的主要组成部分

矿井提升设备的主要组成部分包括提升机、提升钢丝绳、提升容器、天轮、井架以及装卸载附属设备。

三、矿井提升系统

根据矿井井筒倾角及提升容器的不同，矿井提升系统可大致分为以下几种。

（一）竖井普通罐笼提升系统

图 1-1 所示为竖井普通罐笼提升系统。其中一个罐笼位于井底进行装车，另一个罐笼则位于井口出车平台，进行卸车；两条钢丝绳的两端，一端与罐笼相连，另一端绕过井架上的天轮，缠绕并固定在提升机的滚筒上。滚筒旋转即可带动井下的罐笼上升，地面的罐笼下降，使罐笼在井筒中做上下往复运动，进行提升工作。

（二）竖井箕斗提升系统

图 1-2 所示为竖井箕斗提升系统。井下的煤车通过井底车场巷道中的罐笼（翻车机）将煤卸入井下煤仓 9 中，再通过装载设备 11 将煤装入停在井底的箕斗 4 中。此时，另一条钢丝绳上所悬挂的箕斗则位于井架 3 上的卸载曲轨 5 内，将煤卸入井口煤仓 6 中。两个箕斗通过绕天轮的两条钢丝绳，由提升机滚筒带动在井筒中做上下往复运动，进行提升工作。

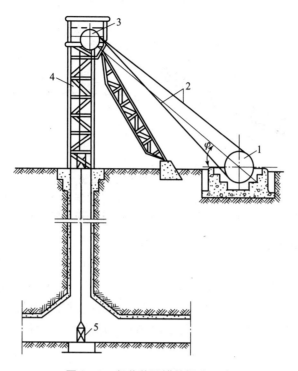

图 1 - 1　竖井普通罐笼提升系统

1—提升机；2—钢丝绳；3—天轮；4—井架；5—罐笼

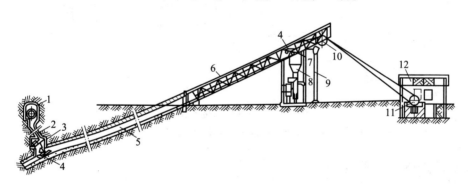

图 1 - 2　竖井箕斗提升系统

1—提升机；2—天轮；3—井架；4—箕斗；5—卸载曲轨；6—井口煤仓；
7—钢丝绳；8—翻车机；9—井下煤仓；10—给煤机；11—装载设备

（三）斜井箕斗提升系统

在倾斜角度大于25°的斜井中，使用矿车提升煤炭易撒煤，其主井宜采用箕斗提升，斜井箕斗多用后卸式的。

图 1 - 3 所示为斜井箕斗提升系统。井下煤车将通过翻车机硐室 1 中的翻车机将煤卸入井下煤仓 2，操纵装载闸门 3 将煤装入斜井箕斗 4 中；而另一箕斗则在地面栈桥 6 上，通过卸载曲轨 7 将箕斗打开，把煤卸入地面煤仓 8 中，两箕斗上的钢丝绳通过天轮 10 后缠绕并固定在提升机的滚筒上，靠提升机滚筒旋转带动箕斗在井筒 5 中往复运动，进行提升工作。

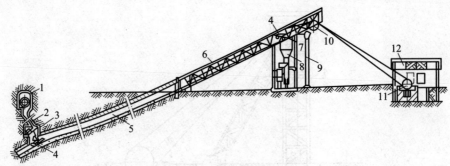

图1-3 斜井箕斗提升系统

1—翻车机硐室；2—井下煤仓；3—装载闸门；4—斜井箕斗；5—井筒；6—栈桥；
7—卸载曲轨；8—地面煤仓；9—立柱；10—天轮；11—提升机滚筒；12—提升机房

(四) 斜井串车提升系统

两条钢丝绳的两端，一端与若干个矿车组成的串车组相连，另一端绕过井架上的天轮缠绕并固定在提升机的滚筒上，通过井底车场、井口车场的一些装卸载辅助工作，滚筒旋转即可带动串车组在井筒中往复运动，进行提升工作，这就叫斜井串车提升。与斜井箕斗提升相比，它不需要复杂的装卸载设备，具有投资小和基建快的优点，故为产量小的斜井常采用的一种提升系统，如图1-4所示。

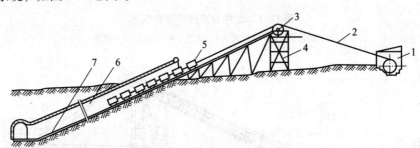

图1-4 斜井串车提升系统

1—提升机；2—钢丝绳；3—天轮；4—井架；5—矿车；6—巷道；7—轨道

四、矿井提升设备的分类

(一) 按用途分类

(1) 主井提升设备：专供提升矿物。

(2) 副井提升设备：用于提升矸石、升降人员、下放材料和设备。

(二) 按井筒倾角分类

(1) 竖井提升设备。

(2) 斜井提升设备。

(三) 按提升机类型分类

(1) 缠绕式提升机：分单绳缠绕式提升机和双绳缠绕式提升机。

(2) 摩擦式提升机：分单绳摩擦式提升机和多绳摩擦式提升机。

(3) 内装式提升机。

(四) 按提升容器分类

(1) 罐笼提升设备：有普通罐笼和翻转罐笼之分。

（2）箕斗提升设备：有竖井提升箕斗和斜井提升箕斗之分。

（3）矿车提升设备：用于斜井提升，有单、双钩提升之分。

（4）吊桶提升设备：专用于竖井井筒开凿时的提升。

五、井架与天轮

1. 井架

井架是矿井地面的重要建筑之一，它用来支持天轮和承受全部的提升重物、固定罐道和卸载曲轨、架设普通罐笼的停罐装置等。井架有木井架、金属井架、混凝土井架和装配式井架几种类型。

（1）木井架。木井架用于服务年限较短（6~8年）、产量较低的小型矿井。

（2）金属井架。金属井架目前使用较为广泛，构件可在工厂制造，在工地进行安装。服务年限长，耐火性好，弹性大，能适应提升过程中发生的振动。但成本较高，钢材消耗量大，容易腐蚀，故必须注意防护，每年都应涂防腐剂一次。图1-5所示为目前我国广泛使用的四柱式金属井架。

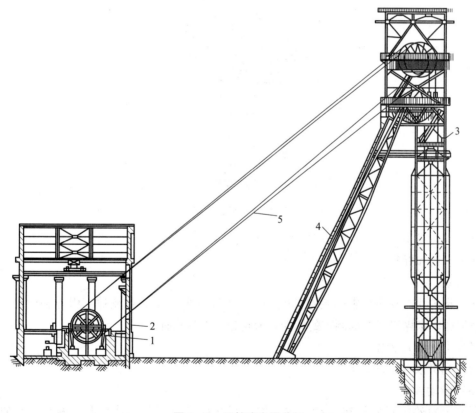

图1-5　四柱式金属井架

1—提升机；2—提升机房；3—立架；4—斜撑；5—钢丝绳

（3）混凝土井架。混凝土井架优点是节省钢材，服务年限长，耐火性好，抗震性好。缺点是自重大，必须加强基础，因而成本高，施工期长。井塔式多绳摩擦式提升机则采用混凝土井塔，如图1-6所示。

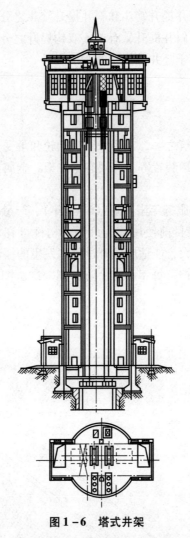

图 1-6 塔式井架

（4）装配式井架。装配式井架用钢管和槽钢装配而成。用于竖井开凿施工井架，其优点是便于运输和拆装。

2. 天轮

天轮是矿井提升系统中的关键部件之一，安装在井架上，作支撑、引导钢丝绳转向之用。根据原国家煤炭工业部制定的标准，天轮分为下列三种：

（1）井上固定天轮。

（2）凿井及井下固定天轮。

（3）游动天轮。

固定天轮轮体只做旋转运动，主要用于竖井提升及斜井箕斗提升。游动天轮轮体则除了做旋转运动外，还可沿轴向移动，主要用于斜井串车提升。其结构型式也因直径的不同而分为三种类型：直径 $D_t = 3\ 500$ mm 时，采用模压焊接结构；直径 $D_t \leqslant 3\ 000$ mm 时，采用整体铸钢结构；直径 $D_t \geqslant 4\ 000$ mm 时，采用模压铆接结构。

图 1-7 与图 1-8 所示分别为铸钢固定天轮与游动天轮，其基本参数分别见表 1-1 和表 1-2。

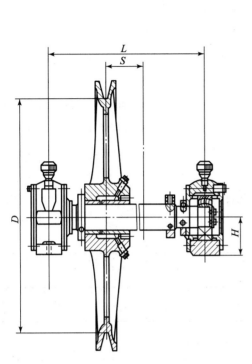

图1-7 铸钢固定天轮

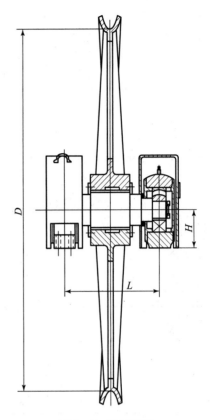

图1-8 游动天轮

表1-1 井上固定天轮的基本参数

型号	名义 直径 D_t/mm	绳槽 半径 R/mm	适用于 钢丝绳的 直径范围/mm	允许的 钢丝绳 全部钢丝 破断拉力总和/N	两轴承 中心距 L/mm	轴承 中心高 H/mm	变位 质量 m_t/kg	自身 总质量 /kg
$TSG \dfrac{1\ 200}{7}$ $TSG \dfrac{1\ 200}{8.5}$	1 200	7 8.5	11 ~ 13 13 ~ 15	168 000	550	105	104	259
$TSG \dfrac{1\ 600}{9.5}$ $TSG \dfrac{1\ 600}{10}$ $TSG \dfrac{1\ 600}{11}$	1 600	9.5 10 11	15 ~ 17 17 ~ 18.5 18.5 ~ 20	304 500	660	140	222	593
$TSG \dfrac{2\ 000}{12}$ $TSG \dfrac{2\ 000}{12.5}$ $TSG \dfrac{200}{13.5}$	2 000	12 12.5 13.5	20 ~ 21.5 21.5 ~ 23 23.1 ~ 24.5	458 500	700	180	307	910

续表

型号	名义直径 D_t/mm	绳槽半径 R/mm	适用于钢丝绳的直径范围/mm	允许的钢丝绳全部钢丝破断拉力总和/N	两轴承中心距 L/mm	轴承中心高 H/mm	变位质量 m_t/kg	自身总质量/kg
TSG $\frac{2\,500}{18}$		18	24.5~27					
TSG $\frac{2\,500}{19}$	2 500	19	27~29	661 500	800	200	550	1 512
TSG $\frac{2\,500}{20}$		20	29~31					
TSG $\frac{3\,000}{18}$		18	31~33					
TSG $\frac{3\,000}{19}$	3 000	19	33~35	1 010 000	950	240	781	2 466
TSG $\frac{3\,000}{20}$		20	35~37					
TSH $\frac{3\,500}{23.5}$	3 500	23.5	37~43	1 420 000	1 000	255	1 133	3 640
TSH $\frac{4\,000}{25}$	4 000	25	43~46.5	1 450 000	1 030	250	1 300	5 531

表 1-2　游动天轮的基本参数

型号	天轮直径/mm	游动距离/mm	钢丝绳直径/mm	全部钢丝绳破断拉力总和/kN	轴径直径/mm	辐条数量/条	地脚螺栓	变位质量/kg	自身总质量/kg
TD8-12.5	800	250	12.5	103	80	4	M16	90	210
TD12-20	1 200	600	20	272	120	6	M18	202	560
TD16-25	1 600	800	25	412	140	8	M20	358	944

注：型号标记说明

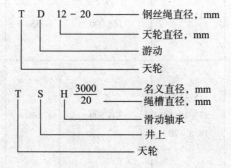

第二节　提升容器的类型及结构

提升容器按构造不同可分为罐笼、箕斗、矿车、斜井人车及吊桶等。

罐笼可用来升降人员和设备，提升煤炭和矸石以及下放材料等。当提升煤炭、矸石或下放材料时，将煤车、矸石车或材料车装入罐笼内即可，当升降设备时可将设备直接放入罐笼内或将设备装在平板车上，再将平板车装入罐笼。

箕斗只用于提升煤炭或矸石。当用箕斗时，井底需设井底煤仓（或矸石仓）和装载设备。煤炭或矸石通过翻笼从矿车中翻卸至煤仓或矸石仓，再经装载设备装入箕斗。

根据井筒倾角的不同，箕斗可分为立井箕斗和斜井箕斗两种。

煤矿立井多采用底卸式箕斗和普通罐笼，斜井多采用矿车和斜井箕斗。吊桶是立井凿井时使用的提升容器。

一、罐笼

1. 罐笼的分类

罐笼分为普通罐笼和翻转罐笼两种。标准普通罐笼载荷按固定车箱式矿车的名义货载质量确定为 1 t、1.5 t 和 3 t 三种，且分单层和双层。

普通罐笼是一种多功能的提升容器，它既可以提升煤炭，也可以提升矸石、升降人员、运送材料及设备等。所以，罐笼既可用于主井提升，也可用于副井提升。罐笼的类型有单绳罐笼和多绳罐笼两种，其层数有单层、双层和多层之分。我国煤矿广泛采用单层和双层罐笼。

标准罐笼载荷按固定车箱式矿车的名义载货量确定为 1 t、1.5 t 和 3 t 三种，每种均设置有单层和多层两种。立井单绳普通罐笼的标准参数规格和井筒布置主要尺寸分别见表 1 - 3 和表 1 - 4。立井多绳罐笼参数规格见表 1 - 5。

表 1 - 3　立井单绳普通罐笼的标准参数规格

单绳罐笼型号			罐笼断面尺寸/ (mm × mm)	罐笼总高 (近似值) /mm	装车矿车			允许乘人数	罐笼总载货量/kg	罐笼自身质量/kg
					型号	名义载货量/t	车辆数			
GLS - 1 ×1/1 GLSY1 ×1/1	钢丝绳罐道	同侧进出车		~4 290			1	12	2 395	2 218
		异侧进出车								2 088
GLG - 1 ×1/1 GLGY - 1 ×1/1	刚性罐道	同侧进出车	2 550 × 1 020		MG 1.1 -6A	1				2 878
		异侧进出车								2 748
GLS - 1 ×2/2 GLGY - 1 ×2/2	钢丝绳罐道	同侧进出车		~6 680			2	24	3 235	3 247
		异侧进出车								3 000
GLG - 1 ×2/2 GLGY - 1 ×2/2	刚性罐道	同侧进出车								3 907
		异侧进出车								3 657

单绳罐笼型号			罐笼断面尺寸/(mm×mm)	罐笼总高(近似值)/mm	装车矿车			允许乘人数	罐笼总载货量/kg	罐笼自身质量/kg
					型号	名义载货量/t	车辆数			
GLS-1.5×1/1	钢丝绳罐道	同侧进出车	3000×1200	~4850	MG1.7-6A	4.5	1	17	3420	2790
GLSY-1.5×1/1		异侧进出车								2650
GLG-1.5×1/1	刚性罐道	同侧进出车								3450
GLGY-1.5×1/1		异侧进出车								3310
GLS-1×2/2	钢丝绳罐道	同侧进出车		~7250			2	34	4610	4070
GLGY-1×2/2		异侧进出车								3790
GLG-1×2/2	刚性罐道	同侧进出车								4670
GLGY-1.5×2/2		异侧进出车								4390
GLS-3×1/1	钢丝绳罐道	同侧进出车	4000×1470	~4820	MG3.3-9B	3	1	29	6720	4670
GLSY-3×1/1		异侧进出车								4500
GLG-3×1/1	刚性罐道	同侧进出车								4050
GLGY-3×1/1		异侧进出车								4880
GLS-3×1/2	钢丝绳罐道	同侧进出车		~7170				58		6480
GLGY-3×1/2		异侧进出车								6310
GLG-3×1/2	刚性罐道	同侧进出车								6950
GLGY-3×1/2		异侧进出车								6780

表 1-4 立井单绳普通罐笼井筒布置主要尺寸

1 t 普通罐笼				1.5 t 普通罐笼				3 t 普通罐笼			
井筒直径/mm	罐笼规格	两罐笼中心距/mm	容器与井壁梯子梁间隙/mm	井筒直径/mm	罐笼规格	两罐笼中心距/mm	容器与井壁梯子梁间隙/mm	井筒直径/mm	罐笼规格	两罐笼中心距/mm	容器与井壁梯子梁间隙/mm
4 800	单层单车	1 490	150	5 400	单层单车	1 600	150	6 400	单层单车	1 878	150
4 900	单层单车	1 620	270	5 600	单层单车	1 800	320	6 800	单层单车	2 157	390
4 900	双层双车	1 670	310	5 800	双层双车	1 920	410	6 900	双层罐笼	2 208	420
4 900	单层单车	1 490	150	5 250	单层单车	1 600	150	6 050	单层单车	1 878	150
5 200	单层单车	1 620	270	5 650	单层单车	1 800	320	6 700	单层单车	2 157	390
5 200	双层双车	1 670	310	6 000	双层双车	920	410	6 800	双层罐笼	2 208	420
3 760	单层单车	1 490	150	450	单层单车	180	150	5 450	单层单车	1 878	150
4 100	单层单车	1 620	270	4 800	单层单车	1 800	320	6 000	单层单车	2 157	390
4 250	双层双车	1 670	300	5 050	双层双车	1 920	410	6 100	双层罐笼	2 208	420

2. 罐笼的结构

单绳 1 t 单层普通罐笼结构如图 1-9 所示。

（1）主体部分：普通罐笼罐体采用混合式结构，由两个垂直的侧盘体用横梁 7 连接而成，两侧盘体各由四根立柱 8 包钢板 9 组成，罐体的节点采用铆焊结合型式，罐体的四角为切角型式，这样既有利于井筒布置又制造方便，罐笼顶部设有半圆弧形的淋水棚 6 和可以打开的罐盖 14，以供运送长材料之用。罐笼两端设有帘式罐门 10。

罐笼通过主拉杆 3（不设保险链）和双面夹紧楔形绳环 2 与提升钢丝绳 1 相连。为了将矿车推进罐笼，罐笼底部设有轨道 11。为了防止提升过程中矿车在罐笼内移动，罐笼底部还装有阻车器 12 及其自动开闭装置。为了防止罐笼在井筒运动过程中任意摆动，罐笼用橡胶滚轮罐耳 5 或套管罐耳 15 沿着安装在井筒内的罐道运行。

（2）罐耳：用以使提升容器沿着井筒中的罐道稳定运行，防止提升容器在运行中摆动和扭转。

（3）连接装置：其结构见图 1-10，包括主拉杆、夹板、楔形环等，用以连接提升钢丝绳与罐笼。连接装置必须具有足够的强度，其安全系数不得小于 13。

表1-5 立井多绳罐笼参数规格

多绳罐笼型号				型号	名义容量	车辆数	允许乘人数	自身质量(估计)/kg
钢丝绳罐道		刚性罐道						
同侧进出车	异侧进出车	同侧进出车	异侧进出车					
GDS-1×1/55×4	GDSY-1×1/55×4	GDG-1×1/55×4	GDGY-1×1/55×4	$MG1.6-6\dfrac{A}{B}$	1	1	24	5 000
GDS-1×2/75×4	GDSY-1×2/75×4	GDG-1×2/75×4	GDGY-1×2/75×4			2		7 000
GDS-1.5×1/75×4	GDSY-1.5×1/75×4	GDG-1.5×1/75×4	GDGY-1.5×1/75×4	MG1.7-6A	1.5	1	32	6 000
GDS-1.5×2/110×4	GDSY-1.5×2/110×4	GDG-1.5×2/110×4	GDGY-1.5×2/110×4			2	34	7 500
GDS-1.5×4/90×6	GDSY-1.5×4/90×6	GDG-1.5×4/90×6	GDGY-1.5×4/90×6			4	62	17 000
GDS-1.5×4/195×4	GDSY-1.5×4/195×4	GDG-1.5×4/195×4	GDGY-1.5×4/195×4			4	70	17 000
GDS-1.5K×4/90×6	GDSY-1.5K×4/90×6	GDG-1.5K×4/90×6	GDGY-1.5K×4/90×6	MG1.7-9B		4	62	17 000
GDS-1.5K×4/195×4	GDSY-1.5K×4/195×4	GDG-1.5K×4/195×4	GDGY-1.5K×4/195×4			4	70	17 000
GDS-3×1/110×4	GDSY-3×1/110×4	GDG-3×1/110×4	GDGY-3×1/110×4	MG3.3-9B	3	1	60	8 000
GDS-3×2/150×4	GDSY-3×2/150×4	GDG-3×2/150×4	GDGY-3×2/150×4			2		11 000
GDS-5×1 (1.5K×4)/195×4	GDSY-5×1 (1.5K×4)/195×4	GDG-5×1 (1.5K×4)/195×4	GDGY-5×1 (1.5K×4)/195×4	—	1	1	—	1 700

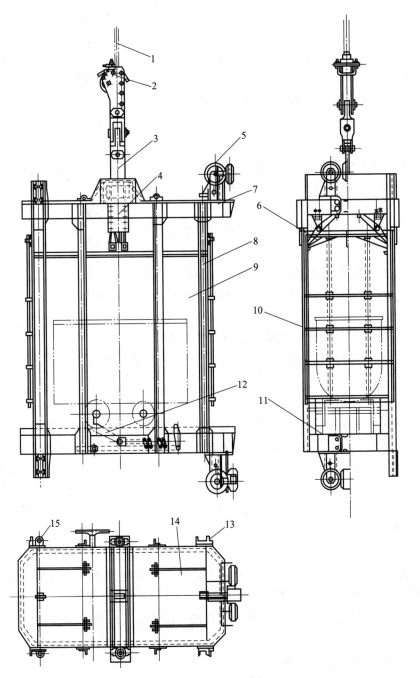

图1-9　单绳1t单层普通罐笼结构

1—提升钢丝绳；2—双面夹紧楔形绳环；3—主拉杆；4—防坠器；5—橡胶滚轮罐耳（用于组合刚性罐道）；
6—淋水棚；7—横梁；8—立柱；9—钢板；10—罐门；11—轨道；12—阻车器；
13—稳罐罐耳；14—罐盖；15—套管罐耳（用于绳罐道）

（4）阻车器：防止罐笼里的矿车在罐笼提升过程中跑出罐笼。

（5）防坠器：为保证生产及人员的安全，《煤矿安全规程》规定：升降人员或升降人员和物料的单绳提升罐笼，必须装置可靠的防坠器。万一提升钢丝绳或连接装置被拉断时，防坠器可使罐笼平稳地支承在井筒中的罐道（或制动绳）上，而不致坠落井底，造成严重事故。

3. 罐笼防坠器

一般来说，防坠器是由开动机构、传动机构、抓捕机构和缓冲机构四部分组成的。开动机构和传动机构一般是互相连接在一起的，由断绳时自动开启的弹簧和杠杆系统组成；抓捕机构和缓冲机构在一般防坠器上是联合的工作机构，有的防坠器还装有单独的缓冲装置。

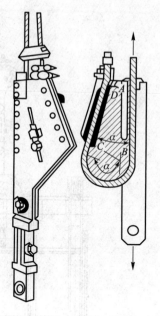

图 1 – 10　楔形绳环

1）防坠器的类型及基本技术要求

防坠器根据抓捕机构的工作原理不同，可分为以下几种：

（1）切割式：用于水罐道，靠抓捕机构对罐道的切割插入阻力属于此类。

（2）摩擦式：用于钢轨罐道或水罐道，靠抓捕机构和罐道之间的摩擦阻力制动罐笼。凸爪式和楔形防坠器属于这一类型。

（3）定点抓捕式：用于钢丝绳罐道和钢轨罐道，在抓捕器之外有专门的缓冲器，抓捕机构与支承物（制动绳）之间无相对运动，施行定点抓捕。制动绳防坠器属于此类。

2）防坠器的基本技术要求

（1）必须保证在任何条件下都能制动住断绳下坠的罐笼，动作应迅速而又平稳可靠。

（2）制动罐笼时必须保证人身安全。在最小终端载荷下，罐笼的最大允许减速度不应大于 50 m/s^2，减速延续时间不应大于 $0.2 \sim 0.5 \text{ s}$；在最大终端载荷下，减速度不应小于 10 m/s^2。实践证明，当减速度超过 30 m/s^2 时，人就难以承受，因此，设计防坠器时，最大减速度应不超过 30 m/s^2。当最大终端载荷与罐笼自重之比大于 3.1 时，最小减速度可以不小于 5 m/s^2。

（3）结构应简单可靠。

（4）防坠器动作的空行程时间，即从提升钢丝绳断裂使罐笼自由坠落动作开始后产生制动阻力的时间，一般不超过 0.25 s。

（5）在防坠器的两组抓捕器发生制动作用的时间差中，应使罐笼通过的距离（自抓捕器开始工作瞬间算起）不大于 0.5 m。

3）防坠器的构造与工作原理

（1）木罐道防坠器的构造与工作原理。木罐道防坠器如图 1 – 11 所示，1 为主拉杆，其上端通过桃形环连接于钢丝绳上，下端连接于杠杆 4 上，杠杆在开动机构弹簧 2 的下面，罐笼的重力通过弹簧 2、杠杆 4 和主拉杆 1 加在钢丝绳上，故弹簧 2 在钢丝绳未断时处于被压缩状态，钢丝绳断裂后，弹簧 2 伸长，杠杆 4 向下通过传动连杆 5、7，使杠杆 8 端部向上抬起，挑起抓捕机构。卡爪 10 围绕小轴 9 旋转与罐道接触，同时，卡爪上的齿切割插入罐道中，使罐笼停止在罐道上而不至于坠入井底造成事故。

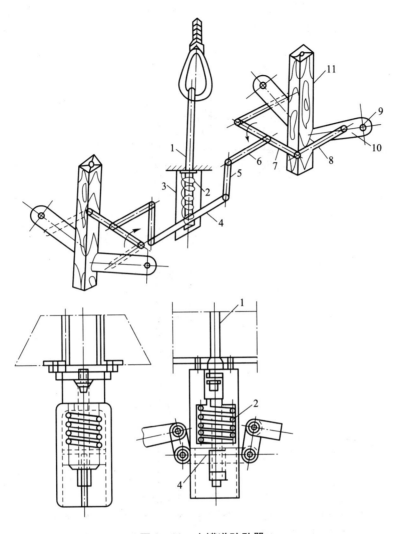

图 1 – 11　木罐道防坠器

1—主拉杆；2—弹簧；3—圆筒；4，8—杠杆；5，6，7—传动连杆；

9—小轴；10—卡爪；11—木罐道

（2）制动绳防坠器的构造与工作原理。现以 FLS 型为例进行分析，FLS 型断绳防坠器如图 1 – 12 所示。

罐笼利用其本身两侧板上的导向套，沿两根制动钢丝绳滑动。制动钢丝绳 7 上端通过连接器与缓冲钢丝绳 4 相连，缓冲钢丝绳穿过安装在井架天轮平台 2 上的缓冲器 5，再绕过井架上的圆木 3 而在井架的另一边悬垂着；制动钢丝绳的下端穿过罐笼上的抓捕器直到井筒的下部，在井底水窝处用拉紧装置 10 固定。

①FLS 型防坠器的抓捕器及传动系统如图 1 – 13 所示，在提升机正常运行时，钢丝绳通过罐笼顶面的连接装置将其拉杆 5 向上拉紧，这时抓捕器传动装置的弹簧 7 处于压缩状态，拉杆 5 的下端通过小轴 4 与平衡器 3 相连，平衡板又通过连接板 8 和杠杆 1 相连，杠杆 1 可以绕支座 2 上的轴旋转。当弹簧 7 受压缩时，杠杆 1 的前端处于最下边的位置，抓捕器的偏心杠杆 9 与水平轴线成 30°，它的前端有偏心凸轮 11（偏心距为 14 mm）。闸瓦 10 套在偏心

凸轮 11 上，偏心凸轮 11 与闸瓦 10 装在开有导向槽的侧板 12 和 13 上。闸瓦 10 工作面有半圆形的槽，闸瓦 10 与制动绳一边的间隙约为 8 mm。

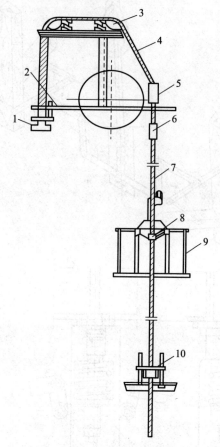

图 1-12 FLS 型断绳防坠器

1—合金绳头；2—井架天轮平台；3—圆木；4—缓冲钢丝绳；5—缓冲器；
6—连接器；7—制动钢丝绳；8—抓捕器；9—罐笼；10—拉紧装置

当钢丝绳断裂后，弹簧伸长，拉杆 5 带动平衡器 3 下移，连接板 8 便使杠杆 1 的前端向上抬起，装有闸瓦的侧板被抬起，偏心杠杆 9 转动，使两个闸瓦互相接近直至卡住制动钢丝绳。

固定在罐笼侧壁上的连接板 14，作安装导向套 15 之用，同时也作为抓捕器的限位装置。

定位销 6 的直径有 8 mm，在正常提升时起定位作用，防止平衡板绕小轴 4 旋转。由于抓捕器制造上的误差以及两条制动绳磨损不一致等原因，罐笼两侧的抓捕器很难同时抓捕，如有一个先卡住制动绳，此时平衡板便转动，切断定位销，使另一个抓捕器也能很快卡住制动钢丝绳。

②缓冲器、缓冲绳及连接器。当发生断绳事故时，为了保证罐笼安全平稳地制动住，制动时减速度不能过大，应采用缓冲器，其结构如图 1-14 所示，图中有三个小圆轴 5 与两个带圆头的滑块 6，缓冲器钢丝绳 3 即在此处受到弯曲，滑块 6 的后面连接有调节螺栓 1、固定螺母 2，调节螺杆便可以带动滑块 6 左右移动，改变缓冲器钢丝绳 3 的弯曲程度，调节缓冲力的大小。

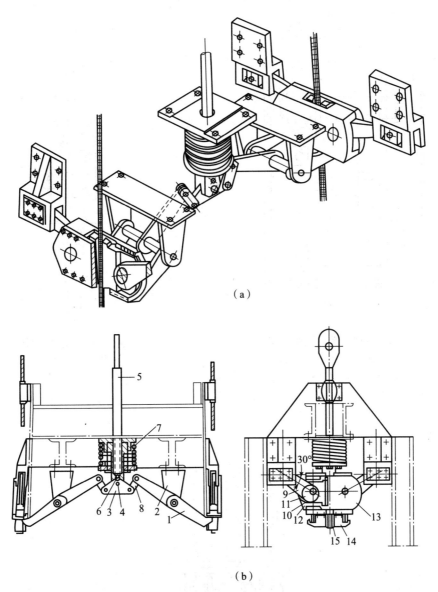

（a）

（b）

图 1 - 13 FLS 型防坠器的抓捕器及传动系统

1—杠杆；2—支座；3—平衡器；4—小轴；5—拉杆；6—定位销；

7—弹簧；8—连接板；9—偏心杠杆；10—闸瓦；11—偏心凸轮；

12，13—侧板；14—连接板；15—导向套

连接器作为制动绳与缓冲钢丝绳连接用，其结构如图 1 - 15 所示。

③制动钢丝绳及拉紧装置。根据吨位不同，制动钢丝绳直径可分为 22.5 mm、28 mm、32 mm 和 36.5 rnm 四种，拉紧装置如图 1 - 16 所示。

制动钢丝绳 8 靠绳卡与角钢 5 通过可断螺栓 6 固定在井底水窝处的钢丝绳固定梁 7 上，可断螺栓可以保证当制动绳受到大于 15 kN 的拉力时即被拉断，这样制动绳的下端就呈自由状态。

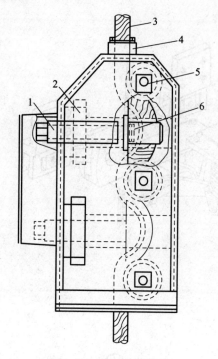

图 1－14　缓冲器的结构

1—调节螺栓；2—固定螺母；3—缓冲器钢丝绳；

4—密封盖；5—小圆轴；6—滑块

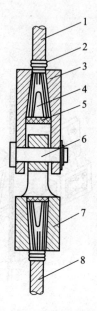

图 1－15　连接器的结构

1—缓冲钢丝绳；2—钢丝扎圈；

3—上锥形体；4—楔子；

5—巴氏合金；6—销轴；

7—下锥形体；8—制动钢丝绳

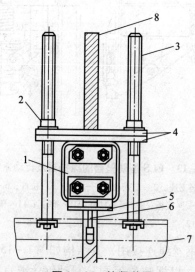

图 1－16　拉紧装置

1—卡绳；2—张紧螺母；3—张紧螺栓；4—压板；5—角钢；6—可断螺栓；

7—钢丝绳固定梁；8—制动钢丝绳

断绳后罐笼被制动住时，由于制动钢丝绳的变形产生了纵向弹性振动，罐笼会出现反复起跳现象。在第一个振动波传递到可断螺栓后，可断螺栓即被拉断，这时罐笼与制动钢丝绳同时升降，防止产生二次抓捕现象，保证了制动安全。

考虑罐笼运行有横向位移，要求钢丝绳罐道应有足够的刚性系数，且必须保证钢丝绳罐道的张紧力。钢丝绳罐道的张紧力由拉紧重锤来实现。《煤矿安全规程》规定，采用钢丝绳罐道时，每根罐道的最小刚性系数不得小于 500 N/m，为避免钢丝绳与罐道共振，各根钢丝绳罐道的张紧力差不应小于平均张紧力的 5%。

拉紧装置的安装：先把卡绳 1 与角钢 5 固定在制动钢丝绳的某一个位置上，然后装上张紧螺栓 3 与压板 4 及张紧螺母 2，即可把制动绳拉紧。制动绳的拉力大概在 10 kN 后，将可断螺栓 6 固定好，最后将张紧螺栓、压板及张紧螺母卸下。

二、箕斗

箕斗是提升矿石的单一容器，仅用于提升煤炭、矿石或部分提升矸石。根据井筒倾角不同可分为立井箕斗和斜井箕斗；根据卸载方式可分为翻转式、侧卸式及底卸式；根据提升钢丝绳的数目有单绳箕斗和多绳箕斗。

立井提煤采用底卸式箕斗，其型式有多种。

扇形闸门底卸式箕斗的结构如 1-17 所示。它的卸载过程如下：扇形闸门 4 上的卸载滚轮 6 沿着卸载曲轨滚动，打开出煤口，同时活动溜槽 5 在滚轮 9 上向前滑动，并向下倾斜处于工作位置，斗箱中的煤由煤口经过活动槽斜卸入煤仓中，下放箕斗时，其过程与上述相反。

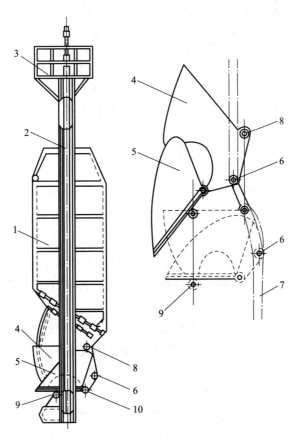

图 1-17 扇形闸门底卸式箕斗的结构

1—斗箱；2—框架；3—平台；4—扇形闸门；5—活动溜槽；6—卸载滚轮；7—卸载曲轨；8—轴；9—滚轮；10—销轴

近年来我国新建煤矿中多采用 JL 型平板闸门底卸式箕斗，其结构如图 1-18 所示。当箕斗提至地面煤仓时，井架上的卸载曲轨使连杆 8 转动轴上的滚轮 12 沿箕斗框架上的曲轨 10 运动，滚轮 12 通过连杆的锁角等于零的位置后，闸门 7 就借助煤的压力打开，开始卸载。在箕斗下放时以相反的顺序关闭闸门。

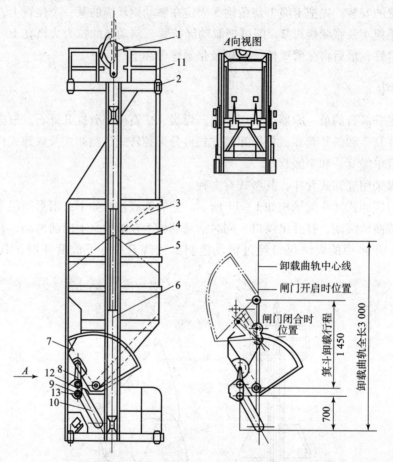

图 1-18　JL 型平板闸门底卸式箕斗的结构

1—连接装置；2—罐耳；3—活动溜槽板；4—煤堆线；5—斗箱；6—框架；7—闸门；
8—连杆；9，12—滚轮；10—曲轨；11—平台；13—机械闭锁装置

平板闸门的优点：闸门结构简单、严密，关闭闸门时冲击小；卸载时撒煤少；由于闸门是向上关闭，对箕斗存煤有向上捞回的趋势，故当煤未卸完（煤仓已满）产生卡箕斗而造成断绳坠落事故的可能性小。

箕斗卸载时，闸门开启主要借助煤的压力，因而传递到卸载曲轨上的力较小，改善了井架受力状态等。过卷时闸门打开后，即使脱离了卸载曲轨也不会自动关闭，因此可以缩短卸载曲轨的长度。

平板闸门的缺点：箕斗运行过程中，由于煤和重力作用，闸门被迫打开，因此，箕斗必须装设可靠的闭锁装置（两个防止闸门自动打开的扭转弹簧）。闭锁装置一旦失灵，闸门就会在井筒中自行打开，同时打开的箕斗闸门，超出箕斗平面投影尺寸，因此将撞坏罐道、罐道梁及其他设备；并污染风流，增加井筒清理工作量；也有砸坏管道、电线等设备的危险。

我国单绳箕斗系列有4 t、6 t、8 t三种规格。

第三节 深度指示器

用于矿井提升机的深度指示器，是矿井提升机的一个重要附属装置，它能够向提升司机指示提升容器在井筒中的相对位置。近代提升机控制系统的设计特别强调安全可靠性，所以提升过程监视和安全回路是现代提升机控制系统的重要环节。

提升过程监视主要是对提升过程中的各种工况参数如速度、电流等进行监视以及各主要设备的运行状态进行监视。其目的在于使设备运行过程中的各种故障在出现之前就得以处理，防止事故发生。

安全回路旨在出现机械、电气故障时控制提升机进入安全保护状态。为确保人员和设备的安全，一定要确保提升机在出现故障时能准确地实施安全制动。

为满足以上技术要求，深度指示器上装有可发出减速信号的装置和过卷开关，当提升容器接近井口停车位置时，信号发生装置能发出减速提示声，提醒司机注意操作；当司机操作失误，提升容器撞到井架上设置的过卷开关或深度指示器上的螺母碰到其上面的过卷开关时，立即切断安全保护回路，电动机断电，保险闸制动；同时深度指示器上具有限速装置，当提升容器到达终点停车位置前的减速阶段，通过限速装置可将提升机速度限制在2 m/s。

一、深度指示器分类

深度指示器按其测量方法的不同，可分为直接式和间接式。

直接式测量在原理上可采用以下几种方法：

（1）在钢丝绳上充磁性条纹。

（2）利用有规律的钢丝绳花作行程信号。

（3）利用高频雷达、激光或红外测距装置等。

直接式深度指示器的优点是测量直接、精确、可靠，不受钢丝绳打滑或蠕动等影响。

间接式测量时通过与提升容器连接的传动机构间接测量提升容器在井筒中的位置，一般是通过测量提升机卷筒转角，再折算成行程。

间接式深度指示器的优点是技术设备简单，易于实现；缺点是体积比较大，指示精度不高，容易受钢丝绳打滑、蠕动或拉伸变形等因素的影响。我国目前使用的矿井提升机深度指示器仍采用间接测量式。

二、牌坊式深度指示器

牌坊式深度指示器是目前我国矿用提升机中主要使用的深度指示器系统，它是由牌坊式深度指示器和深度指示器传动装置两大部分组成的，如图1-19所示。深度指示器传动装置又分为传送轴和传动箱两个部分。

三、牌坊式深度指示器的工作原理

图1-20所示为牌坊式深度指示器传动原理图。可以看出牌坊式深度指示器主要由传动轴、直齿轮、锥齿轮、直立的丝杠、梯形螺母、支柱、标尺等组成。

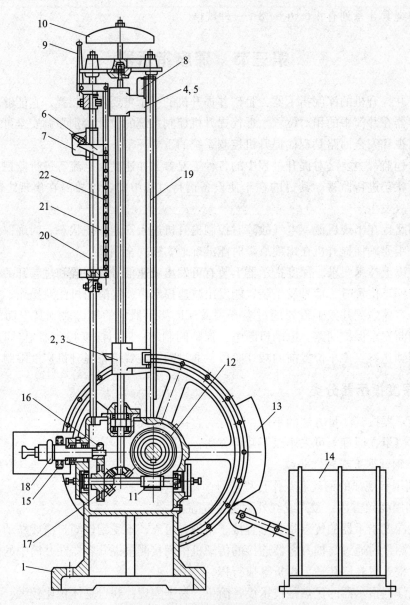

图 1 - 19　牌坊式深度指示器

1—座；2, 3, 4, 5—螺母和丝杠；6—撞块；7—减速开关；8—过卷开关；9—铃锤；10—铃；
11—蜗杆；12—蜗轮；13—限速凸轮盘；14—限速电阻；15, 16—齿轮副；
17—伞齿轮副；18—离合器；19—标尺；20—导向轴；21—压板；22—销子孔

　　在提升机工作时，其主轴带动深度指示器上的传动轴，直齿轮、锥齿轮带动两个直立的丝杠以相反方向旋转，利用支柱分别限制装在丝杠上的左旋梯形螺母旋转，因两个丝杠都是右旋，故迫使两个螺母只能沿支柱做上、下相反方向运动，带动螺母指针上下移动，从而指示出井筒中两容器一个向上，另一个向下的位置。在两支柱上固定着的标尺上，用缩小的比例根据矿井的具体情况，刻着与井筒深度或坑道长度相适应的刻度，深度指示器丝杠的转速与提升机主轴的转速成正比，而主轴转速与提升容器在井中的位置相对应，当装有指针的梯形螺母移动时，则指明了提升容器在井筒中的位置。

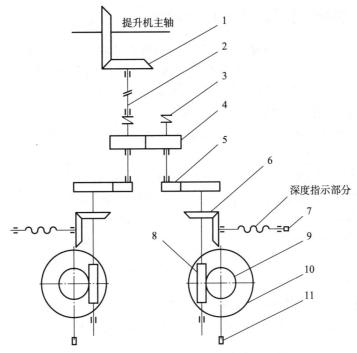

图 1-20　牌坊式深度指示器传动原理图

1—传动伞齿轮；2—传动轴；3—离合器；4，5—齿轮副；6—伞齿轮副；7—减速开关；
8—蜗杆；9—蜗轮；10—限速凸轮；11—限速装置

当提升容器接近减速位置时，梯形螺母上的销子就碰上信号拉杆柱销，柱销将信号拉杆逐渐抬起，连在信号拉杆上的撞针跟着偏移上升，当螺母运行至减速点时，柱销就从螺母上脱落，撞针即撞击信号铃，发出减速开始信号，同时信号拉杆上的碰块拨动限位盘下的减速极限开关，向电气控制系统发出减速信号，使提升机进入减速过程。如提升容器到达停车位置仍未停车，则螺母将继续运动，当过卷距离超过设定的距离时，梯形螺母上的碰块拨动过卷极限开关装置，提升机立即安全制动。信号拉杆的柱销位置及减速和过卷开关的位置可根据提升机的使用情况进行调整。若在运行过程中，因为提升绳产生滑动与蠕动，导致深度指示器显示与提升容器位置存在偏差，就有可能发生失误操作，引起事故。

四、牌坊式深度指示器的安装要求

深度指示器在出厂前，已按相关的标准进行了严格的调试，一般情况下在安装时不再拆卸装配，但需严格检查，在安装现场应根据实际的停车位置调整行程开关的位置。

在深度指示器未与主轴装置连接之前，用手转动深度指示器输入轴，传动系统应灵活可靠，输入轴拨动的转动力矩应小于 3 N·m。逐个检查行程开关的紧固螺栓是否可靠，拨动开关是否灵活。按电气说明书和电气接线图逐个检查电路情况。

指示标尺应在提升机安装时进行刻度，即在标尺上用白漆画出与井筒深度或坑道长度相适应的分格（用缩小的比例）。指针航程为标尺全长的 2/3 以上。传动装置应灵活可靠，指针移动时不得与标尺相碰。传动轴的安装与调试应保证齿轮啮合良好，主轴轴头的一对锥齿轮间隙应调好，以免别劲，造成断信号事故。

五、牌坊式深度指示器的使用维护和保养

深度指示器应定期保养，通常是给传动齿轮和轴承内加缝纫机油润滑，并经常清洗传动部分的粉尘。油箱内应保证有足够的润滑油，使蜗杆、圆柱齿轮、圆锥齿轮浸于油内。每年要更换油箱内的油。经常查看铰链连接并给予润滑。经常检查主轴端部锥齿轮的啮合间隙，以免间隙小别坏锥齿轮而导致断信号的事故发生。

使用中指针如出现振动、爬动或自整角机发出不正常的嗡嗡响声，应当及时处理，以免引起事故。处理方法如下：

（1）如果出现指针振动或爬行现象，通常是机械阻力过大，或自整角机有问题，可以对深度指示器的传动部分转动进行清洗，然后加入缝纫机油润滑同时检查深度指示器是否密封，若有密封不严或漏孔处，可设法盖严，防止粉尘进入。

（2）如果出现自整角机有较大的嗡嗡声，可检查自整角机的轴是否弯曲，可设法校正或更换新的自整角机，检查各转动处有无卡阻、各齿轮有无打毛，若有则给予消除。如果这样处理还是不能解决问题，可试着把对应的自整角机换掉。

另外，在深度指示器使用中，特别是提升机全速行驶时，如遇到突然停电产生紧急制动，重新给电后一定要校正深度指示器指针和容器实际位置的差异，只有当校正无误后才允许重新投入正常运行。

第四节 制 动 系 统

一、制动系统概述

制动系统是矿山提升机重要的部件之一，按结构分为盘式制动系统和块式制动系统，由制动器（也称闸）和传动机构组成，制动器是直接作用于制动轮盘上产生制动力矩的部分，传动机构是控制调节制动力矩的部分。

（一）制动系统的作用

（1）正常停车。提升机在停止工作时，能可靠地闸住。

（2）工作制动。在正常工作时，参与提升机速度控制，如减速阶段在滚筒上产生制动力矩使提升机减速，在下放重物时限制下放速度加闸。

（3）安全制动。当提升机工作不正常或发生紧急事故时，进行紧急制动，迅速平稳地夹住提升机，如提升速度过高、过卷或电流欠压等故障出现时。

（4）双滚筒提升机在需要调绳或更换钢丝绳时，能可靠地闸住活滚筒，松开固定滚筒。

（二）对制动系统的要求

（1）提升机在工作制动和安全制动时所产生的最大制动力矩都不得小于提升或下放最大静负荷力矩的3倍。

（2）双滚筒提升机在调整滚筒旋转的相对位置时，制动装置在各滚筒上的制动力矩不得小于该滚筒所悬挂提升容器与钢丝绳重力所产生的静力矩的1.2倍。

（3）在立井和倾斜井巷中使用的提升机进行安全制动时，全部机械的减速度都必须符

合表 1 – 6 的规定。

表 1 – 6 立井及倾斜井巷安全制动减速度取值表

运行状态 倾角 β	< 15°	15° < β < 30°	> 30° 及立井
上提重载	≤ α_{3z}	≤ α_{3z}	≤ 5
下放重载	≥ 0.75	≥ 0.3 α_{3z}	≥ 1.5

注：自然减速度 $\alpha_{3z} = g(\sin\beta + f\cos\beta)$（$g$ 为重力加速度，m/s^2；β 为井巷倾角，（°）；f 为绳端载荷的运行阻力系数，一般取 $f = 0.010 \sim 0.015$）。

对于质量模数（提升系统的变位质量与实际最大静张力差之比）较小的提升机，上提重载时的安全制动减速度如超过表 1 – 6 规定的限值，可将安全制动时产生的最大制动力矩适当降低，但不得小于提升或下放最大静负荷力矩的 2 倍。

（4）对于摩擦式提升机，工作制动或安全制动产生的减速度，不得超过钢丝绳的滑动极限，即不引起钢丝绳打滑。

（5）安全制动必须能自动、迅速和可靠地实现，其制动器的空动时间（由安全保护回路断电时起至闸瓦刚接触到闸轮上的一段时间）：对于油压块闸制动器，不得超过 0.6 s；对于盘式制动器，不得超过 0.3 s；对于压气块闸制动器，不得超过 0.5 s。

对于斜井提升，为了保证上提安全制动时不发生松绳而必须将上提的空动时间加大时，上提的空动时间可不受上述限制。

二、盘式闸制动系统

（一）盘式闸制动系统的优点

盘式闸制动系统已成功地使用在 XKT 系列和 JK 系列、JK – A 系列矿井提升机及多绳摩擦轮提升机上，与块闸制动系统比较，盘式闸制动系统主要优点有以下几个方面：

（1）多副制动器（最少 2 副，多则 4 副、6 副、8 副等）同时工作，即使有 1 副失灵，也只影响部分制动力矩，故安全可靠性高。

（2）制动力矩的调节是用液压站的电液调压装置实现的，操纵方便，制动力矩的可调性好。

（3）惯性小、动作快、灵敏度高。

（4）体积小、重量轻、结构紧凑、外形尺寸小。

（5）安装和维护使用较方便。

（6）通用性好且便于实现矿井提升自动化。

（二）盘式闸制动系统的缺点

（1）对制动盘和盘式制动器的制造精度要求较高。

（2）对闸瓦的性能要求较高。

组成盘式制动系统的盘式制动器和液压站，前者是制动系统的执行机构，后者是制动系统的控制装置。

（三）盘式制动器的结构及工作原理

盘式制动器（简称盘式闸）与块闸不同，它的制动力矩是靠闸瓦从轴向两侧压向制动盘产生的（提升机滚筒两外侧的挡绳板的外侧各焊接一个使盘式闸作用的制动盘）。为了使制动盘不产生附加变形，主轴不承受附加轴向力，盘式闸都成对使用，每一对叫作一副盘式制动器。根据制动力矩的不同，每一台提升机上可以同时布置两副、四副或多副盘式制动器。各副盘式制动器都是用螺栓安装在支座上。盘式制动器在制动盘上的配置如图 1-21 所示。

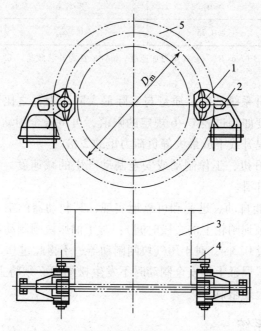

图 1-21 盘式制动器在制动盘上的配置

1—盘式制动器；2—支座；3—滚筒；4—挡绳板；5—制动盘

盘式制动器的结构如图 1-22 所示，盘式制动器的工作原理是靠油压松闸、靠盘形弹簧力制动；当油缸内油压降低时，盘形弹簧恢复其松闸状态时的压缩变形，靠弹簧力推动筒体、闸瓦，带动活塞移动，使闸瓦压向制动盘产生制动力，达到对提升机施加制动的目的。

三、液压站

液压站的作用有以下几点：

（1）在工作制动时，产生不同的工作油压，以控制盘式制动器获得不同的制动力矩。

（2）在安全制动时，能迅速回油，实现二级安全制动。

（3）产生压力油控制双滚筒提升机活滚筒的调绳装置，以便在更换钢丝绳或钢丝绳伸长时调节其长度。

（一）工作制动力矩的调节原理

液压站的压力调节是依靠电液调压装置与溢流阀组件配合实现的。

溢流阀有定压和调压的作用。

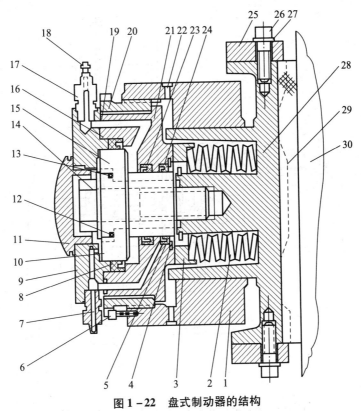

图 1-22 盘式制动器的结构

1—制动器体；2—盘形弹簧；3—弹簧垫；4—卡圈；5—挡圈；6—锁紧螺栓；7—泄油管；
8，12，13，23，24—密封圈；9—油缸盖；10—活塞；11—后盖；14—连接螺栓；15—活塞内套；
16，17，19—进油接头；18—放气螺栓；20—调节螺母；21—油缸；22—螺孔；
25—挡板；26—压板螺栓；27—垫圈；28—带衬板的筒体；29—闸瓦；30—制动盘

1. 定压

如图 1-23 所示，定压的方法是：将电液调压装置的控制杆 5 向下压，同时将它的调节手轮慢慢拧紧，直到压力表上达到 P 值为止，锁紧调节螺母。通过定压弹簧 8 及圆锥体 10 的作用，将系统中的压力限定在 P 以内，如果 D 腔的压力大于 P 值，压力油会从锥阀座中顶出，并从阀芯中部回油孔流入油箱以保持不超过 P 值。

2. 调压

调压是油泵产生的压力油由 K 管进入 C 腔，并通过滤油器 14 和节流孔 13（减震器）进入 G、D 腔，滑阀 12 受 C 腔及辅助弹簧 11 的作用，以一定的开口度，处于暂时平衡状态。如果 D 腔压力小于 C 腔，滑阀上移，结果 R 管的开口度加大，流入油箱的流量加大，于是 K 管处压力下降，C 腔压力也相应下降，滑阀又向下移动，R 管开口度减小，压力上升，C 腔内力也上升，滑阀处于新的平衡状态。这样，滑阀跟随 D 腔内压力的变化，经常上下运动处于平衡状态。

（二）二级安全制动

本系统在安全制动时，可实现二级制动。二级制动的好处是既能快速、平稳地夹住提升机，又不致使提升机减速过大。盘闸制动器分成两组，分别与液压站的 A 管、B 管相连。安全制动时，二级制动安全阀断电，与 A 管相连的制动器通过安全阀直接通油，很快抱闸，

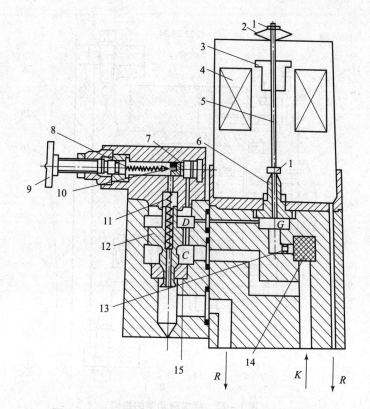

图 1-23 溢流阀和电液调压装置的调压原理示意图

1—固定螺母；2—十字弹簧；3—动线圈；4—永久磁铁；5—控制杆；6—喷嘴；
7—中孔螺母；8—定压弹簧；9—手柄；10—圆锥体；11—辅助弹簧；
12—滑阀；13—节流孔；14—滤油器；15—双体锥套

所产生的力矩为最大力矩之半，提升速度下降。同时与 B 管相连的制动器则通过安全阀的节流阀以较缓慢的速度回油，产生第二级制动力矩。二级制动力矩特性可通过调节安全阀的节流杆来改变。

第五节 钢 丝 绳

提升钢丝绳是矿井提升设备的一个重要组成部分，它直接关系到矿井正常生产、人员生命安全及经济运转，因此应给予特别重视。

一、矿用钢丝绳的结构

提升钢丝绳是由一定数量的钢丝（直径为 0.4～4 mm）捻成股，再由若干个股围绕绳芯捻成绳。

矿用钢丝绳的钢丝为优质碳素结构钢，直径小于 0.4 mm 的钢丝易于磨损和腐蚀，直径超过 4 mm 的钢丝在生产中难以保证理想的抗拉强度和疲劳性能。

钢丝的公称抗拉强度有五级：1 400 MPa、1 550 MPa、1 700 MPa、1 850 MPa 及 2 000 MPa。在承受相同终端载荷的情况下，抗拉强度大的钢丝绳，其绳径可以选小，但是，抗拉强度过高的钢丝绳弯曲疲劳性能差。通常矿井提升用钢丝绳选用 1 550 MPa 及 1 700 MPa 为宜。

为了增加钢丝绳的抗腐蚀能力，钢丝表面可以镀锌加以保护。

钢丝韧性可分为特号、Ⅰ号及Ⅱ号。专为升降人员用的以及升降人员和物料用的，不得低于特号；专为升降物料和平衡用的，不得低于Ⅰ号。

绳芯有金属绳芯和纤维绳芯两种，前者由钢丝组成，后者可用剑麻、黄麻或有机纤维制成。

绳芯的作用有以下几点：

（1）支持绳股，减少股间钢丝的接触应力，从而减少钢丝的挤压和变形。

（2）钢丝绳弯曲时，允许股间或钢丝间相对移动，借以缓和其弯曲应力，并且起弹性垫层作用，使钢丝绳富有弹性。

（3）储存润滑油，防止绳内钢丝锈蚀。

钢丝绳的结构，指的是钢丝绳股的数目、捻向、捻距以及绳股内钢丝数目、直径大小及排列方式等参数。这些参数直接影响钢丝绳的性能和使用寿命，了解各参数对钢丝绳性能的影响，对正确合理地选择钢丝绳是有益的。

二、钢丝绳的分类、特性及应用

（一）点接触、线接触及面接触钢丝绳

各层钢丝之间有点、线、面三种接触方式，故分为点、线、面三种接触钢丝绳。点接触钢丝绳的股内各层钢丝捻成等捻角（不等捻距），所以各层钢丝间呈点接触，这样当钢丝绳受到拉伸载荷时，绳内各层钢丝的受力在理论上相等。

矿井常用的 6×19、6×37 钢丝绳就属于点接触钢丝绳。这种钢丝绳的缺点是当受拉伸，尤其是受弯曲时，由于钢丝间的点接触处应力集中而产生严重压痕，往往由此而导致钢丝疲劳断裂而早期损坏。

线接触钢丝绳的股内各层钢丝是等捻距编捻，从而使股内各层钢丝互相平行而呈线接触。

线接触钢丝绳在承受拉伸载荷时，内层钢丝虽会承受较外层钢丝稍大的应力，但它避免点接触的应力集中和钢丝挤压凹陷变形，消除钢丝在接触点处的二次弯曲现象，减少了钢丝绳摩擦阻力，使钢丝绳在弯曲上有较大的自由度，抗疲劳性能显著增加，因此，线接触钢丝绳的寿命高于点接触钢丝绳。

6×7 钢丝绳、西鲁型绳6X（19）、瓦林吞型绳6W（19）、填充型绳6T（25）都属于线接触钢丝绳。

线接触钢丝绳往往采用经过选配的不同直径的钢丝捻成，以使股内各层钢丝相互贴紧呈线接触。

西鲁型绳股内最外两层钢丝数目相等而直径不等，外粗内细，每根外层钢丝都紧贴在下层钢丝的沟槽内。

瓦林吞型绳股外层钢丝是由粗细不同的两种直径钢丝交替捻制而成的。

填充型钢丝绳股的外层钢丝嵌在一根细的填充钢丝和一根粗钢丝之间的沟槽中，因而外层钢丝数目为填充钢丝的 2 倍。

面接触钢丝绳是由线接触钢丝绳发展而来的。它是将线接触钢丝绳股进行特殊碾压加

工，使钢丝产生塑性变形而最后捻制成绳，股内各层钢丝呈面接触。

所有线接触钢丝绳均可加工成面接触钢丝绳。

面接触钢丝绳的特点是：结构紧密，表面光滑，与绳槽的接触面积大，耐磨，抗挤压性能好；股内钢丝接触应力极小，从疲劳方面来看，钢丝绳寿命较长；钢丝绳有效断面积大，抗拉强度高；钢丝间相互紧贴，耐腐蚀能力强；钢丝绳伸长变形较小；挠性较差，所以应采用放大的卷筒直径。

（二）左捻、右捻、同向捻及交互捻钢丝绳

钢丝绳绳股的捻向有左捻和右捻两种，分别称为左捻钢丝绳、右捻钢丝绳。

由于绳股呈螺旋线，钢丝绳受到拉伸载荷时，便会沿松捻方向转动，因此，在选择钢丝绳结构时应注意其对捻向的要求。一般选用捻向的原则：与钢丝绳在卷筒上缠绕时的螺旋线方向一致，这样绳在缠绕时就不会松劲。

目前国产提升机在单层缠绕时，钢丝绳在卷筒上均做右螺旋缠绕，故钢丝绳也应选右捻钢丝绳，但双卷筒提升机做多层缠绕时，为避免两根钢丝绳在某一瞬间集中在主轴中部而影响主轴强度，死卷筒上的钢丝绳可以从左侧法兰盘出绳，此时应选左捻钢丝绳。

对于立井多绳摩擦提升，为消除钢丝绳对提升容器的扭力（扭力大的会增加罐耳与罐道的磨损），可采用规格相同左右捻各半数的钢丝绳。

绳股中钢丝的捻向与绳股的捻向相同者称同向捻（顺捻）钢丝绳；反之称交互捻（逆捻）钢丝绳。

钢丝绳结构与钢丝绳捻法如图1-24所示。

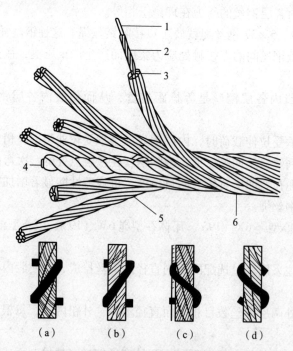

图1-24 钢丝绳结构与钢丝绳捻法

（a）交互右捻；（b）同向右捻；（c）交互左捻；（d）同向左捻

1—股芯；2—内层钢丝；3—外层钢丝；4—绳芯；5—绳股；6—钢丝绳

同向捻钢丝绳柔软，表面光滑，接触面积大，弯曲应力小，使用寿命长，绳有断丝时，断丝头部会翘起便于发现，故矿井常用同向捻钢丝绳。但同向捻钢丝绳有较大的恢复力，稳定性较差，易打结，因此不允许在无导向装置的情况下使用这种钢丝绳。

（三）圆形股和异形股钢丝绳

前面讲过的几种钢丝绳的绳股均为圆形，称为圆形股钢丝绳。圆形股钢丝绳易于制造、价格低，是最通用的一种钢丝绳。

异形股钢丝绳有三角股和椭圆股两种。

常用的钢丝绳断面如图1-25所示。

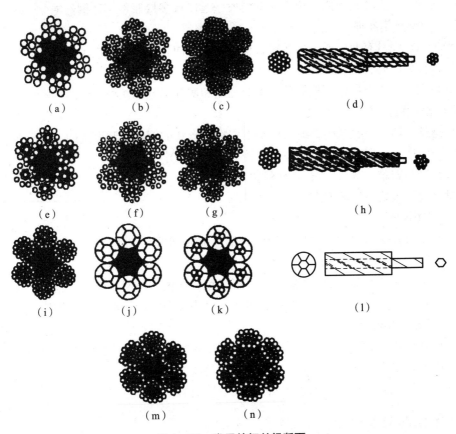

图1-25　常用的钢丝绳断面

（a）绳6×7股（1+6）绳纤维芯；（b）绳6×19股（1+6+12）绳纤维芯；（c）绳6×37股（1+6+12+18）绳纤维芯；

（d）绳6×19股（1+6+12）绳纤维芯 点接触钢丝绳股；（e）西鲁型绳6（19）股（1+9+9）绳纤维芯；

（f）瓦林吞型绳6 W（19）股（1+6+6+6）绳纤维芯；（g）填充式绳6（25）股（1+6+6+12）绳纤维芯；

（h）绳6（25）股（1+6+6+12）绳纤维芯填充式线接触钢丝绳股；（i）西瓦式（混合式）绳6（36）股

（1+7+7+7+14）绳纤维芯；（j），（l）6股7丝绳纤维芯面接触钢丝绳；

（k）瓦林吞、6股9丝绳纤维芯面接触钢丝绳；

（m）三角股；（n）椭圆形股

三角股钢丝绳的绳股断面近似三角形。

三角股钢丝绳的特点包括以下几个方面。

（1）强度大，三角股钢丝绳较相同直径的圆股钢丝绳有较大的金属断面，其强度比普通圆股绳提高7%～15%，承压面积大，可减小钢丝绳与绳槽间的比压，从而显著地提高绳槽衬垫的寿命，接触表面大，还可使钢丝绳外层钢丝磨损均匀。

（2）绳外层钢丝较粗，抗磨损性能好。

（3）表面钢丝的排列方式增加了三角股钢丝绳的抗挤压能力，尤其当钢丝绳在卷筒上多层缠绕相互跨越时的稳定性较好。

（4）三角股钢丝绳韧性好，使用寿命为圆股钢丝绳的2～3倍。

椭圆股钢丝绳股断面呈椭圆形，因而也具有较大的支承面积和抗磨损性能，但是稳定性较圆股或三角股要稍差些，它不适于承受过大的挤压应力。

椭圆股钢丝绳大都是与圆形或三角形绳股一起制成多层股不旋转钢丝绳。

（四）不旋转钢丝绳

不旋转钢丝绳具有两层或三层绳股，且各层股捻向相反，当绳端承受负荷时，旋转性很小，故通常称为不旋转钢丝绳。

不旋转钢丝绳主要用作摩擦提升设备的尾绳和凿井提升钢丝绳。

（五）密封钢丝绳

密封钢丝绳属于单股结构，绳的外层是用特殊形状的钢丝捻制而成的。它有金属断面系数较大、表面平滑、耐磨性高、几乎不旋转、残余伸长小、表面致密、耐腐蚀等优点，但存在挠性差、接头困难、制造复杂、价格高等缺点。

密封钢丝绳主要用作罐道绳。

（六）扁钢丝绳

扁钢丝绳通常是用偶数根等捻距的四股钢丝绳做纬线手工编织而成。为消除其扭转应力，将左右捻四股钢丝绳成对间隔排列。

扁钢丝绳的优点是柔性好，不旋转，运行平稳，多做尾绳用。

因其制造复杂，生产率低，价格高，近年来已为圆形不旋转钢丝绳所代替。

（七）不松散钢丝绳

不松散钢丝绳是在加工过程中，采用了将钢丝或绳股预变形或捻后定型的工艺，结构致密，绳股密合地贴紧在绳芯上，显著地改善了钢丝绳的性能和使用寿命。

新的钢丝绳标准规定所有钢丝绳均需制成不松散的。

三、钢丝绳的选择

（1）在矿井淋水大，酸碱度高和作为出风井的井筒中，由于锈蚀严重而影响了钢丝绳的使用寿命，选用镀锌钢丝绳比较适宜。

（2）在磨损严重的矿井中，选用线接触圆形股或异形股外粗式（股的外层钢丝直径比内层粗）或面接触钢丝绳为宜。

（3）以疲劳断丝为钢丝绳损坏的主要原因时，可选用内外层钢丝直径差值小的线接触或异形股钢丝绳，以利于机械性能的发挥和力的均匀分布。

（4）缠绕式提升装置宜采用同向捻的提升钢丝绳，斜井提升宜采用交互捻钢丝绳，多绳摩擦提升主绳采用对称左、右交互捻的钢丝绳数目应相等，斜井串车提升时，宜采用交互捻钢丝绳。

（5）平衡尾绳宜采用扁尾绳，如采用圆尾绳，应选用交互捻且应力较低品种的钢丝绳，并要求与提升容器连接处采用旋转器。

（6）绳罐道和凿井提升钢丝绳应选用不旋转钢丝绳。

（7）用于温度很高或有明火的矸石山等处的提升用绳，可选用带金属绳芯的钢丝绳。

四、钢丝绳的使用、维护及试验

（一）钢丝绳的使用与维护

应正确地使用与维护钢丝绳，以便延长使用寿命，这既有一定的经济意义，又对提升设备的安全可靠运转有很重要的作用。选用钢丝绳，为控制其弯曲疲劳强度，一定要满足《煤矿安全规程》中规定的滚筒直径与钢丝绳直径的比值要求。绳槽直径必须合理，过小会引起钢丝绳过度挤压而提前断丝；过大会使绳槽支承面积减小，导致绳与绳槽加重磨损。

（二）钢丝绳的检查与试验

为确保钢丝绳的使用安全，防止断绳事故发生，提高钢丝绳的使用寿命，要定期对钢丝绳进行检查和试验。

提升钢丝绳每天必须用 0.3 m/s 的速度进行详细检查，并记录断丝情况。《煤矿安全规程》规定：对于升降人员或者升降物料用的钢丝绳，在一个捻距内断丝面积与钢丝绳总断面积之比达 5% 时就要更换；对于专门升降物料的钢丝绳、平衡制动绳、防坠器的制动钢丝绳（包括缓冲绳）和兼作钢丝绳牵引胶带输送机的钢丝绳的达 10% 就要更换。

升降人员或者升降人员和物料的钢丝绳，自悬挂起每 6 个月试验一次，新钢丝绳悬挂前的试验和使用中定期试验项目和要求见《煤矿安全规程》规定。

第六节 提 升 机

一、矿用提升机的分类

提升机是矿井提升设备的主要组成部分，目前我国生产及使用的矿用提升机，按其滚筒的构造特点可分为三大类：单绳缠绕式、多绳摩擦式及内装式提升机。

单绳缠绕式提升机在我国矿井提升中有很大的比重，目前在竖井、斜井、浅井中小型矿井及凿井均大量使用。其工作原理是把钢丝绳的一端固定并缠绕在提升机滚筒上，另一端绕过井架上的天轮悬挂提升容器，利用滚筒转动方向的不同，将钢丝绳缠上或放下，完成提升或下放重物的任务。

内装式提升机是世界上近年来研制成功的一种新型提升机。从提升机的工作原理来看，它亦属于摩擦提升范畴，但它实现了"内装"。所谓内装，就是将拖动电机直接装在摩擦轮内部，使电机转子与摩擦轮成为一体。内装式提升机摩擦轮的外观与一般的摩擦式提升机毫无区别，但它把由电动机、减速器和摩擦轮组成的常规式发展成为省去减速器，而使摩擦轮相当于电动机转子，主轴相当于电动机定子的、高度机电合一的、结构新颖的提升机。同时，为了使内部电动机冷却，主轴可以做成空心轴作为冷却风道，这样既减少了设备结构重量，又减少了提升系统的转动惯量。世界上第一台内装式提升机于 1988 年在德国豪斯阿登矿投入运行（ϕ6.5 m × 4, 2 200 kW），我国的开滦矿业集团东欢坨煤矿也于 1992 年从德国引进了 1 台内装式提升机。

内装式提升机是提升机的机械与电气高度一体化的完美结合，由于它体积小、重量轻、基础设施简单、设备造价低、运行费用低，与传统的提升机相比，其各项技术、经济指标都显示出了很高的优越性，引起了国内外极大的关注。内装式提升机的问世，是提升机领域里的一个新的里程碑，它不但对提升机制造业产生了巨大的影响，而且还引起了矿井提升机的使用、维修变革，迫使人们用全新的概念去评价提升机的性能。

二、单绳缠绕式提升机的类型结构

过去，我国生产的单绳缠绕式提升机一直是仿苏联 20 世纪 30 年代的老产品（如 KJ 型等）。70 年代初，我国自行设计和制造了新产品 XKT 型矿井提升机；后来，又制造了具有先进水平的 JK2 - 5 提升机及 GKT1.2 - 2 改进型提升机和新系列 JK - A 型提升机。

国产单绳缠绕式提升机均是等直径的，按滚筒数目又可分为单滚筒和双滚筒两种。

（一）矿井提升机的结构

矿井提升机适用于矿山竖井和斜井提升。KJ 型矿井提升机虽已停止生产，但我国许多老矿井仍在使用。图 1 - 26 所示为 KJ 型双滚筒提升机。

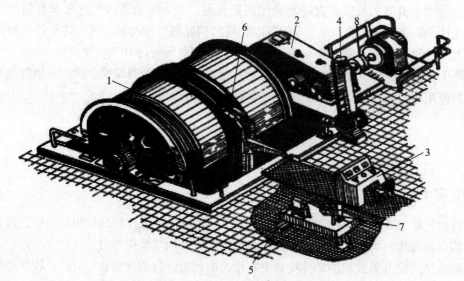

图 1 - 26 KJ 型双滚筒提升机

1—主轴装置；2—减速器；3—操纵台；4—深度指示器；5—液压传动系统；
6—制动闸；7—制动缸；8—联轴器

KJ 型提升机的结构有以下特点：

（1）滚筒直径为 2~3 m 的 KJ 型提升机（仿苏联 BM - 2A 型），其制动系统为油压操纵。滚筒直径为 4~6 m 的 KJ 型提升机（仿苏联 HKM3 型），其制动系统为气压操纵。

（2）在双滚筒提升机上，前者采用手动蜗轮蜗杆式调绳离合装置，后者采用遥控式气压操纵的齿轮调绳离合装置。

（3）制动器形式，前者为角移式，后者为平移式。

（4）减速器改为渐开线人字齿轮，传动比前者为 30、20、11.5；后者为 20、11.5、10.5。

下面介绍 KJ 型双滚筒提升机的主要组成部件。

1. 主轴装置

提升机上用来固定滚筒的轴叫作主轴。主轴承受所有外部载荷。滚筒轮毂、离合器、联轴器等都用两个切向键固定在主轴上。

KJ 型矿井提升机上支承主轴用的轴承大多采用滑动轴承，它承载机械旋转部分的径向和轴向载荷。

主轴承剖视图如图 1－27 所示，KJ 型提升机的主轴承由轴承座 1、轴承盖 2 及上下轴瓦三部分组成。轴瓦的轴衬 3 系铸钢件，轴衬内浇铸巴氏合金衬层。在轴衬的接合处，有瓦口垫 5 以便调整轴颈与巴氏合金衬层间的间隙，两半轴衬用精密的销钉连接。在轴承上面装有一个供油指示器 6，润滑系统将润滑油经过供油指示器压送到轴承中。轴承上部有两个回油孔 7、8，润滑油轴承后的油经此孔沿回油管流入减速器油箱中。

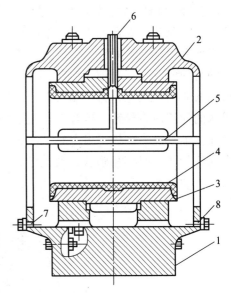

图 1－27 主轴承剖视图

1—轴承座；2—轴承盖；3—轴衬；4—衬层；
5—瓦口垫；6—供油指示器；7，8—回油孔

KJ 型 2~3 m 系列双滚筒提升机的主轴装置如图 1－28 所示，其上有两个滚筒，左滚筒为固定滚筒（死滚筒），右滚筒为游动滚筒（活滚筒），滚筒由内外两侧的两个圆形铸铁支轮（法兰盘）与筒壳组成。固定滚筒的支轮轮毂 1 用切向键固定在主轴上，内侧的支轮上带有制动轮 4，筒壳 7 由两块厚度为 10~20 mm 的钢板组成，用螺栓固定在支轮上。游动滚筒的支轮通过一个铜套套装在主轴上，并用游动滚筒润滑杯 5 润滑其摩擦表面。整个滚筒通过蜗轮蜗杆离合器由主轴来带动，蜗轮则用切向键固定在主轴上，钢丝绳的固定端伸入筒壳内，用专门的绳卡固定在轮辐 2 上。

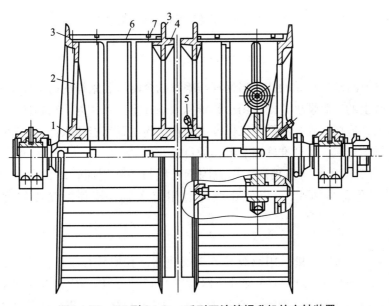

图 1－28 KJ 型 2~3 m 系列双滚筒提升机的主轴装置

1—轮毂；2—轮辐；3—轮缘；4—制动轮；5—游动滚筒润滑杯；6—木衬；7—筒壳

2. 手动蜗轮蜗杆离合器

为了双滚筒提升机的游动滚筒在调绳时能够离开或合上，KJ 型 2～3 m 系列双滚筒提升机设有手动蜗轮蜗杆离合器，如图 1－29 所示。用切向固定在主轴上的蜗轮 1，通过与其啮合的两个蜗杆 2 带动滚筒。蜗杆 2 套装在导轴 3 上，导轴 3 的一端用固定轴 4 固定在游动滚筒的轮辐上，另一端与螺杆螺母机构 5、6 相连。当转动手轮 7 时，借助螺杆螺母机构的伸长而将导轴 3 撑开（导轴绕固定轴 4 转动），使蜗轮与两个蜗杆脱开，则游动滚筒与主轴脱离。这样，当主轴旋转时，游动滚筒则停留在原处不动。反向转动手轮时，则蜗轮与两个蜗杆相啮合，游动滚筒与主轴相连接，当主轴旋转时，则游动滚筒即随之一同转动。

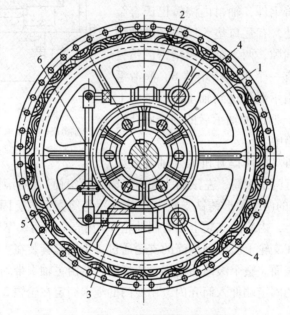

图 1－29　手动蜗轮蜗杆离合器

1—蜗轮；2—蜗杆；3—导轴；4—固定轴；

5，6—螺杆螺母机构；7—手轮

在蜗杆上钻有转动蜗杆用的孔，当蜗杆与蜗轮啮合时，若蜗杆的齿顶住了蜗轮的齿，必须松开蜗杆心轴上的压紧螺母，则可用小铁棒插入蜗杆上的孔，以转动蜗杆，使蜗杆的齿对准蜗轮上的齿槽，这样，离合器便可以保证滚筒在任何位置都能使蜗杆和蜗轮相啮合，实现游动滚筒与主轴的连接，达到准确调节绳长的目的。

为了使游动滚筒在脱离主轴后，不致因钢丝绳拉力作用而转动，在游动滚筒的轮缘上钻有一些孔（俗称地锁孔），以便在调绳时用定车装置锁住滚筒或修理制动装置时使用。

3. 减速器

KJ 型 2～3 m 系列提升机采用双级或单级减速器，其型号有三种：ZL－150、ZL－115 和 ZD－120。ZL－150 型和 ZL－115 型减速器（图 1－30）的传动比有 20、30 两种，采用巴氏合金层滑动轴承。减速器由两级人字齿轮和整个铸铁机体、机盖组成，其中心距分别为 1 500 mm、1 150 mm。ZL－150 型减速器用于单、双滚筒 2.5 m 及双滚筒 3m 矿井提升机，而 ZL - 115 型减速器仅用于单、双滚筒 2 m 提升机。

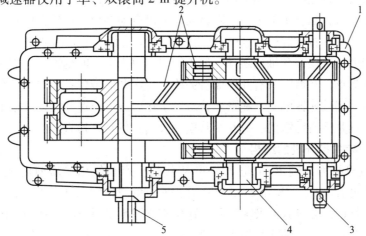

图 1 - 30　ZL - 115 和 ZL - 150 型减速器

1—铸铁外壳；2—齿轮；3—主动轴；4—中间轴；5—被动轴

ZD - 120 型为单级圆柱齿轮减速器。由两个小人字齿轮对、一个大人字齿轮对、铸铁机体和焊接结构机盖组成。两个小人字齿轮对同时传动一个大人字齿轮，传动比为 11.5，中心距为 1 200 mm，采用滚动轴承，该型减速器用于双滚筒 2.5 m 及双滚筒 3 m 矿井提升机。

这三种型号减速器的各齿轮对都在减速箱内，用稀油强制润滑，各齿轮对的小齿轮与轴是一体的，大齿轮由铸铁轮毂和锻钢齿圈热配合而成，用键固定在轴上。

4. 联轴器

提升机主轴与减速器输出轴采用齿轮联轴器连接，如图 1 - 31 所示。

电动机轴与减速器的输入轴采用蛇形弹簧联轴器连接，如图 1 - 32 所示。

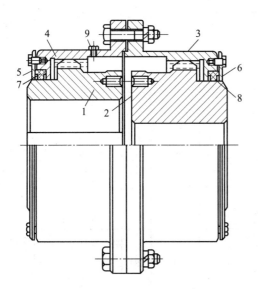

图 1 - 31　齿轮联轴器

1，2—外齿轮轴套；3，4—内齿圈；

5，6—端盖；7，8—皮碗；9—油堵

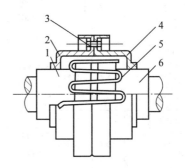

图 1 - 32　蛇形弹簧联轴器

1，6 两半联轴器；2，4—罩；

3—螺栓；5—弹簧

齿轮联轴器可以减轻两轴之间不同心造成的影响。其外齿轴套的齿制成球面形，齿厚由中部向两端逐渐削减，啮合中的齿侧间隙较大，可以自动调位。联轴器内灌有润滑油，用填料皮碗 7、8 密封，以防止油漏出；联轴器上有一个注油孔，平时用油堵 9 塞住。这种联轴器能补偿两轴间的安装误差和轴向跳动，但不能缓和扭矩突变时的冲击。蛇形弹簧联轴器的轮齿的侧面为圆弧形，在齿间嵌有几段曲折的能承受弯曲的带状蛇形弹簧，利用此种弹簧将扭矩由电动机传递到减速器轴上。蛇形弹簧减轻了在启动、减速和制动过程中齿轮的冲击与振动。联轴器用钙基润滑脂润滑，每 6 个月换一次油，每月应检查两次。

（二）JK 型矿井提升机的结构

JK 型矿井提升机为我国 20 世纪 70—80 年代初生产和使用的新型提升机的系列产品，其基本技术参数见表 1－7。JK 型 2～5 m 矿井提升机的总体结构如图 1－33 所示。它有以下特点：①采用新结构，如盘式闸及液压站，这样不仅缩小了提升机的体积和质量，同时使制动工作更安全可靠；②采用油压齿轮离合器，结构简单、使用可靠、调绳速度快，尤其适用于多钢丝绳提升的情况；③通过合理的设计和改进，与 KJ 型提升机相比，提升能力提高了 25%，平均减重 25%。

表 1－7　JK 型 2～5 m 矿井提升机的基本技术参数

型号	滚筒			钢丝绳最大静张力	钢丝绳最大静张力差	钢丝绳最大直径	钢丝绳内钢丝破断力总和	最大提升高度或拖运长度				钢丝绳最大速度
	数量	直径	宽度					一层	二层	三层	四层	
	个	mm		N·kgf^{-1}		mm	kN	m				m·s^{-1}
2JK－2/11.5	2	2 000	1 000	60 000 (6 000)	40 000 (4 000)	26	439.5	159	346	565	790	6.55
2JK－2/20												5/3.7
2JK－2/30												3.3/2.5
2JK2/11.5	1	2 000	1 500	60 000 (6 000)	60 000 (6 000)	26	439.5	278	597	898		6.55
JK－2/20					40 000 (4 000)							5/3.7
JK－2/30												3.3/2.5
2JK－2.5/11.5	2	2 500	1 200	90 000 (9 000)	90 000 (9 000)	31	608.5	213	456	939		8.2/6.6
2JK－2.5/20					55 000 (5 500)							4.7/3.8
2JK－2.5/30												3.14/2.5
JK－2.5/11.5	1	2 500	2 000	90 000 (9 000)	90 000 (9 000)		608.5	411	890	1335		8.2/6.6
JK－2.5/20					55 000 (5 500)							4.7/3.8
JK－2.5/30												3.14/2.5
2JK－3/11.5	2	3 000	1 500	130 000 (13 000)	80 000 (8 000)	37	876	283	598	910		10/6/6.6
2JK－3/20												5.6/4.5
2JK－3/30												3.7/3

续表

型号	滚筒			钢丝绳最大静张力	钢丝绳最大静张力差	钢丝绳最大直径	钢丝绳内钢丝破断力总和	最大提升高度或拖运长度				钢丝绳最大速度
	数量	直径	宽度					一层	二层	三层	四层	
	个	mm		$N \cdot kgf^{-1}$		mm	kN	m				$m \cdot s^{-1}$
2JK－3.5/11.5	2	3 500	1 700	170 000 (17 000)	115 000 (11 500)	43	1 185	330	670			11.4/9.25
2JK－3.5/15.5												8.5/6.85
2JK－3.5/20												6.6/5.3
2JK－4/10.5	2	4 000	1 800	180 000 (18 000)	125 000 (12 500)	47.5	1 430	351	753			11.95/9.6
2JK－4/11.5												10.5/3.7
2JK－4/20												6.1/5.1
2JK－5/10.5	2	5 000	2 300	230 000 (23 000)	160 000 (16 000)	52	1 705	565				11.95
2JK－5/11.5												10.95

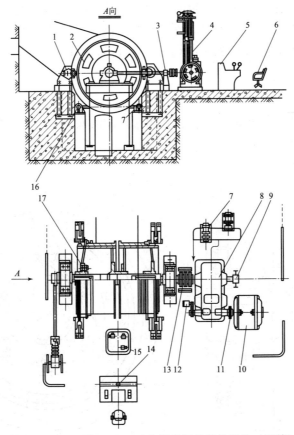

图 1－33　JK 型 2~5 m 矿井提升机的总体结构（双筒）

1—盘形制动器；2—主轴装置；3—牌坊式深度指示器传动装置；4—牌坊式深度指示器；5—斜面操作台；

6—司机椅子；7—润滑油站；8—减速器；9—圆盘式深度指示器传动装置；10—电动机；11—蛇形弹簧联轴器；

12—测速发电机装置；13—齿轮联轴器；14—圆盘式深度指示器；15—液压站；16—锁紧器；17—齿轮离合器

1. 主轴装置

主轴装置包括滚筒、主轴和主轴承，在双滚筒提升机中还包括调绳离合器。

如图 1-33 所示，主轴的右端为死滚筒，死滚筒的右轮毂用切向键固定在主轴上，左轮毂滑装在主轴上，其上装有润滑油杯，定期向油杯内注入润滑油，以避免轮毂与主轴表面的过度磨损。

活滚筒的右轮毂经铜套或尼龙套滑装在主轴上，也装有专用润滑油杯，以保证润滑。轴套的作用是保护主轴和轮毂，防止调绳时轮毂与主轴产生磨损。左轮毂用切向键固定在主轴上并经调绳离合器与滚筒连接。

滚筒除轮毂是铸钢件外，其他均为 16Mn 钢板焊成的焊接结构；轮辐由圆盘钢板制成，且开有若干个孔，并用螺栓固定在轮毂上。

筒壳用两块 10～20 mm 厚的钢板焊成，为了减少钢丝绳在筒壳上缠绕时的磨损及相互挤压，并增加筒壳的刚性，在筒壳表面敷以木衬。木衬采用由强度高而韧性大的柞木、水曲柳或榆木等制成的宽 150～200 mm、厚度不小于钢丝绳直径 2 倍的木条，两端用螺钉与筒壳固定，螺钉应埋入木衬 1/3 厚度处。木衬上按钢丝绳的缠绕方向刻有螺旋槽，以引导钢丝绳依次均匀地按顺序缠绕在筒壳表面。钢丝绳的固定端伸入筒壳下面，用绳卡固定在轮辐上。

提升机主轴承受所有外部载荷，并将此载荷经主轴传给地基的主要承力部件，主轴用极限强度为 500～600 MPa 的优质钢锻造，然后将其表面加工光滑，并对摩擦表面进行研磨而成。主轴承是用滑动轴承支承主轴，并承受机器旋转部分的轴向及径向负荷。

2. 调绳离合器

1）齿轮离合器的结构

JK 型双滚筒提升机采用齿轮离合器，其用途是使活塞滚筒与主轴分离或连接，以便调节钢丝绳的长度；更换钢丝绳或调节钢丝绳长时，两个滚筒之间产生相对转动。调绳离合器的结构如图 1-34 所示。

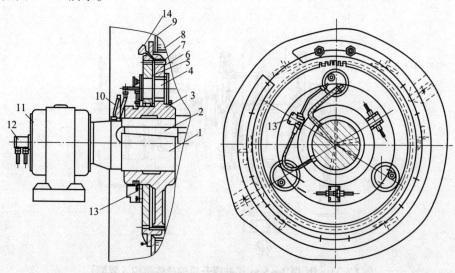

图 1-34　调绳离合器的结构

1—主轴；2—键；3—轮毂；4—油缸；5—橡胶缓冲垫；6—齿轮；7—尼龙瓦；8—内齿轮；
9—滚筒轮辐；10—油管；11—轴承盖；12—密封头；13—连锁阀；14—油杯

活滚筒筒壳的左轮辐固定有内齿轮，主轴通过切向键与轮毂连接，沿左轮毂圆周均布三个调绳油缸，调绳油缸相当于三个销子将轮毂与外齿轮连接在一起，外齿轮滑装在左轮毂上，调绳油缸的左端盖连同缸体一起用螺钉固定在外齿轮上，活塞通过活塞杆和右端盖一起固定在轮毂上。内、外齿轮啮合时，即为离合器的合上状态。当压力油进入油缸左腔而右腔接回油池时，活塞不动，缸体在压力油的作用下，沿缸套带动外齿轮一同向左移动，使内、外齿轮脱离啮合，使活滚筒与主轴脱开，以实现调绳或更换提升钢丝绳时，使活滚筒制动，死滚筒与活滚筒有相对运动，完成调绳或更换钢丝绳的任务。与此相反，当向油缸右腔供压力油而左腔接回油池时，外齿轮右移，离合器接合，活滚筒与主轴连接。

调绳离合器在提升机正常运转时，左、右腔均无压力油，离合器处于合上状态。

当外齿轮左移、离合器打开时，在调绳或更换钢丝绳的过程中，活滚筒的轮毂与安装在内齿轮上的尼龙瓦做相对运动，此时，尼龙瓦起着相当于一个滑动轴承的作用，故专设油杯，以润滑尼龙瓦。

2）齿轮离合器的控制系统

调绳离合器的液压控制系统如图 1-35 所示。图中 L 管与 K 管和液压站四通阀相连，可以参考第二章的液压站的传动示意图。控制液压站的四通阀和五通阀可以使 K 管与 L 管分别接高压油和油池，当 K 管接高压油、L 管接油池时离合器打开；反之，离合器合上。

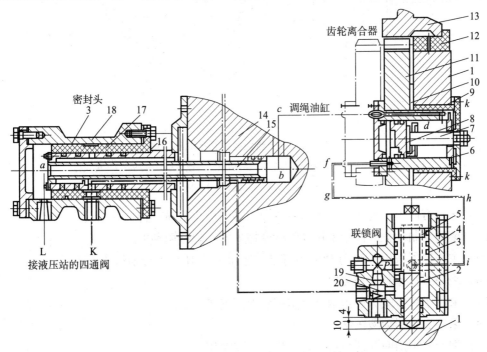

图 1-35　调绳离合器的液压控制系统

1—轮毂；2—活塞销；3—O 形密封圈；4—阀体；5，20—弹簧；6—缸体；7—活塞杆；8—活塞；9—缸套；
10—橡胶缓冲垫；11—齿轮；12—尼龙瓦；13—内齿轮；14—主轴；15—空心管；
16—空心轴；17—轴套；18—密封体；19—钢球

3）联锁阀的作用

图 1-35 中，联锁阀的阀体 4 尚定在外齿轮 11 的侧面，阀中的活塞销 2 靠弹簧 5 使其牢牢地插在轮毂的凹槽中，这样可以防止在提升机运转过程中离合器的齿轮 11 自动跑出而

造成事故。

3. 减速器及联轴器

JK 型提升机采用双级圆弧齿轮减速器，减速比为 10.5、11.5、15.5、20、30.2。

近年来开始采用行星齿轮减速器，这种减速器的优点是体积小，重量轻，速比范围大，传动效率高。

（三）JK - A 型矿井提升机的结构

JK - A 型矿井提升机的主要结构特点如下：

（1）主轴承采用双列向心球面滚子轴承。

（2）采用径向齿块式离合器调绳结构，如图 1 - 36 所示。

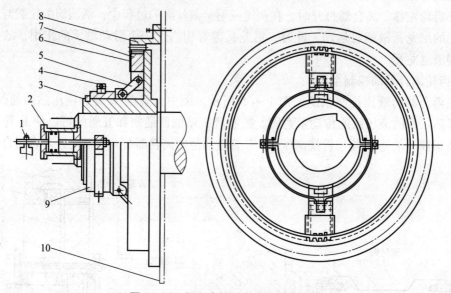

图 1 - 36 径向齿块式离合器调绳结构

1—联锁阀；2—油缸体；3—卡箍；4—拨动环；5—连板；6—盖板；7—齿块体；

8—内齿圈；9—移动毂；10—制动盘

（3）滚筒有两半木衬式、整体木衬式和两半绳槽式滚筒三种，并增设了钢丝绳过渡块。

（4）滚筒与制动盘的连接采用高强度摩擦连接和焊接两种方式。

（5）主减速器采用 X 型与 PBF 型行星减速器和 PTH 型平行轴齿轮减速器。

（6）采用了盘型制动器装置。

（7）采用了牌坊式深度指示器和多钢丝绳深度指示器。

（8）采用二级制动液压站。

（9）润滑站采用两套油泵：一套工作，一套备用。

第七节 提升机的操作

提升机房是矿井的动力要害部位，内有提升机及其供电系统和操作系统。建立健全提升机房的各项安全管理制度，规范人员的操作行为，严格按章操作，杜绝"三违"，是消除人为因素导致提升系统事故的根本措施。

一、提升机房的安全管理制度

（一）提升机房的标准化内容

1. 设备性能

（1）零部件完整齐全，有铭牌（主机、电动机、磁力站），设备完好并有完好牌及责任牌。

（2）使用合理、运行经济。

（3）性能良好。

（4）钢丝绳有出厂合格证，试验交叉符合《煤矿安全规程》的要求。

2. 安全保护监测装置要求

（1）供电电源符合《煤矿安全规程》（第442条）的规定：主要通风机、提升人员的立井绞车、抽放瓦斯泵等主要设备房，应各有两条回路直接由变（配）电所馈出的供电线路；受条件限制时，其中的一回路可引自上述同种设备房的配电装置。

（2）高压开关柜的过流继电器、欠压释放继电器整定正确，动作灵敏可靠。

（3）脚踏开关动作灵敏可靠。

（4）过卷开关安装位置符合规定，动作灵敏可靠。

（5）松绳保护（缠绕式）动作灵敏可靠，并接入安全回路。

（6）换向器栅栏门有闭锁开关，灵敏可靠。

（7）箕斗提升有满仓信号，并且有满仓不能开车、松绳给煤机不能放煤的闭锁。

（8）使用罐笼提升的立井，井口安全门与信号闭锁；井口阻车器与罐笼停止位置相联锁；摇台与信号闭锁；罐座与罐笼相闭锁。

（9）每副闸瓦必须有磨损开关，调整适当，动作灵敏可靠。

（10）过速和限速保护装置符合《煤矿安全规程》的要求，并有接近井口不超过 2 m/s 的保护，动作灵敏可靠。

（11）方向继电器动作灵敏可靠。

（12）制动系统要符合机电设备完好标准和《煤矿安全规程》的要求。斜井提升制动减速度达不到要求要采用二级制动。双滚筒绞车离合器闭锁可靠。

（13）三相电流继电器整定正确，动作灵敏可靠。

（14）灭弧闭锁继电器动作灵敏可靠。

（15）深度指示器指示准确，减速行程开关、警铃和过卷保护装置灵敏可靠，并具有深度指示器失效保护。

（16）限速凸轮板制作正确，提升机按设计和规定的速度运行。

（17）制动油有过、欠压保护。润滑油有超温保护。

（18）各种仪表指示正确、灵敏并定期校验。

（19）打点指示器指示正确，信号有闭锁。

（20）信号声光俱全，动作正确，检修与事故信号有区别。

（21）通信可靠，井口与车房有直通电话。

（22）负力提升及升降人员的提升机应有电气制动，并能自动投入正常使用。盘形闸制动器提升机必须使用动力制动。

（23）安全回路应装设故障监测显示装置。

（24）地面高压电动机有防雷保护装置。

3. 规章制度

（1）要害场所管理制度。

（2）岗位责任制。

（3）交接班制度。

（4）领导干部上岗制度。

（5）操作规程。

4. 图纸、记录和技术资料

1）图纸

（1）制动系统图。

（2）电气原理图。

（3）巡回检查表。

（4）提升机总装备图和技术卡片。

2）记录

（1）要害场所登记簿。

（2）运行日志及巡回检查记录。

（3）事故登记簿。

（4）定期检修记录。

（5）钢丝绳检查记录。

（6）干部上岗记录。

（7）保护装置检查试验记录。

3）技术资料

（1）仪表试验、安全保护装置整定试验资料齐全。

（2）定期检修记录齐全。

（3）技术测定及主要部件探伤资料齐全。

（4）有完整的设计、安装资料和易损件图纸。

5. 机房设施

（1）机房内整洁卫生、窗明几净，无杂物、油垢、积水和灰尘，禁止机房兼作他用。

（2）机房门口挂有"机房重地，闲人免进"字牌。

（3）机房内管线整齐。

（4）有工具且排放整齐。

（5）防护用具齐全（绝缘靴、手套、试电笔、接地线、停电牌），并做到定期试验合格。

（6）灭火器材齐全，放置整齐，数量充足（2~4个灭火器，0.2 m³以上的灭火砂）。

（7）照明适度，光线充足，并备有行灯和应急灯。

（8）有适当的采暖降温设施（暖气、电扇或空调等）。

（9）带电及转动部分有保护栅栏和警示牌。接地系统完善，接地电阻符合规定。

（二）提升机房的安全保卫制度

（1）非工作人员不得入内。

（2）各种防范设施应齐全、完好。灭火器、砂箱、消防栓等按要求配置。

（3）提升机房门外应悬挂有"机房重地，闲人免进"字样的警告牌。

（4）提升机房内禁止存放易燃、易爆品。

（5）当班提升机操作工应掌握设备运行的基本情况，按要求对其进行巡检，发现异常及时汇报值班领导。

（6）各种电气保护应灵敏、可靠。

（7）提高警惕，加强"防火、防破坏、防盗"工作，保证提升设备的安全运行。

（8）提升机房内变压器、电感等裸露电气设备要设围栏，并且悬挂相应警示牌。

（9）如发生事故，应及时采取补救措施，并妥善保护事故现场，及时上报。

（10）提升机房内所有部位都要有充足的照明。

（三）提升机司机的交接班制度

（1）接班人员要提前 10 min 到岗，在工作现场进行交接班。

（2）交接班时，必须按照巡回检查制度规定的项目认真进行检查。

（3）交接内容如下：

①交清当班运行情况，交代不清不接。

②交清设备故障和隐患，交代不清不接。

③交清应处理而未处理问题的原因，交代不清不接。

④交清工具和材料配件的情况，数量不符不接。

⑤交清设备和室内卫生打扫情况，不清洁不接。

⑥交清各种记录填写情况，填写不完整或未填写不接。

⑦交班不交给无合格证者或喝酒和精神不正常的人，非当班提升机操作工交代情况时不接。

（4）接班提升机操作工认为未按规定交接时，有权拒绝交接班，并及时向上级汇报。

（5）在规定的时间内接班提升机操作工缺勤时，未经领导同意，交班提升机操作工不得擅自离岗。

（6）当班提升机操作工正在操作、提升机正在运行时，不得交与接班提升机操作工操作。

（7）在交接班过程中，如遇特殊情况可向单位值班领导汇报，请求解决，不得擅自离岗。

（8）交接工作经双方同意时，应在交接班记录簿上签字，方为有效。

（四）提升机司机的巡回检查制度

（1）提升机司机必须定时、定点、定内容、定要求地对提升机进行安全检查，掌握设备运行情况，记录运行的原始数据，及时发现设备运行中的隐患。

（2）每小时按提升机巡回检查图表巡检一次，辨别各仪表指示是否正确，观察液压制动系统、冷却系统的温度、压力、流量、液位、渗漏等情况，注意设备的声音、气味、振动等有无异常，周围环境的温度、气味等有无异常。巡检后，及时填写运行日志。

（3）巡回检查要严格按照提升机巡回检查图表制定的线路图进行，不得出现遗漏。

巡查内容的要求如下：

①电流、电压、油压、风压等各指示仪表的读数应符合规定。

②深度指示器指针位置和移动速度应正确。

③各运转部位的声响应正常。

④注意听信号并观察信号盘的信号变化。

⑤各种保护装置的声光显示应正常。

⑥单钩提升下放时注意钢丝绳跳动有无异常，上提时电流表有无异常摆动。

（4）巡回检查主要采用手摸、目视、耳听的方法。

（5）在巡回检查中发现的问题要及时处理。具体内容包括以下两个方面：

①提升机司机能处理的应立即处理；提升机司机不能处理的，应及时上报，并通过维修工处理。

②对不能立即产生危害的问题，在汇报单位值班领导后，要进行连续跟踪观察，监视其发展情况。

（五）防灭火制度

（1）提升机房必须按照规定配齐不同类型的消防器材，定期检查试验。

（2）保持电气设备的完好，发现故障及时处理。

（3）避免设备超负荷运转，要设置温度保护。

（4）保持设备清洁，及时处理油污。

（5）检修人员应及时清理擦拭设备带有油污的棉纱，在使用易燃清洗剂时，应远离火源。

（6）提升机房内严禁吸烟，严禁使用电炉烧水、煮饭。

（7）室内电缆悬挂整齐。

（8）加强对变压器等发热设备的巡检，掌握设备运行的温升状况，发现温升异常时，及时停机、停电。

（9）制订火灾防范措施，制订避灾路线。

（10）提升机房发生电火灾和油火灾要及时灭火。

灭火方法有以下几种：

①及时切断电源，以防灭火者触电，控制火灾蔓延。

②立即向矿调度室汇报。

③灭火时，不可将身体或手持的用具触及导线和电气设备，以防触电。

④应使用不导电的灭火器材。

⑤扑灭火灾时，不能使用水，只能使用黄砂、二氧化碳和干粉灭火器等。

二、提升机的操作与安全运行

正确掌握提升机的操作方法，是保证提升机能够安全运行的前提。提升机司机在进行实际操作之前，首先要了解和熟悉所操作提升机的提升系统；掌握提升机的类型、结构、原理以及性能；熟悉提升机的提升速度图、所采用的电气控制方式、减速度方式以及操作方式。

（一）矿井提升机的操作

我国矿井提升机的操作方式有手动操作、半自动操作和自动操作三种。

手动操作的提升机多用于斜井，司机直接用控制器操纵电动机的换向和速度调节；自动操作的提升机多用于提升循环简单、停机位置要求不必特别准确的主井箕斗提升系统，其操作过程都是提升机自动进行，司机只需观察操作保护装置的正确性。

对于半自动操作提升机，司机通过操作手把进行操作，启动阶段的加速过程是由继电器按规定要求自动切除启动电阻进行的，等速阶段由于电动机工作在自然阶段特性曲线的稳定运行区域，不需要自动操纵装置，只需观察各种保护装置的正确性。

（二）矿井提升机的减速方式

矿井提升机减速阶段的减速方式有惯性滑行减速、电动机减速和制动减速。惯性滑行减速是提升机在提升重物和提升惯性速度的共同作用下使提升机减速。电动机减速是把电动机的转子附加电阻以逐级接入转子回路的方法进行减速。

（三）缠绕式提升机的操作

1. 运行前的检查与准备

检查重点如下：

（1）检查各结合部位螺栓是否松动，销轴有无松动。

（2）检查各润滑部位润滑油油质是否合格、油量是否充足、有无漏油现象。

（3）检查制动系统常用闸和保险闸是否灵活可靠，间隙、行程及磨损是否符合要求。

（4）检查各种安全保护装置动作是否准确可靠。

（5）检查各种仪表和灯光声响信号是否清晰可靠。

（6）检查主电动机的温度是否符合规定。

检查完毕无误以后，按以下程序进行启动前的准备工作：

（1）合上高压隔离开关、液压开关，向换向器送电。

（2）合上辅助控制盘上的开关，向低压用电系统供电。

（3）启动直流发电机组或向硅整流器送电。

（4）采用动力制动时，启动直流发电机组或向可控硅整流送电。

（5）启动润滑液压泵。

（6）启动制动液压泵。

2. 正常操作程序与方法

1）启动阶段的操作

（1）听清提升信号和认准开车方向，将保险闸操纵手把移至松闸位置。

（2）将常用闸操纵手把移至一级制动位置。

（3）按照信号要求的提升方向，将主令控制器推（扳）至第一位置。

（4）缓缓松开工作闸启动，依次推（扳）主令控制器（半自动操纵的提升机一下移到极限位置），使提升机加速到最大速度。

2）提升机减速、停机阶段的操作

（1）当听到减速警铃后，司机应根据不同的减速方式进行如下操作：

①采用惯性滑行减速的操作方法，司机将主令控制器手把由相应的终端位置推（或拉）至中间"0"位。提升机在惯性和提升物重力的作用下自由滑行减速。如果提升载荷较大，提升机的运行速度低于 0.5 m/s，提升速度无法到达正常停车位置时，需二次给电；当提升容器将要到达停车位置，提升机的运行速度仍较大时，需用常用闸点动减速。

②若采用电动机减速的方法，司机应将主令控制器手把由相应的终端位置逐渐推（或拉）至中间"0"位，并密切注意提升机的速度变化，根据提升机的运行速度来确定主令控

制器手把的推（或拉）速度。

③若采用低频发电制动速度，司机开车前应选择低频发电制动减速方式。提升容器到达减速点时，低频发电制动减速系统将自动投入运行，提升电动机的 50 Hz 工频电源由 2.5 ~ 5 Hz 的三相低频电源所替换，实现提升电动机的低频发电制动。

④若采用动力制动减速，可人工操作，也可自动投入运行。自动投入是司机在开车前将正力减速和动力制动减速开关置于动力制动减速"2HK 左转 45°，提升容器到达减速点，将自动实现拖动电动机交流电源和直流电源的切换；人工操作则是司机利用脚踏动力制动踏板实现减速，司机应根据提升机的运行速度来控制脚踏轻重，从而调整电动机回路的外接启动电阻值，调整制动电流的大小以获得合理的减速度。

⑤若采用机械制动减速，当提升机到达减速点时，司机应及时将主令控制器手把由相应的终端位置推（或拉）至中间"0"位，然后司机操作常用闸手把进行机械制动减速，使提升速度降至爬行速度。

（2）根据终点停车信号，及时正确地用工作闸闸住提升机。停机后电动机操作手把应在中间位置，制动手把在全制动位置。

三、提升机司机的作业标准

（一）班前准备

（1）按规定佩戴好劳动保护用品。

（2）井上工上岗时将长发挽入帽中，不得穿拖鞋或高跟鞋上岗。

（3）携带好随身作业工具，保证行动安全方便。

（4）井下工领取矿灯和自救器时，要检查是否齐全完好，且性能可靠。

（5）刀斧等锐利工具搬运时应配上护套，以免带来危险。

（6）携带好安全资格证，无证不准上岗。

（二）入井

（1）接受有关人员检查。

（2）遵守候车和乘罐制度，服从管理人员指挥。

（3）不准在罐下方走捷径穿越，必须走规定的行人绕道。

（4）乘罐人员必须取站立姿势，握紧扶手。

（5）乘罐人员的身体和携带的长物不准伸出罐外，严禁向井筒抛扔任何物品。

（6）如果乘坐主运输胶带，必须严格执行《主运输胶带乘人管理规定》。

（7）乘坐悬空吊椅人员，必须严格执行《悬空吊椅运乘管理规定》。

（三）接班

（1）按时进入规定的接班地点进行接班。

（2）详细询问上班的工作情况、设备运转情况、事故隐患处理情况及遗留问题。

（3）查看有关记录。在交班司机陪同下，对有关部位进行检查。

（4）现场检查及试运转。

（5）严格执行作业规程。

（四）交班

（1）进行交班前的准备检查。

（2）向接班人汇报本班工作情况。

（3）协助接班人进行现场检查。

（4）发现问题立即协同处理。

（5）对遗留问题，落实责任向上汇报。

（6）履行交接手续。

（7）执行通用标准，上井汇报，填写记录。

第八节 提升机的检查、检测、检修

一、检修的主要任务

（1）消除设备缺陷和隐患。设备的某些运转部件经过一段时间的运行后产生了点蚀磨损、振动、松动、异响、窜动等现象，虽未发展到因故障停机的程度，但对继续安全经济运行有所威胁，必须及时进行处理，消除隐患。

（2）对设备的隐蔽部件进行定期检查。矿井主要设备的隐蔽部件较多，日常检查不但时间不够，而且实际上不解体也无法进行，因此要有计划地利用矿井停产检修时间，对隐蔽部件解体进行彻底检查。例如轴瓦、齿轮、绳卡等，应预先发现问题，争取当场处理，或做好准备后在下次停产检修时处理。

（3）对关键部件进行无损探伤。如对主要的传动、制动、承重、紧固件等进行表面裂纹或内部伤、杂质的探测，避免缺陷发展，造成重大事故。

（4）对安全装置、安全设施进行试验。按有关规程规定的周期，对矿山机械设备的防风装置、防坠装置等进行预防性试验，检查其动作的可靠性和准确性。

（5）对设备的性能、驱动能力进行全面测定和鉴定。对于工作量大、时间长的测定与鉴定内容必须在停产检修时进行。

（6）对设备的技术改造工程可有计划地安排在矿井停产检修时一并完成。

（7）进行全面彻底的清扫、换油、除锈、防腐等。

如设备在使用过程中突然出现了故障，在缺少备件、材料和未做好检修准备工作之前，可根据设备的状态，在确保安全的前提下适当降低驱动能力，暂时继续使用。待材料、备件做好后，立即安排停产检修，处理故障，恢复设备的正常性能。

二、检修的内容

《煤炭工业企业设备管理规程》中明确规定：设备检修分为日常检修、一般检修和大修三种，下面介绍日常检修和一般检修。

（1）日常检修按定期维修的内容或针对日常检查发现的问题，部分拆卸零部件进行检查、修整、更换或修复少数磨损件，基本上不拆卸设备的主体部分，通过检查、调整、紧固机件等技术手段，恢复设备的使用性能。如调整机构的窜动和间隙，局部恢复其精度；更换油脂、填料；清洗或清扫油垢、灰尘；检修或更换电池等易损件，并做好全面检查记录，为大、中修提供依据。

（2）一般检修（中修、小修、年修）根据设备的技术状态，对精度、功能达不到工艺要求的部件按需要进行有针对性的检修。这种检修一般会对设备部分解体，以修复或更换磨损的机件，更换油脂，进行涂漆、烘干，检修可充分利用镀、喷、镶、粘等技术手段。

三、现场检查标准

（1）滚筒无开焊、裂纹和变形。驱动轮摩擦衬垫固定良好，绳槽磨损程度不应超过 70 mm，衬垫底部的磨损剩余厚度不应小于钢丝绳的直径。

（2）仪表指示和动作要准确可靠。

（3）信号和通信要求如下：

①信号系统应声光俱备，清晰可靠。

②司机台附近应设有与信号工相联系的专用直通电话。

（4）制动系统要求如下：

①制动装置的操作机构动作灵活，各销轴润滑良好，不松旷。

②闸轮或闸盘无开焊或裂纹，无严重磨损，磨损沟纹的深度不大于 1.5 mm，沟纹宽度总和不超过有效闸面宽度的 10%。

③闸瓦及闸衬无缺损、无断裂，表面无油迹，磨损不超限。

④松闸后的闸瓦间隙不大于 2 mm，且上下相等。

⑤液压站的压力应稳定，液压系统不漏油。

（5）安全保护装置必须具备《煤矿安全规程》规定的保护装置。

四、提升机完好标准

（一）滚筒及驱动轮

（1）缠绕式提升机滚筒和摩擦式提升机驱动轮无开焊、裂纹和变形。滚筒衬木磨损后表面距固定螺栓头部不应小于 5 mm。驱动轮摩擦衬垫固定良好，绳槽磨损程度不应超过 70 mm，衬垫底部的磨损剩余厚度不应小于钢丝绳的直径。

（2）双滚筒提升机的离合器和定位机构灵活可靠，齿轮及衬套润滑良好。

（3）滚筒上钢丝绳的固定和缠绕层数，应符合《煤矿安全规程》第 384 ~ 386 条的规定。

（4）钢丝绳的检查、试验和安全系数应符合《煤矿安全规程》第八章第三节有关条文的规定，有规定期内的检查、试验记录。

（5）对多绳摩擦轮提升机的钢丝绳张力应定期进行测定和调整。任一根钢丝绳的张力同平均张力之差不得超过 ±10%。

（二）深度指示器

（1）深度指示器的螺杆、传动和变速装置润滑良好，动作灵活，指示准确，有失效保护。

（2）牌坊式深度指示器的指针行程，不应小于全行程的 3/4；圆盘式深度指示器的指针旋转角度范围应不小于 250°，不大于 350°。

（三）仪表

各种仪表和计器，要定期进行校验和整定，保证指示和动作准确可靠。校验和整定要留有记录，有效期为 1 年。

（四）信号和通信

（1）信号系统应声光俱备，清晰可靠，并符合《煤矿安全规程》的规定。

（2）司机台附近应设有与信号工相联系的专用直通电话。

（五）制动系统

（1）制动装置的操作机构和传动杆件动作灵活，各销轴润滑良好，不松旷。

（2）闸轮或闸盘无开焊或裂纹，无严重磨损，磨损沟纹的深度不大于1.5 mm，沟纹宽度总和不超过有效闸面宽度的10%，闸轮的圆跳动不超过1.5 mm，闸盘的端面圆跳动不超过1 mm。

（3）闸瓦及闸衬无缺损、无断裂，表面无油迹，磨损不超限；闸瓦磨损后表面距固定螺栓头端部不小于5 mm，闸衬磨损余厚不小于3 mm。施闸时每一闸瓦与闸轮或闸盘的接触良好，制动中不过热，无异常振动和噪声。

（4）施闸手柄、活塞和活塞杆以及重锤等的施闸工作行程都不得超过各自容许全行程的3/4。

（5）松闸后的闸瓦间隙：平移式不大于2 mm，且上下相等；角移式在闸瓦中心处不大于2.5 mm，两侧闸瓦间隙差不大于0.5 mm，盘形闸不大于20 mm。

（6）闸的制动力矩、保险闸的空时间和制动减速度，应符合《煤矿安全规程》规定，并必须按照要求进行试验。试验记录有效期为1年。

（7）油压系统不漏油，蓄油器在停机后15 min内活塞下降量不超过100 mm，风压系统不漏风，停机后15 min内压力下降不超过规定压力的10%。

（8）液压站的压力应稳定，其振摆值和残压，不得超过表1-8的规定。

表1-8　液压稳定压力　　　　　　　　　　　　　　　　　　MPa

设计最大压力 P_{max}	≤8		8~16	
指示区间	≤0.8P_{max}	>0.8P_{max}	≤0.8P_{max}	>0.8P_{max}
压力振摆值	±0.2	±0.4	±0.3	±0.6
残　　压	≤0.5		≤1.0	

（六）安全保护装置

提升机除必须具备《煤矿安全规程》第392条、393条规定的保护装置外，还应具备下列保护：

（1）制动系统的油压（风压）不足不能开车的闭锁。

（2）换向器闭锁。

（3）压力润滑系统断油时不能开车的保护。

（4）高压换向器的栅栏门闭锁。

（5）容器接近停车位置，速度低于2 m/s的后备保护（报警，并使保险闸动作）。

（6）箕斗提升系统应设顺利通过卸载位置的保护（声光显示或制动）。

这些保护装置应保证灵敏有效，动作可靠，所以需定期进行试验整定，整定要留有记录，有效期半年。

（七）天轮及导向轮

（1）天轮或导向轮的轮缘和辐条不得有裂纹、开焊、松脱或严重变形。

（2）有衬垫的天轮和导向轮，衬垫固定应牢靠，槽底磨损量不得超过钢丝绳的直径。

（3）天轮及导向轮的圆跳动不得超过表1-9的规定。

表1-9　天轮及导向轮的圆跳动　　　　　　　　　　　　　　　　　　mm

直径	允许最大 径向圆跳动	允许最大端面圆跳动	
		一般天轮及导向轮	多绳提升导向轮
>5 000	6	10	5
3 000 ~ 5 000	4	8	4
<3 000	4	6	3

（八）微拖装置

（1）气囊离合器摩擦片和摩擦轮之间的间隙不得超过1 mm，气囊未老化变质，无裂纹。

（2）压气系统不漏气，各种气阀动作灵活可靠。

第九节　提升机的设备选型计算

一、提升方式的确定及提升设备选型计算依据与内容

（一）提升方式的确定

在选择提升设备之前，首先应确定合理的提升方式，因为它对矿井提升设备的选型是否经济合理，对矿井的基建投资、生产能力、生产效率及吨煤成本都有直接影响。

提升方式一般可根据矿井年产量来确定：年产量小于30万t的小型矿井，多采用一套罐笼提升设备完成全部提升任务；年产量大于30万t的大中型矿井，由于提升煤炭及辅助提升的任务较大，一般均设置主、副井两套提升设备。主井采用箕斗提升煤炭，副井采用罐笼完成辅助提升任务。对于年产量大于180万t的大型矿井，一般主井需用两套箕斗提升设备，副井除配备一套罐笼提升设备外，有时尚需设置一套带平衡锤的单容器提升设备作为辅助提升设备。

在决定提升方式时，除考虑年产量这个主要因素之外，还应考虑以下几个因素：

（1）一个矿井同时开采煤的品种较多，且要求不同品种的煤分别外运时，应考虑采用罐笼作为主井提升设备。

（2）对煤的块度要求较高时，应考虑采用罐笼作为主井提升设备。

（3）地面生产系统靠近进口时，采用箕斗提升可简化煤的生产流程，若远离井口，地面尚需窄轨铁路运输，应采用罐笼提升。

（4）一个水平开采的矿井，多采用双容器提升；多水平同时开采的矿井，应采用单容器加平衡锤的提升系统。

（5）竖井开采的矿井，一般采用单绳缠绕式提升设备。当年产量超过60万 t，井深超过350 m时，应考虑采用多绳摩擦提升设备；即使矿井年产量较少，但井更深时，也可以采用多绳摩擦提升设备。

（6）对于斜井，目前多采用单绳缠绕式提升机。当年产量大于60万 t时，也可采用钢丝绳牵引胶带式输送机完成煤炭提升工作和人员升降工作。

（7）矿井若分前后期两个水平开采，提升机和井架应按最终水平选择，提升容器、钢丝绳和提升电动机可按第一水平选择，在井筒延深至第二水平时根据具体情况再更换。

以上所述，仅提出了决定提升方式的一般原则。在具体设计工作中，要根据矿井的具体条件，提出若干可行的方案，然后对基建投资、运转费用、技术的先进性诸方面进行技术经济比较，同时还要考虑我国提升设备的生产和供应情况以及结合国家有关规定，决定采用比较合理的方案。

（二）选型设计的主要内容

1. 设计依据

1）主井提升

（1）矿井年产量 A_n（t/年）。

（2）工作制度：年工作日 b_r，日工作小时数 t，《煤炭工业设计规范》规定：$b_r = 300$ 天，$t = 14$ h。

（3）矿井开采水平数，各水平井深 H_s（m），以及各水平的服务年限。

（4）卸载水平与井口的高差 H_x，m。

（5）装载水平与井下运输水平的高差 H_z（m）。

（6）煤的松散密度（t/m³）。

（7）提升方式：箕斗或罐笼。

（8）井筒断面尺寸，井筒中布置提升设备的套数。

（9）矿井电压等级。

2）副井提升

（1）矸石年产量，如无特别指出时，可取煤炭产量的 15% ~ 20%。

（2）矸石的松散密度（t/m³）。

（3）各水平井深 H_s（m），以及服务年限。

（4）最大工作班下井人数。

（5）每班下井材料、设备及炸药等情况。

（6）矿车规格。

（7）井筒断面尺寸，井筒中布置提升设备套数。

（8）运送最重设备的质量（kg）。

（9）井上、井下车场布置形式。

2. 设计的主要内容

（1）计算并选择提升容器。

（2）计算并选择提升钢丝绳。

（3）计算滚筒直径并选择提升机。

（4）计算天轮直径并选择天轮。

（5）提升机与井筒相对位置的计算。

（6）运动学及动力学的计算。

（7）电动机功率的验算。

（8）计算吨煤电耗及效率（对于主井提升）。

（9）制定最大班作业时间平衡表（对于副井提升）。

二、提升容器的选择

（一）选择原则

提升容器的规格是提升设备选型计算的主要技术参数，它直接影响提升设备的初期投资和运转费用。在矿井提升任务和提升高度确定之后，选择提升容器的规格有两种情况：一是选择大规格的容器。由于提升容器较大，所需要的提升钢丝绳直径和提升机滚筒直径也较大，故初期投资较大；但提升次数较少，运转费用较少。二是选择小规格的容器。因初期投资较少，所以运转费用较多。那么，如何选择提升容器的规格才合理呢？原则就是一次合理提升量应该使得初期投资费和运转费的加权平均总和最少。根据确定的一次合理提升量，选择标准的提升容器。

（二）选择计算

提升容器的规格和提升速度之间，存在着相互依赖、相互制约的复杂关系。对于这两个参数的确定，国内外的有关学者做了大量的分析研究工作，所得的结论也不尽相同。罗马尼亚、匈牙利等国家采用较大的提升速度，而波兰采用较小的提升速度。我国是在不加大提升机型号和井筒直径的前提下，尽量采用较大的提升容器、较小的速度运行，以获得较优的运行经济指标。我国煤矿设计部门在选择提升容器时，一般都采用经济速度法来计算。

1. 确定合理的经济速度

立井提升的合理经济速度为

$$v_j = (0.3 \sim 0.5)\sqrt{H} \tag{1-1}$$

式中　v_j——经济提升速度，m/s；

H——提升高度，m；

$$H = H_s + H_x + H_z$$

H_x——卸载水平与井口高差，简称卸载高度，m，箕斗：$H_x = 18 \sim 25$ m，罐笼：$H_x = 0$ m；

H_z——装载水平与井下运输水平高差，简称装载高度，m，箕斗：$H_z = 18 \sim 25$ m，罐笼：$H_z = 0$ m；

H_s——井筒深度，m。

对于井筒深度 $H_s < 200$ m 时，采用 $v_j = 0.3\sqrt{H}$；当 $H_s > 600$ m 时，采用 $v_j = 0.5\sqrt{H}$；一般情况下多取中间值，即 $v_j = 0.4\sqrt{H}$进行计算为宜。对于改建矿井及利用积压的库存设备时，就可以不受上述限制。

2. 估算一次提升循环时间（按五阶段速度图估算）

$$T_j = \frac{v_j}{\alpha} + \frac{H}{v_j} + u + \theta \tag{1-2}$$

式中 T_j——根据经济提升速度估算的一次提升循环时间，s；

  α——提升加速度，m/s²，在以下范围内选取：罐笼提升时，$\alpha \leq 0.75$ m/s²，箕斗提升时，$\alpha \leq 0.8$ m/s²；

  u——容器爬行阶段附加时间，箕斗提升可取 10 s，罐笼提升可取 5 s；

  θ——休止时间，箕斗及罐笼的休止时间见表 1-10 和表 1-11。

表 1-10　箕斗休止时间

箕斗规格/t	<6	8~9	12	16	20
休止时间/s	8	10	12	16	20

表 1-11　罐笼休止时间　　　　　　　　　　　　　　s

罐笼形式		单层装车罐笼		双层装车罐笼			
进出车方式		两侧进出车	同侧进出车	一个水平进出车		两层同时进出车	
每层矿车数/辆		1	2	1	1	2	1	2
矿车规格/t	1	12	15	35	30	36	17	20
	1.5	13	17	—	32	40	18	22
	3	15	—	—	36	—	20	

3. 计算一次合理的经济提升量

$$m_j = \frac{A_n c a_f T_j}{3\,600 b_r t} \tag{1-3}$$

式中 m_j——一次合理的经济提升量，t；

  A_n——矿井年产量，t/年；

  c——提升不均衡系数，对于主井提升设备：有井底煤仓时，$c=1.1\sim1.15$，无井底煤仓时，$c=1.2$；

  a_f——提升能力富裕系数，主井提升设备对第一水平应留有 1.2 的富裕系数；

  b_r——提升设备年工作日数，一般取 $b_r=300$ 天；

  t——提升设备日工作小时数，一般取 $t=14$ h。

根据计算出的一次合理的提升量 m_j 选择提升容器。如果是箕斗提升，在箕斗规格表中选取与 m_j 相等或接近的标准箕斗，其名义装载量可以大于或等于 m_j。在不加大提升机滚筒直径的前提下，应尽量选用大容量箕斗，以较低的速度运行，降低能耗，减少运转费用。

4. 计算一次实际提升量

箕斗参数表中的装载量是名义装载量，它只适用于定量的装载设备。如果采用定容装载，则箕斗的实际装载量由箕斗的有效容积乘以煤的松散密度来决定，即

$$m = V\gamma \tag{1-4}$$

式中 m——所选标准箕斗的一次实际装载量，t；

  V——标准箕斗的有效容积，m³；

  γ——煤的松散密度，t/m³。

5. 计算一次提升循环所需时间

$$T'_X = \frac{3\,600\,b_t tm}{cA_n a_f} \qquad (1-5)$$

6. 计算提升机所需的提升速度

$$v'_m = \frac{\alpha[T_X - (u+\theta)] - \sqrt{a^2[T'_X - (u+\theta)]^2 - 4aH}}{2} \qquad (1-6)$$

式中，v'_m 是选择提升机标准提升速度的一个依据，根据 v'_m 在矿井提升机规格表中选用与其相近的提升机标准速度 v'_m。

必须说明，提升机的最大提升速度要遵循《煤矿安全规程》规定。

（1）立井中用罐笼升降人员的最大速度不得超过下式求得的数值且最大不得超过 12 m/s：

$$v_m \leqslant 0.5\sqrt{H} \qquad (1-7)$$

（2）立井升降物料的最大提升速度不得超过下式求得的数值：

$$v_m \leqslant 0.6\sqrt{H} \qquad (1-8)$$

对于罐笼提升，要根据副井罐笼作辅助提升的特殊性，去选择罐笼的类型。对于专门提升煤炭的罐笼，则应根据计算出的一次经济提升量 m_j、矿车的装载量，计算出罐笼的装车数，然后选择罐笼的类型；对于有升降人员任务的罐笼提升设备，升降人员的休止时间采用下列数值。

单层罐笼每次升降人员 5 人及以下时，取休止时间 $\theta = 20$ s；若每次乘载人数多于 5 人，则每多 1 人增加休止时间 1 s。

双层罐笼升降人员，若两层同时进出，则休止时间比单层增加 2 s 信号联系时间；若只能由一个水平进出，其休止时间应较单层罐笼增加 1 倍，并应另加换置罐笼的时间 6 s。

进出材料和平板车时，取 $\theta = 40 \sim 60$ s。

应当指出，对于副井罐笼提升设备，每班工作时间的计算较为复杂。首先，应当满足最大工作班的人员下井时间，立井不应超过 40 min 的要求；其次，最大班的净提升时间一般不要超过 5 h。计算每班提升人员、矸石、坑木等的工作时间，应遵守下述规定：

（1）升降工人时间，按工人下井时间的 1.5 倍计算。

（2）升降其他人员的时间，按升降工人时间的 20% 计算。

（3）提升矸石按日出矸量的 50% 计算。

（4）运送坑木等按日需要量的 50% 计算。

混合提升设备每班提煤或矸石的总时间一般不超过 5.5 h；罐笼设备应能运送井下最大和最重的部件。

每个人在罐笼内占的面积为 0.18 m²，每个人的质量一般按 70 kg 计算，因此，在已知每班下井人员数和罐笼底面积及乘坐人数之后，即能计算出提升一次所需的时间。

最后计算出一次合理提升量，取与之接近且较大的提升容器标准容量值。

三、提升钢丝绳的选择计算

提升钢丝绳的正确选择，不仅关系到提升设备的安全可靠运行，而且选择适当可以节约大量的优质钢材。

（一）选择原则

钢丝绳在工作时受到许多应力的作用，如静应力、动应力、弯曲应力、扭转应力、接触应力及挤压应力等，这些应力的反复作用将导致疲劳破断，这是钢丝绳损坏的主要原因；另外，磨损和锈蚀将影响钢丝绳的性能并加速其损坏。因此综合反映上述应力的疲劳计算是一个复杂的问题，虽然国内外学者在这方面做了大量的研究工作，取得了一些成就，但是由于钢丝绳的结构复杂，影响因素较多，强度计算理论尚未完善，一些计算公式还不能确切地反映真正的应力情况。我国矿用钢丝绳是按《煤矿安全规程》的规定来选择的，其原则是：钢丝绳应按最大静载荷并考虑一定安全系数的方法进行计算。

（二）选择计算

图 1-37 所示为竖井单绳提升钢丝绳计算示意图。

由图可知，钢丝绳最大静载荷 Q_{max} 是在 A 点，其值为

$$Q_{max} = Q + Q_z + pH_c = mg + m_zg + m_pgH_c \qquad (1-9)$$

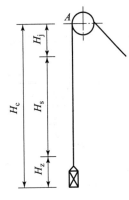

图 1-37 竖井单绳提升
钢丝绳计算示意图

式中　Q_{max}——钢丝绳最大静载荷，N；

　　　Q——一次提升货载的重力，N，$Q = mg$；

　　　Q_z——容器自身的重力，N，$Q_z = m_zg$；

　　　m_z——提升容器自身质量，kg；

　　　p——钢丝绳每米重力，N/m；$p = m_pg$；

　　　m_p——提升钢丝绳每米质量，kg/m；

　　　g——重力加速度，m/s^2；

　　　H_c——钢丝绳最大悬垂长度，m，

$$H_c = H_j + H_s + H_z \qquad (1-10)$$

　　　H_s——井筒深度，m；

　　　H_z——装载高度，m，罐笼提升，$H_z = 0$，箕斗提升，$H_z = 18 \sim 25$ m；

　　　H_j——井架高度，井架高度在尚未精确确定时，可按下面数值选取：罐笼提升，$H_j = 15 \sim 25$ m；箕斗提升，$H_j = 30 \sim 35$ m。

设 σ_b 为钢丝绳的抗拉强度，Pa；S_0 为钢丝绳所有钢丝断面积之和，m^2。若保证钢丝绳安全工作则必须满足下式：

$$m + m_z + m_pH_c \leqslant \frac{S_0\sigma_b}{gm_a} \qquad (1-11)$$

式中　m_a——钢丝绳的安全系数。

钢丝绳的安全系数是指钢丝绳钢丝破断拉力的总和与钢丝绳的计算静拉力之比。但应当注意，安全系数并不代表钢丝绳真正具有的强度储备，只不过表示经过实践证明在此条件下钢丝绳可以安全运行。具体数值按《煤矿安全规程》规定选取。

《煤矿安全规程》规定单绳缠绕式提升设备采用的新钢丝绳安全系数 m_a 如下：

（1）专为升降人员用的钢丝绳不得小于 9。

（2）升降人员和物料用的钢丝绳，升降人员时不得小于 9，混合提升时不得小于 9，升降物料时不得小于 7.5。

（3）专为升降物料用的钢丝绳不得小于 6.5。

《煤矿安全规程》规定多绳摩擦式提升设备的新钢丝绳安全系数 m_a 如下：

（1）专为升降人员用的钢丝绳不得小于 $9.2 \sim 0.000\,5H_c$（H_c 为钢丝绳最大悬垂长度，m）。

（2）升降人员和物料用的钢丝绳，升降人员时不得小于 $9.2 \sim 0.000\,5H_c$，混合提升时不得小于 $9.2 \sim 0.000\,5H_c$，升降物料时不得小于 $8.2 \sim 0.000\,5H_c$。

（3）专为升降物料用的钢丝绳不得小于 $7.2 \sim 0.000\,5H_c$。

为解式（1－11），需找出 m_p 和 S_0 的关系：

$$S_0 = \frac{m_p}{\rho_0} \tag{1-12}$$

式中　ρ_0——钢丝绳密度，kg/m^3，各种钢丝绳的密度见表 1－12。

表 1－12　各种钢丝绳的密度　　　　　　　　　　kg/m^3

钢丝绳结构	密度 ρ_0	钢丝绳结构	密度 ρ_0
6T（25）；6X（31）；6X（37）；6W（35）；6W（36）	9 250	6△（18）；6△（19）	9 500
○ 6XW（36）；6　（33）；+6（21）	9 250	6×7	9 550
○ 6（21）+6△（18）；6X（19）；6W（19）	9 300	6△（37）；6△（36）；6△（33）；6△（34）；6△（42）；6△（43）；6△X（36）；6△X（37）	9 700
18×7	9 350	6△（24）；6△（21）	9 900
6×37	9 400	6△（30）	10 600
6×19	9 450		

将式（1－12）代入式（1－11）并化简整理得

$$m_p \geqslant \frac{m + m_z}{\dfrac{\sigma_b}{g m_a \rho_0} - H_c} \tag{1-13}$$

也可近似按钢丝绳的平均密度 $9\,400\ kg/m^3$ 计算，$g = 10\ m/s^2$，则式（1－13）变为

$$m_p \geqslant \frac{m + m_z}{11 \times 10^{-6}\dfrac{\sigma_b}{m_a} - H_c} \tag{1-14}$$

由式（1－13）或式（1－14）计算出 m_p 后，从钢丝绳规格表中选取每米钢丝绳重等于或稍大于计算的标准钢丝绳。由于实际所选钢丝绳的密度不一定是平均密度值，因此所选钢丝绳是否满足安全系数的要求必须按实际所选钢丝绳的数据验算其安全系数：

$$\frac{Q_p}{Q + Q_z + PH_c} \geqslant m_p \tag{1-15}$$

式中 Q_p——所选钢丝绳所有钢丝破断力之和，N，在钢丝绳规格表中查取。

如果验算结果不能满足式（1-15）的要求，即不满足《煤矿安全规程》对钢丝绳安全系数的要求，则应重选钢丝绳，重新验算，直至满足规定。

（三）选择钢丝绳的结构

选择钢丝绳时，还应根据不同的使用条件和钢丝绳的特点来考虑，这样可以延长钢丝绳的使用寿命，降低使用成本。

按照矿井提升机的工作环境条件，结合生产矿井的实践经验，列出矿井提升用钢丝绳品种结构推荐表，见表1-13。

表1-13 矿井提升用钢丝绳品种结构推荐表

用途	矿井条件	名称	结　　构	备注
立井	淋水大、酸碱度较高或涂油困难的矿井	异形股钢丝绳	○○6△（21）；6△（24）；6△（30）；6△X（36）；6△X（37）；6△（34）；6△（37）；6△（43）；6（21）+6△（8）；6（33）+6△（21）	应选用镀锌绳，单绳摩擦提升应选用不旋转钢丝绳
		圆股钢丝绳	6T（25）；6W（19）；6X（19）；6XW（36）；6W（35）；6W（36）；18×7	
	摩擦轮式提升矿井	异形股钢丝绳	○6△（21）；6△（24）；6△（30）；6△X（36）；6△X（37）；6（21）+6△（8）	
	锈蚀与磨损都较轻的矿井	异形股钢丝绳	○○6△（21）；6△（24）；6△（30）；6△X（36）；6△X（37）；6△（37）；6△（43）；6（21）+6△（8）；6（33）+6△（21）	—
		圆股钢丝绳	6T（25）；6W（19）；6W（24）；6XW（36）；6W（37）；18×7	
	开凿立井用钢丝绳	异形股钢丝绳	○○6（21）+6△（8）；6（33）+6△（21）	如因挤压变形严重，应选金属绳芯钢丝绳
		圆股钢丝绳	18×7；18×19	
		面接触钢丝绳	6W（19）；6X（19）；6T（25）；6X（31）	
立井	平衡尾绳	圆股钢丝绳	18×7；34×7；6×19；6×24	—
	罐道用绳	密封钢丝绳	6△（18）；6△（19）；6×7；7×7	应选用镀锌钢丝绳

用途	矿井条件	名称	结　构	备注
斜井	锈蚀与磨损都较严重的矿井	异形股钢丝绳	6△ (18)；6△ (19)	应选用镀锌钢丝绳，可不考虑弯曲扭转值
		圆股钢丝绳	6X (19)；6×7 顺捻	
		面接触钢丝绳	6×7；6X (19)	
	锈蚀较轻、磨损严重的矿井	异形股钢丝绳	6△ (18)；6△ (19)	—
		圆股钢丝绳	6X (19)；6×7	
		面接触钢丝绳	6×7；6X (19)	
	锈蚀与磨损都较轻，断丝进展较快的矿井	异形股钢丝绳	6△ (18)；6△ (19)；6△ (21)；6△ (24)	—
		圆股钢丝绳	6X (19)；6T (25)	
		面接触钢丝绳	6X (19)；6T (25)	

在相同使用条件下，三角股钢丝绳比圆股钢丝绳的承压面积大、抗挤压性能好、抗磨损好、强度高、使用寿命长，已在煤矿得到广泛使用。在选用钢丝绳结构时，结合提升钢丝绳使用的特点，尽量优先选用三角股钢丝绳，以提高使用寿命。结合生产矿井的实践经验，对缠绕式提升机选用提升钢丝绳的品种、规格的推荐表见表 1 – 14。选用时，优先选用推荐的"A"，其次是"B"，依次类推。

四、矿井提升机和天轮的选择计算

矿井提升机是煤矿大型固定设备之一，它在矿井生产中占有极其重要的地位，正确合理地选择提升机，具有重大的经济意义。

表 1-14 缠绕式提升机提升钢丝绳选用推荐表

立井

钢丝绳直径范围/mm		≤20	20.5~22.5	23~25	25.5~28	28.5~31	31.5~33	33.5~37.5	38~40	40.5~43	43.5~46	46.5~50
品种结构及钢丝绳直径/mm	A	6△(30) 19.5	6△(34) 6△(33) 22	6XW(36) 25	6△(34) 6△(33) 28	6△(37) 6△(36) 31	6△X(37) 6△X(36) 33	6△X(37) 6△X(36) 36.5	6△X(37) 6△X(36) 39.5	6△X(37) 6△X(36) 43	6△X(37) 6△X(36) 46	6△X(37) 6△X(36) 50
	B	6T(25) 20	6W(19) 22.5	6T(25) 24.5	6△(30) 28	6△(34) 6△(33) 31	6△(37) 6△(36) 33	6△(37) 6△(36) 36.5	6△(43) 6△(42) 39.5	6△(43) 6△(42) 43	6△(43) 6△(42) 45	6△(43) 6△(42) 49.5
	C	6W(19) 20	6△(30) 22	6△(34) 6△(33) 24	6T(25) 28	6△(30) 31	6△(34) 6△(33) 32	6△(34) 6△(33) 36.5	6△(37) 6△(36) 39.5	6△(37) 6△(36) 43	6△(37) 6△(36) 46	6△(37) 6△(36) 50
	D	6X(19) 20	6△(24) 6△(21) 22	6△(30) 24	6△(24) 6△(21) 28	6T(25) 31	6△(30) 32.5	6△(30) 37	6T(25) 40	6T(25) 43	6T(25) 46	6XW(36) 49.5

斜井

钢丝绳直径范围/mm		20	21.5	22	23	24	25	27	28	30	31	32	34
品种结构及钢丝绳直径/mm	A	6△(19) 6△(18) 20	6△(19) 6△(18) 21.5	6△(30) 22	6△(30) 22	6△(19) 6△(18) 24	6△(19) 6△(18) 24	6N(7) 27	6M(7) 28	6△(19) 6△(18) 29	6△(19) 6△(18) 31	6M(7) 32	6△(19) 6△(18) 33.5

续表

斜井

钢丝绳直径范围/mm	20	21.5	22	23	24	25	27	28	30	31	32	34
B 品种结构及钢丝绳直径/mm	6Δ (30) 19.5	6X (19) 21.5	6Δ (34) 6Δ (33) 22	6T (25) 23	6Δ (34) 6Δ (33) 24	6XW (36) 25	6Δ (30) 26.5	6Δ (34) 6Δ (33) 28	6M (7) 29.5	6Δ (37) 6Δ (36) 31	6Δ (19) 6Δ (18) 31	6ΔX (37) 6ΔX (36) 33
C	6T (25) 20	6T (25) 21.5	6Δ (19) 6Δ (18) 21.5	6XW (36) 23	6Δ (30) 24	6T (25) 24.5	6Δ (19) 6Δ (18) 26	6Δ (30) 28	6Δ (34) 6Δ (33) 28	6Δ (34) 6Δ (33) 31	6Δ (34) 6Δ (33) 31	6Δ (37) 6Δ (36) 33
D	6X (19) 19.5	6W (19) 21.5	6Δ (24) 6Δ (21) 22	6W (19) 22.5	6W (19) 24	6Δ (34) 6Δ (33) 24	6W (19) 27	6Δ (24) 6Δ (21) 28	6Δ (30) 28	6Δ (30) 31	6Δ (37) 6Δ (36) 31	6Δ (30) 32.5

注：1. 这里只列出部分（20 mm≤d≤34 mm）钢丝绳直径周内的推荐选用表。在此范围之外时，可以结合本表及钢丝绳品种结构进行比较确定。

2. 对面接触钢丝绳6M（7），本表中只列入鞍山钢丝绳厂已生产供应的品种结构，其他钢丝绳厂产品不详未列入。

（一）提升机滚筒直径的确定

提升机滚筒直径 D，是计算选择提升机的主要技术数据。选择滚筒直径的原则是钢丝绳在滚筒上缠绕时不产生过大的弯曲应力，以保证其具有一定承载能力和使用寿命。理论与实践已证明，绕经滚筒和天轮的钢丝绳，其弯曲应力的大小及其疲劳寿命取决于滚筒与钢丝绳直径的比值。图 1-38 所示为钢丝绳弯曲试验曲线，由曲线可知，在同一钢丝绳直径条件下，滚筒直径愈大，弯曲应力愈小；在相同滚筒直径条件下，绳直径愈小，弯曲应力愈小。即 D/d 的比值愈大，弯曲应力愈小。

图 1-39 所示为在不同的 D/d 弯曲条件下，钢丝绳试验载荷与其耐久性的关系曲线。由曲线可知，在试验载荷相同时，D/d 愈大，钢丝绳能承受的反复弯曲次数愈多，疲劳寿命愈长。

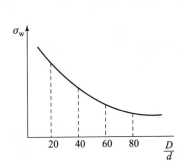

图 1-38　钢丝绳弯曲试验曲线

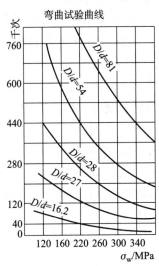

图 1-39　不同 D/d 时载荷与耐久性的关系

基于上述研究，我国《煤矿安全规程》规定，提升机滚筒直径的确定与钢丝绳直径、钢丝直径的关系如下。

对于地面使用的提升机：

$$D \geqslant 80d \tag{1-16}$$

$$D \geqslant 1\,200\delta \tag{1-17}$$

对于井下使用的提升机：

$$D \geqslant 60d \tag{1-18}$$

$$D \geqslant 900\delta \tag{1-19}$$

式中　D——滚筒直径，mm；

　　　d——钢丝绳直径，mm；

　　　δ——钢丝绳中最粗的钢丝直径，mm，其值可在钢丝绳规格表中查取。

（二）提升机的最大静张力和最大静张力差的计算

提升机是按提升机系列规定的许用最大静张力 $[F_{jmax}]$ 和许用最大静张力差 $[F_{cmax}]$ 设计出来的。选用时，应使实际负荷所造成的最大静张力和最大静张力差小于或等于许用

$[F_{jmax}]$ 和 $[F_{cmax}]$，以保证提升机能正常工作，即

$$F_{jmax} = Q + Q_z + pH \leqslant [F_{jmax}] \qquad (1-20)$$

$$F_{cmax} = Q + Q_z + pH \leqslant [F_{cmax}] \qquad (1-21)$$

根据上面计算的 D、$[F_{jmax}]$、$[F_{cmax}]$ 值在规格表中选出合适的提升机，再进行滚筒宽度验算。

（三）提升机滚筒宽度的验算

选出提升机后，滚筒的标准宽度 B 则为已知，然后根据工作需要计算出滚筒的实际缠绕钢丝绳的宽度来进行验算。滚筒宽度应容纳以下几部分钢丝绳：

（1）提升高度 H，m。

（2）钢丝绳试验长度，《煤矿安全规程》规定，升降人员或升降人员和物料用的钢丝绳，自悬挂时起每隔 6 个月试验 1 次；专门升降物料用的钢丝绳，自悬挂时起 12 个月进行第 1 次试验，以后每隔 6 个月试验 1 次。试验时每次剁掉 5 m，如果绳的寿命以 3 年考虑，则试验绳长度为 30 m。

（3）滚筒表面应保留 3 圈绳不动（称摩擦圈），以减轻绳与滚筒固定处的拉力。

（4）多层缠绕时，上层到下层段钢丝绳每季需错动 1/4 圈，根据绳的使用年限，一般取错动圈 $n' = 2 \sim 4$ 圈。

一般取缠绕在滚筒圆周表面上相邻两绳圈间隙宽度为 $\varepsilon = 2 \sim 3$ mm。通常滚筒直径为 3 m 及以上时，取 $\varepsilon = 3$ mm。

单滚筒或双滚筒提升机，每个滚筒的实际容绳宽度为

单层缠绕时：

$$B' = \left(\frac{H + 30}{\pi D} + 3 \right)(d + \varepsilon) \qquad (1-22)$$

多层缠绕时：

$$B' = \left[\frac{H + 30 + (4+3)\pi D}{k \pi D_p} \right](d + \varepsilon) \qquad (1-23)$$

单滚筒提升机作双钩提升时，滚筒宽度为

$$B' = \left(\frac{H + 2 \times 30}{\pi D} + 2 \times 3 + n'' \right)(d + \varepsilon) \qquad (1-24)$$

式中　B'——提升机所需的滚筒缠绳宽度，mm；

n''——单滚筒提升机作双钩提升时，缠绕和下放钢丝绳间应留圈数，$n'' \geqslant 2$ 圈；

D_p——多层缠绕时平均缠绕直径，即

$$D_p = D + \frac{K-1}{2}\sqrt{4d^2 - (d + \varepsilon)^2} \qquad (1-25)$$

K——缠绕层数。

对于缠绕层数，《煤矿安全规程》规定：竖井中升降人员或升降人员和物料的，只准缠绕 1 层；专为升降物料的，准许缠绕 2 层；倾斜井巷中升降人员或升降人员和物料的，准许缠绕 2 层；升降物料的，准许缠绕 3 层；在建井期间，无论在竖井或倾斜井巷中，升降人员和物料的准许缠绕 2 层。

《煤矿安全规程》还规定，滚筒上缠绕 2 层或 2 层以上钢丝绳时，滚筒的边缘应高出最

外一层钢丝绳的高度，至少应为钢丝绳直径的 2.5 倍。对于 2 层及以上缠绕的滚筒，必须设有带绳槽的衬垫。

按照提升机滚筒实际缠绕钢丝绳计算出的滚筒宽度 B' 应等于或稍小于提升机滚筒宽度 B。若 B' 稍大于 B，可适当减小 ε 值，或设法将长出的几米钢丝绳（试验绳长）储存在滚筒内；若 B' 小于 B，可适当增大 ε 值，使钢丝绳在滚筒上均匀分布，而不致集中于一侧，恶化滚筒工作状态。

（四）确定提升机的标准速度

根据式（1-6）计算出 v'_m 和根据 D、$[F_{jmax}]$、$[F_{cmax}]$ 选出提升机型号，在提升机规格表中选出提升机的标准速度 v''_m，同时，减速器的传动比也就随之确定。

（五）天轮的选择

根据《煤矿安全规程》规定，选择天轮直径。

1. 地面天轮

当钢丝绳与天轮的围包角大于 90° 时：

$$D_t \geqslant 80d \tag{1-26}$$

$$D_t \geqslant 1\ 200\delta \tag{1-27}$$

当钢丝绳与天轮的围包角小于 90° 时：

$$D_t \geqslant 60d \tag{1-28}$$

$$D_t \geqslant 1\ 200\delta \tag{1-29}$$

2. 井下天轮

当钢丝绳与天轮的围包角大于 90° 时：

$$D_t \geqslant 60d \tag{1-30}$$

$$D_t \geqslant 900\delta \tag{1-31}$$

当钢丝绳与天轮的围包角小于 90° 时：

$$D_t \geqslant 40d \tag{1-32}$$

$$D_t \geqslant 900\delta \tag{1-33}$$

式中 D_t——天轮直径，mm。

根据计算出的天轮直径在天轮规格表中选出与之接近的标准天轮。

五、矿井提升机与井筒相对位置的计算

提升机对于井筒的相对位置，应根据卸载作业方便、地面运输的简化以及设备运行的安全而定。所有这些都应在矿井工业广场的总体布置中解决。一般采用普通罐笼提升时，提升机房位于重车运行方向的对侧；用箕斗提升时，提升机房位于卸载方向的对侧。井架上的天轮，根据提升机的类型和用途、容器在井筒中的布置以及提升机房地点，装在同一水平轴线上，或同一垂直面上。

当井筒装备有两套提升设备时，两套提升机与井筒的相对位置有对侧式、同侧式、垂直式和斜角式，如图 1-40 所示。对侧式的优点是井架受力易平衡，同侧式和斜角式的优点是提升机占地面积小。

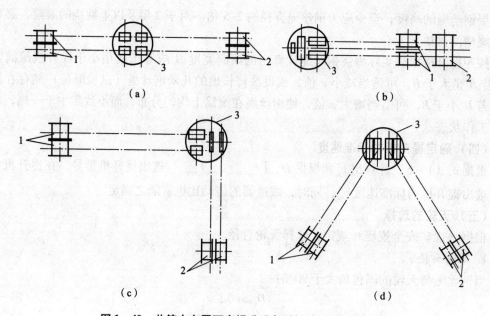

图 1 - 40　井筒中布置两套提升设备时提升机的安装位置

（a）对侧式；（b）同侧式；（c）垂直式；（d）斜角式

1，2—提升机；3—滚筒

提升机安装地点选好之后，要确定影响提升机相对位置的五个因素，即井架高度、提升机滚筒轴线与提升中心线的水平距离、钢丝绳弦长、偏角和倾角。它们彼此相互制约、相互影响。图 1 - 41 所示为两天轮在同一水平轴线上时提升机与井筒相对位置。

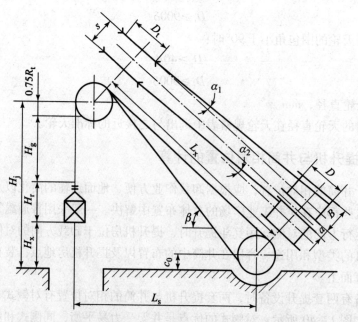

图 1 - 41　两天轮在同一水平轴线上时提升机与井筒相对位置

（一）井架高度

井架高度为从井口至最上面的天轮轴心线间的垂直距离。单绳缠绕式提升机多采用钢结构井架。为了节省钢材，不能任意加大井架高度，但井架高度不符合要求时，工作不安全，甚至可能造成重大事故，因此必须正确计算井架高度。

井架高度 H_j 由下式计算：

$$H_j = H_x + H_r + H_g + 0.75R_t \qquad (1-34)$$

式中 H_x——卸载高度，m；

       H_r——容器全高，由容器底至连接装置最上面一个绳卡的距离，m，此值可在容器的规格表中查得；

       R_t——天轮半径，m；

       H_g——过卷高度，m。

式（1-34）中卸载高度 H_x，即为井口水平到卸载位置容器底部的高度，一般来说，罐笼提升均在井口水平装、卸载，这时 $H_x = 0$；对于箕斗提升，地面要设煤仓，煤仓的高度与煤仓的容积、生产环节自动化程度和箕斗卸载方式等因素有关，一般 $H_x = 18 \sim 25$ m。过卷高度 H_g 是指容器从卸载时的正常位置，自由地提升到容器连接装置上绳头同天轮轮缘接触点的高度。对于单绳缠绕式提升设备，我国《煤矿安全规程》对过卷高度的规定见表 1-15；最后一项 $0.75R_t$ 是一段附加距离。这是因为过卷只计算到过卷时容器连接装置上绳头与天轮轮缘相接触点的距离。从这一接触点至天轮中心的距离大约为 $0.75R_t$。所以在计算井架高度 H_j 时，要将此段距离计入。

表 1-15   立井提升装置的过卷高度

提升速度*/（m·s⁻¹）	≤3	4	6	8	≥10
过卷高度/m	4.0	4.75	6.5	8.25	10.0

注：* 提升速度为本表中所列速度的中间值时，用插值法计算。

将井架高度 H_j 按式（1-34）的计算结果进位为 0.5 m 或圆整为较大的整数值。副井井架高度除应满足式（1-34）外，还应考虑下放材料所需高度。目前国内矿井大多数是将长材料从罐笼上方插入，按式（1-34）计算出的井架高度一般都满足要求。

从现场使用情况来看，虽然井架高度含有过卷高度，但当容器全速提升至井口，提升机安全制动已不能在允许的过卷高度内将容器停止，从而造成重大事故，因此，平时必须维护好减速开关，使容器在规定的位置开始减速，确保安全。

（二）滚筒中心线至井筒中提升钢丝绳的水平距离

一般来说，在井筒与提升机房之间很难再设置其他建筑物，因此为节省占地面积，滚筒中心线至井筒中钢丝绳的水平距离 L_s 愈小愈紧凑。但根据井架天轮受力情况又可看出，为了提高井架的稳定性，使其具有较好的受力状态，在井筒与提升机房之间，设有井架斜撑。斜撑的基础与井筒中心的水平距离约为 $0.6H_j$，另外，还应使提升机房的基础与斜撑的基础保证不接触，考虑上述原因，L_s 的最小值 L_{smin} 可按经验公式计算：

$$L_{smin} \geq 0.6H_j + 3.5 + D \qquad (1-35)$$

式中 H_j——井架高度，m；

       D——提升机滚筒直径，m。

式（7-35）计算结果一般取较大的圆整值。

（三）钢丝绳弦长

钢丝绳弦长是钢丝绳离开滚筒处至钢丝绳与天轮接触点的一段绳长。由图1-41可看出，上下两条绳弦长不完全相等，但近似认为滚筒中心至天轮中心的距离即为弦长。

当井架高度H_j和滚筒中心线至井筒中钢丝绳的水平距离L_s均已确定时，弦长L_x即为定值。

L_x按下式计算

$$L_x = \sqrt{(H_j - c_0)^2 + \left(L_s - \frac{D_t}{2}\right)^2} \qquad (1-36)$$

式中　D_t——天轮直径，m；

　　　c_0——滚筒中心线至井口水平的高差，m，此数值取决于提升机滚筒直径、提升机房的结构和地形等情况，设计时一般取$c_0 = 1 \sim 2$ m。

为了防止在运行中钢丝绳振动而跳出天轮绳槽，钢丝绳弦长一般限制在60 m以内。井筒中仅布置一套提升设备时，弦长多数是满足上述要求的。只有在井筒中布置两套提升设备，而且两台提升机采用同侧布置方案时，后台提升机的弦长就有可能超过60 m。这时可在适当的地方，架设支承导轮，以减少钢丝绳的振动。

（四）钢丝绳的外偏角和内偏角

钢丝绳的偏角是指钢丝绳弦与通过天轮平面所成的角度，偏角有外偏角和内偏角之分。在提升过程中，随着滚筒转动，钢丝绳在滚筒上缠绕或放松，偏角是有变化的。《煤矿安全规程》规定：最大外偏角α_1和最大内偏角α_2均不得超过$1°30'$，做单层缠绕时，最大内偏角α_2还应保证不咬绳。

钢丝绳的偏角过大有以下两个缺点：

（1）加剧了钢丝绳与天轮轮缘的磨损，降低了钢丝绳使用寿命。磨损严重时，还可能引起断绳事故。

（2）某些情况下，当钢丝绳缠向滚筒时会发生"咬绳"现象，如图1-42所示。如果钢丝绳内偏角α_2过大，弦长的奔离段与邻圈钢丝绳不是相离而是相交，如图中A点所示，这就是"咬绳"。即使在内偏角α_2不太大的情况下，由于滚筒上绳圈间隙ε较小、钢丝绳直径较大或滚筒直径较大，也会导致"咬绳"。"咬绳"加剧了钢丝绳的磨损。

图1-43和图1-44给出了避免"咬绳"时内偏角允许角度曲线。分析图1-43中曲线可看出，一台3.5 m直径的提升机，若选用的钢丝绳直径$d = 43.5$ mm，而钢丝绳缠绕在滚筒上的绳圈间隙$\varepsilon = 2$ mm时，不"咬绳"时内偏角只有$44'$，远小于$1°30'$。但若将ε值增加至4 mm时，允许内偏角则增大到$1°19'$。所以避免"咬绳"的有效措施是适当增大ε值。然而，ε增大，却减小了滚筒的容绳量，有时甚至要采用直径更大的提升机，这也是不经济的。因此要根据矿井具体情况及"咬绳"程度全面考虑问题。当钢丝绳在滚筒上做双层缠绕时，已经加剧了钢丝绳的磨损，这时

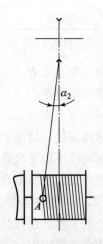

图1-42　钢丝绳在滚筒上
缠绕时"咬绳"示意图

即使有轻度"咬绳"，一般也可不予考虑。

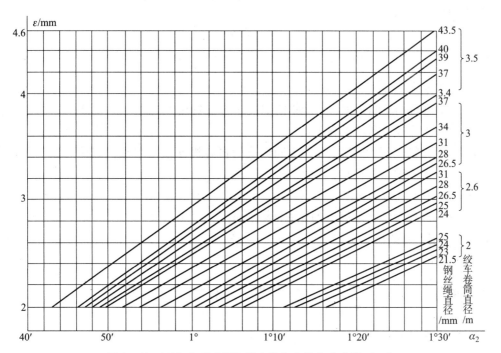

图1-43 不产生"咬绳"的内偏角允许角度曲线（一）

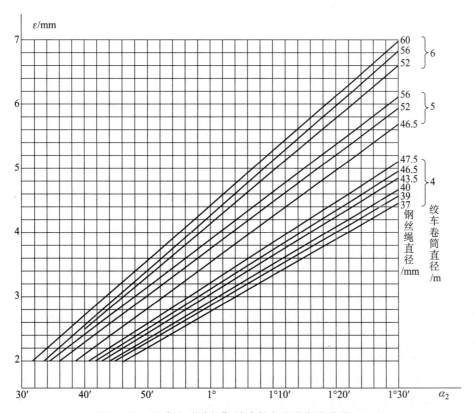

图1-44 不产生"咬绳"的内偏角允许角度曲线（二）

1. 双滚筒提升机单层缠绕时

最大外偏角

$$\alpha_1 = \arctan \frac{B - \dfrac{s-a}{2} - 3(d+\varepsilon)}{L_x} \tag{1-37}$$

式中　B——提升机滚筒宽度，m；

　　　s——提升机两轮间距离，m，此值取决于容器规格及容器在井筒中的布置方式，与采用的罐道形式也有关；

　　　a——两滚筒之间的间隙，m，不同形式的提升机 a 值不尽相同，可参阅提升机规格表的有关参数得出；

　　　d——钢丝绳直径，m；

　　　ε——钢丝绳缠绕在滚筒上的绳圈间隙，m；

　　　L_x——钢丝绳弦长，m。

最大内偏角

$$\alpha_2 = \arctan \frac{\dfrac{s-a}{2} - \left[B - \left(\dfrac{H+30}{\pi D} + 3 \right)(d+\varepsilon) \right]}{L_x} \tag{1-38}$$

式中　H——提升高度，m；

　　　D——提升机滚筒直径，m。

2. 双滚筒提升机多层缠绕时

最大外偏角（按缠满滚筒考虑）

$$\alpha_1 = \arctan \frac{B - \dfrac{s-a}{2}}{L_x} \tag{1-39}$$

最大内偏角

$$\alpha_2 = \arctan \frac{\dfrac{s-a}{2}}{L_x} \tag{1-40}$$

3. 单滚筒提升机双钩提升时

当两天轮位于同一垂直平面时，应检验最大外偏角 α_1，此时，两天轮的垂直平面通过滚筒中心线。

$$\alpha_1 = \arctan \frac{\dfrac{B}{2} - 3(d+\varepsilon)}{L_{xmin}} \tag{1-41}$$

式中　L_{xmin}——单滚筒提升机做双钩提升时最短的一根钢丝绳弦长，m。

利用式（1-34）、式（1-35）算出 H_j、L_s 之后，也有可能不能满足偏角。此时一般适当增大 L_s 值，这会使 L_x 增大，从而满足 α_1、α_2 的要求。

（五）提升机滚筒的下出绳角

滚筒出绳角的大小影响提升机主轴的受力情况。设计 JK 型提升机时，是以上出绳角为 0°、下出绳角 β 为 15°考虑的。滚筒的实际出绳角度增大时，对提升机主轴的工作有利。当 $\beta < 15°$，钢丝绳有可能与提升机基础接触，增大了钢丝绳的磨损。为

此，对于 JK 型提升机，只需检验下出绳角 β，令其大于 $15°$ 就可以了。β 值按下式计算：

$$\beta = \arctan \frac{H_j - c_0}{L_s - R_t} + \arctan \frac{D_t + D}{2L_x} \qquad (1-42)$$

提升机滚筒的下出绳角 β 一般都是符合要求的。最后画出提升机与井筒相对位置。

（六）提升电动机的初选计算

为了对提升设备进行动力学计算，应预选提升电动机。在进行提升设备的方案比较时，也需要初步选择电动机。

矿井提升电动机有交流和直流两类。目前，我国矿山广泛采用交流绕线式感应电动机。其优点是设备简单、投资少；缺点是加速和低速运行阶段电能消耗较大，调速受一定限制。当电动机容量超过 1 000 kW 时，因我国目前制造厂生产供应的高压换向器的容量不够，故不宜采用单电动机交流拖动，应考虑采用直流电动机拖动。直流电动机拖动有电动发电机组供电和晶闸管供电两种类型。直流电动机拖动的优点是调速性能好，电耗小，易于实现自动化。但如采用电动发电机组供电，则设备费用较高。随着电子技术的飞速发展，硅整流器已能很好地克服电动发电机组设备费用较高的缺点，因此，采用晶闸管供电的直流电动机拖动在国内外的大型及特大型矿井也已得到了推广应用。本节主要介绍在我国矿井提升中广泛采用的三相交流绕线式电动机的初选计算。

用于矿井提升的三相交流绕线式感应电动机，低压有 JR 系列，高压有 JR、JRQ 和 YR（JRZ）三种系列，其技术规格见表 1 – 16 ~ 表 1 – 18。JR 系列三相绕线式感应电动机为防护式中小型电动机。JRQ 系列三相绕线式感应电动机为加强绝缘式中型电动机。YR（JRZ）系列三相绕线式感应电动机，属于大型电动机，额定电压为 3 000 V 和 6 000 V。电动机功率大于 200 kW 时应选用高压电动机，200 kW 以下时可选用 380 V 的低压电动机。

必须说明：当选用高压电动机时，我国新建矿井一律采用 6 000 V 的额定电压等级，只有改建的老矿井仍可采用 3 000 V 额定电压等级。

初选提升电动机的依据是电动机的功率、转速及电压等级。

1. 电动机的估算功率

$$P = \frac{kmgv_m''}{1\,000\eta_j}\varphi = \frac{kQv_m''}{1\,000\eta_j}\varphi \qquad (1-43)$$

式中　P——提升电动机估算功率，kW；

　　　v_m''——提升机的标准速度，m/s；

　　　k——矿井阻力系数，箕斗提升 $k = 1.15$，罐笼提升 $k = 1.2$；

　　　m——一次提升实际货载质量，kg；

　　　Q——一次提升实际货载重量，N；

　　　φ——考虑提升系统运转时，有加、减速度及钢丝绳重力等因素影响的系数，箕斗提升 $\varphi = 1.2 \sim 1.4$，罐笼提升 $\varphi = 1.4$；

　　　η_j——减速器传动效率，单级传动 $\eta_j = 0.92$，双级传动 $\eta_j = 0.85$。

表 1-16　JR 系列三相交流绕线式异步电动机

型号	额定功率/kW	额定电压/V	满载时				λ 最大转矩/额定转矩	转子		冷却空气量/(m³·s⁻¹)	飞轮转矩/(N·m²)	电机质量/kg	
			转速/(r·min⁻¹)	定子电流/A	效率/%	功率因数(cos φ)		电压/V	电流/A			D 结构	DZ 结构
JR114-4	115		1 462	212.5	90.2	0.9	2.22	195	376	0.5	160	1 070	
JR115-4	135		1 466	248	92.0	0.9	2.35	228	376	0.55	180	1 180	
JR116-4	155		1 471	284	92.5	0.896	2.62	273	346	0.6	200	1 250	
JR117-4	180	380	1 469	327	92.7	0.91	2.35	296	382	0.65	220	1 330	
JR126-4	225		1 470	405	93.1	0.91	2.2	291	488	0.9	370	1 660	
JR127-4	260		1 472	461	93.0	0.92	2.2	334	493	1.0	400	1 760	
JR128-4	300		1 475	530	93.9	0.91	2.4	392	482	1.1	440	1 890	
JR136-4	220		1 475	26.1	90.9	0.89	2.5	352	406	1.3	590	2 110	
JR137-4	260	6 000	1 477	30.5	91.5	0.89	2.5	391	424	1.4	630	2 210	
JR138-4	300		1 475	34.8	91.9	0.90	2.3	424	448	1.5	710	2 320	
JR115-6	75		970	141	90.0	0.89	1.9	141	347	0.45	210	1 100	
JR116-6	95		971	177	91.5	0.89	1.9	168	364	0.5	240	1 200	
JR11-7-6	115		976	213	91.5	0.89	2.25	211	346	0.55	260	1 260	
JR125-6	130	380	976	244	91.4	0.88	1.9	187	445	0.67	400	1 450	
JR126-6	155		977	294	91.6	0.87	1.8	219	455	0.75	440	1 530	
JR127-6	185		979	342	92.4	0.89	1.9	254	468	0.8	490	1 680	
JR128-6	215		979	402	92.2	0.88	1.8	282	485	0.9	540	1 770	
JR136-6	240		977	436	92.7	0.91	1.9	407	376	1.1	760	1 970	
JR137-6	280		981	507	93.1	0.91	2.2	490	360	1.2	840	2 030	
JR115-8	60		723	120	89.1	0.85	2.3	188	208	0.38	250	1 060	
JR116-8	70		723	138	89.8	0.86	2.2	211	214	0.41	280	1 140	
JR117-8	80		723	157	90.3	0.85	2.3	242	214	0.45	310	1 220	
JR125-8	95		725	183	90.6	0.87	1.9	213	292	0.6	450	1 380	
JR126-8	110		725	216	90.8	0.87	1.8	243	294	0.65	510	1 550	

续表

型号	额定功率/kW	额定电压/V	满载时 转速/(r·min⁻¹)	满载时 定子电流/A	满载时 效率/%	满载时 功率因数(cosφ)	满载时 λ 最大转矩/额定转矩	转子 电压/V	转子 电流/A	冷却空气量/(m³·s⁻¹)	飞轮转矩/(N·m²)	电机质量 D结构/kg	电机质量 DZ结构/kg
JR127-8	130	380	723	247	91.5	0.87	1.9	284	296	0.7	570	1 620	1 960
JR128-8	155		730	296	91.9	0.86	2.1	340	292	0.76	640	1 750	2 100
JR136-8	180		735	345	92.3	0.86	2.0	354	323	0.88	770	1 850	2 300
JR137-8	210		737	400	92.8	0.86	1.8	394	341	0.95	850	1 940	2 400
JR138-8	245		735	462	92.7	0.87	1.8	443	353	1.0	940	2 110	2 550
JR138-8	320		735	338	94.2	0.883	2.36	517	384	1.1	940	2 160	
JR115-10	45	380	580	96	88.1	0.80	2.0	130	226	0.3	250	1 040	345
JR116-10	55		580	118	88.4	0.80	2.1	157	230	0.33	280	1 130	
JR117-10	65		580	137	88.8	0.81	1.9	175	245	0.36	310	1 200	
JR125-10	80		574	164	90.2	0.82	2.0	168	309	0.5	460	1 350	
JR126-10	95		573	193	90.4	0.83	1.8	188	326	0.5	520	1 440	
JR127-10	115	380	575	233	90.9	0.82	1.9	225	328	0.55	580	1 590	—
JR128-10	130		575	261	91.1	0.83	1.8	251	333	0.60	650	1 720	2 060
JR137-10	155		583	307	91.5	0.85	2.0	354	280	0.75	930	1 920	2 400
JR138-10	180		582	351	91.6	0.86	1.8	387	300	0.81	1 050	2 900	2 550
JR136-12	130	380	486	152	92.18	0.817	2.17	298	277	0.6	650	1 720	—
JR137-12	155		486	179	92.33	0.825	2.10	340	289	0.75	930	1 920	
JR138-12	180		487	358	92.64	0.826	2.10	393	290	0.81	1 050	2 900	
JR148-4	440	6 000	1 475	51	92.9	0.9	2.4	638	427	1.4	1 000	3 300	—
JR1410-4	500		1 480	57	93.1	0.915	2.5	736	420	1.5	1 200	3 600	
JR158-4	680		1 480	77	93.0	0.9	2.5	768	552	1.7	1 700	4 600	
JR1510-4	850		1 480	96	93.8	0.91	2.5	927	572	1.9	2 100	5 100	
JR1512-4	1 050		1 480	117	94.1	0.915	2.5	1 105	595	2.2	2 500	5 450	

续表

型号	额定功率/kW	额定电压/V	满载时				λ 最大转矩/额定转矩	转子		冷却空气量/(m³·s⁻¹)	飞轮转矩/(N·m²)	电机质量/kg	
			转速/(r·min⁻¹)	定子电流/A	效率/%	功率因数(cosφ)		电压/V	电流/A			D结构	DZ结构
JR148-6	310		982	37	91.8	0.878	2.0	535	367	1.1	1450	3200	
JR1410-6	380		981	44	92.4	0.898	2.0	628	383	1.2	1800	3500	—
JR157-6	460		985	55	93	0.88	2.2	625	467	1.35	2300	3900	
JR158-6	550	6 000	985	64	93	0.886	2.0	680	510	1.9	2600	4350	
JR1510-6	650		987	74	93.6	0.892	2.2	835	484	1.8	3300	4800	
JR1512-6	850		989	94.6	95	0.91	2.26	950	532	2.0	4000	5150	
JR1512-6	780		987	89	93.9	0.897	2.1	982	495	2.0	4000	5150	
JR148-8	380	380	734	699.2	94.2	0.876	1.836	509	471.5	1.1	1450	3100	—
JR147-8	200		733	27	90.5	0.807	2.0	402	322	0.9	1250	2900	
JR148-8	240		734	31	91	0.82	1.9	452	343	1.0	1450	3100	
JR1410-8	280		736	35	91.9	0.83	2.1	551	324	1.1	1800	3500	
JR157-8	320		736	40	91.9	0.85	2.15	501	397	1.2	2300	3900	
JR158-8	380	6 000	737	47	92.4	0.848	2.3	596	407	1.3	2600	4100	—
JR1510-8	475		737	58	93	0.853	2.3	744	400	1.5	3300	4800	
JR1512-8	570		738	68	93.3	0.873	2.0	820	439	1.7	4000	5100	
JR1512-8	630		741	74	93.9	0.87	2.2	866	456	1.7	4000	5100	
JR1410-10	200		588	26	90	0.83	2.2	555	232	0.9	2100	3300	
JR157-10	260		585	33	90.4	0.833	2.1	505	329	1.1	3000	3900	
JR158-10	310	6 000	588	39	91.1	0.837	2.15	595	333	1.2	3400	4100	—
JR1510-10	400		588	48	91.5	0.855	1.95	706	364	1.4	4200	4800	
JR1512-10	480		588	59	92.8	0.845	2.1	865	352	1.6	5100	5150	
JR1510-12	280		490	37	90.1	0.815	1.8	532	337	1.2	4200	4700	
JR1512-12	330	6 000.	489	43	91.6	0.807	1.95	626	388	1.3	5100	5050	—
JR1512-12	380		492	47.8	92.8	0.826	2.6	688	345	1.3	5100	5050	

表 1-17 JRQ 系列三相绕线式异步电动机

型号	额定功率/kW	额定电压/V	额定负载时				转子数据		λ 最大转矩/额定转矩	飞轮转矩/（N·m²）	总质量/kg
			电流/A	转速/（r·min⁻¹）	效率/%	功率因数	电压/V	电流/A			
同步转速 1 000 r/min　6 级											
JRQ-148-6	310		37	985	91.6	0.87	473	415	2.1	1 450	3 200
JRQ-1410-6	380		45	985	92.1	0.88	550	440	2.0	1 800	3 500
JRQ157-6	460	6 000	54.5	990	93.3	0.87	629	471	2.3	2 300	3 900
JRQ158-6	550		64	985	93.7	0.88	670	515	2.1	2 600	4 350
JRQ1510-6	650		76	985	93.8	0.88	824	495	2.3	3 300	4 800
JRQ1512-6	780		91	985	94.0	0.87	1 032	449	2.7	4 000	5 150
同步转速 750 r/min　8 级											
JRQ-147-8	200		26	735	89.5	0.79	403	318	2.3	1 250	2 900
JRQ-148-8	240		31	735	91.5	0.82	442	346	2.1	1 450	3 100
JRQ-1410-8	280		36.5	740	91.6	0.81	495	357	2.1	1 800	3 500
JRQ-157-8	320	6 000	41	735	92.5	0.81	476	427	2.1	2 300	3 900
JRQ-158-8	380		47	735	93.5	0.83	545	435	2.2	2 600	4 100
JRQ-1510-8	475		58	735	93.2	0.84	640	470	1.9	3 300	4 800
JRQ-1512-8	570		68	740	93.7	0.85	770	471	2.0	4 000	5 100
同步转速 600 r/min　10 级											
JRQ-1410-10	200		27	590	90.5	0.79	511	248	2.7	2 100	3 300
JRQ-157-10	260		33.5	590	91.2	0.81	415	403	2.1	3 000	3 900
JRQ-158-10	310	6 000	40	585	91.7	0.81	474	419	2.0	3 400	4 100
JRQ-1510-10	400		51	590	92.0	0.82	605	422	2.2	4 200	4 800
JRQ-1512-10	480		61.5	590	92.9	0.81	738	409	2.3	5 100	5 150
同步转速 500 r/min　12 级											
JRQ-1510-12	280	6 000	38	490	91.4	0.77	503	355	2.2	4 200	4 700
JRQ-1512-12	330		44		91.7	0.78	586	359	2.1	5 100	5 050

表 1-18 YR 系列三相绕线式异步电动机

型号	额定功率/kW	额定负载时				转子数据		λ 最大转矩/额定转矩	飞轮转矩/（N·m²）
		电流/A	转速/（r·min⁻¹）	效率/%	功率因数	电压/V	电流/A		
同步转速 1 000 r/min　6 级									
YR1000-6/1180	1 000	115	989	92.5	0.84	620	579	2.27	4 680
YR1250-6/1180	1 250	142	990	93.0	0.84	725	618	2.16	5 500
YR1600-6/1430	1 600	184	991	93.5	0.85	708	799	2.01	9 010
YR2000-6/1430	2 000	229	992	93.5	0.85	867	825	2.15	10 230
YR2500-6/1430	2 500	284	990①	94.0	0.86	1 085	818	2.3	12 480

型号	额定功率/kW	额定负载时				转子数据		λ 最大转矩/额定转矩	飞轮转矩/(N·m²)
		电流/A	转速/(r·min⁻¹)	效率/%	功率因数	电压/V	电流/A		
同步转速750r/min 8级									
YR630－8/1180	630	77	741②	92.0	0.81	448	507	2.18	4 780
YR800－8/1180	800	97	740②	92.0	0.82	562	510	2.3	5 760
YR1000－8/1180	1 000	119	741②	92.0	0.83	642	558	2.15	6 540
YR1250－8/1430	1 250	144	742	92.5	0.84	614	736	1.91	17 520
YR1600－8/1430	1 600	182	742	93.0	0.85	792	723	2.08	21 860
YR2000－8/1730	2 000	227	742	93.0	0.85	1 032	700	2.01	36 310
YR2500－8/1730	2 500	279	743①	93.5	0.86	1 382	643	2.43	47 040
同步转速600 r/min 10级									
YR630－10/1180	630	78	592②	92.0	0.80	518	443	1.94	5 780
YR800－10/1180	800	98	591	92.0	0.81	668	431	2.06	7 150
YR1000－10/1430	1 000	120	592	92.0	0.82	673	539	1.99	17 050
YR1250－10/1430	1 250	148	593	92.0	0.83	786	576	1.96	19 220
YR1600－10/1730	1 600	187	594	92.5	0.84	922	623	2.06	39 920
YR2000－10/1730	2 000	233	594	92.5	0.84	1 038	692	1.95	43 460
YR2500－10/2150	2 500	289	594②	93.0	0.85	1 392	636	2.74	93 980
同步转速500 r/min 12级									
YR400－12/1180	400	52	491	90.5	0.75	411	349	2.69	5 570
YR500－12/1180	500	63	492	91.0	0.76	495	361	2.7	6 620
YR630－12/1430	630	80	491	91.5	0.78	448	503	2.58	12 530
YR800－12/1430	800	100	492	91.5	0.80	549	517	2.67	14 660
YR1000－12/1430	1 000	124	492	91.5	0.80	709	497	2.95	18 610
YR1250－12/1730	1 250	150	492	92.0	0.82	748	605	2.06	36 960
YR1600－12/1730	1 600	190	494	92.0	0.83	1 000	573	2.29	47 600
YR2000－12/1730	2 000	235	495①②	92.0	0.83	1 124	640	2.06	52 560
YR2500－12/2150	2 500	290	495①②	92.0	0.84	722	1 240	2.38	97 860
YR3200－12/2150	3 200	367	—	92.5	0.85	867	1 317	2.33	114 930
同步转速375 r/min 16级									
YR500－16/1430	500	66	366	90.5	0.72	421	430	2.46	15 790
YR630－16/1430	630	83	366	90.5	0.72	528	428	2.64	19 140
YR800－16/1730	800	108	370	91.0	0.74	626	463	2.16	40 510
YR1000－16/1730	1 000	133	371	91.0	0.74	732	484	2.1	45 470
YR1250－16/1730	1 250	166	370	91.5	0.75	877	514	2.09	52 560
YR1600－16/2150	1 600	199	370	91.5	0.78	1 111	516	2.32	92 770
YR2000－16/2150	2 000	245	371	92.0	0.80	1 272	565	2.15	106 410
YR2500－16/2150	2 500	304	371	92.0	0.81	1 484	604	2.11	118 330

型号	额定功率/kW	额定负载时				转子数据		λ 最大转矩/额定转矩	飞轮转矩/(N·m²)
		电流/A	转速/(r·min⁻¹)	效率/%	功率因数	电压/V	电流/A		
同步转速 300 r/min 20 级									
YR500 - 20/1730	500	71	293	90.0	0.71	469	389	2.32	29 320
YR630 - 20/1730	630	86	293	90.5	0.72	527	437	2.09	32 650
YR800 - 20/1730	800	108	294	90.5	0.73	708	409	2.29	42 660
YR1000 - 20/1730	1 000	135	295	90.5	0.73	849	424	2.37	47 330
YR1250 - 20/2150	1 250	161	295	91.0	0.74	855	527	2.22	100 220
YR1600 - 20/2150	1 600	204	296	91.5	0.77	1 072	535	2.28	121 250
YR2000 - 20/2150	2 000	255	296	92.0	0.78	1 223	585	2.23	129 340
同步转速 250 r/min 24 级									
YR500 - 24/1730	500	75	244	89.5	0.68	542	340	2.05	33 990
YR630 - 24/1730	630	93	245	90.0	0.68	701	328	2.2	42 660
YR800 - 24/2150	800	114	245	90.0	0.70	613	480	1.91	72 720
YR1000 - 24/2150	1 000	138	246	90.5	0.72	828	438	2.11	96 990
YR1250 - 24/2150	1 250	171	246	91.0	0.73	993	457	2.05	113 160

注：1. 额定电压 6 000 V；额定功率 50 Hz。

2. 额定负载时的效率、功率因数均为保证值。

3. 转子电压、转子电流、$\dfrac{\text{最大转矩}}{\text{额定转矩}}$ 由哈尔滨电机厂提供。

4. 额定负载之转速值凡注①者为沈阳电机厂数据；注②者为东方电机厂数据；不带注者为哈尔滨电机厂数据。

5. 飞轮转矩值是根据哈尔滨电机厂提出的计算公式进行计算并整理的，仅供参考。

2. 电动机的估算转速

$$n = \frac{60 v_m'' i}{\pi D} \tag{1-44}$$

式中 i——减速器的传动比；

D——提升机滚筒直径，m。

3. 初选电动机

按式（1-43）和式（1-44）计算出来的 P 与 n 在电动机技术数据表中选用合适的电动机，所选提升电动机的转速应与式（1-44）计算出来的数值一致。但其转速不一定与算出值完全相同，这是因为同步转速相同的交流电动机的额定转速并不完全相同。此外，应选用过负荷系数较大者，以满足对电动机的过负荷能力要求。

4. 确定提升机的实际最大提升速度

电动机选出后，转速已确定，提升机实际最大提升速度 v_m 就可以确定，计算公式为

$$v_m = \frac{\pi D n_e}{60 i} \tag{1-45}$$

式中 v_m——提升机实际最大提升速度，m/s；

n_e——已选出电动机的额定转速，r/min。

由式（1-45）计算出来的 v_m 之值还应符合《煤矿安全规程》对最大提升速度的要求。

第十节　矿井提升设备的运行理论

一、矿井提升设备的基本动力学方程

提升机在一次提升过程中，有加速、等速、减速等运行阶段，提升系统是一个速度变化的运动体系。它包括直线运动和旋转运动两种状态，其中提升容器、货载、井筒内的钢丝绳做直线运动，提升机滚筒、缠在滚筒上的钢丝绳、减速器齿轮、电动机转子以及天轮等做旋转运动。

因为系统的速度是变化的，所以作用在滚筒轴上的力矩也是变化的。提升设备的动力学就是研究电动机作用在滚筒轴上的转矩或滚筒圆周上的力的变化规律。

（一）提升设备的基本动力学方程式

如图 1-45 所示，作用在提升机主轴上的力矩有提升系统的静阻力矩 M_j，提升系统的惯性力矩 M_d 及由电动机产生的拖动力矩 M。根据达朗倍尔原理其力矩平衡方程为

$$M - M_\mathrm{j} - M_\mathrm{d} = 0 \qquad (1-46)$$

目前我国使用的均为等直径提升机，式（1-46）力矩平衡方程可变为力的平衡方程，即

$$F - F_\mathrm{j} - F_\mathrm{d} = 0$$

或

$$F - F_\mathrm{j} - \sum ma = 0 \qquad (1-47)$$

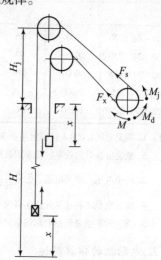

图 1-45　提升系统示意图

式中　F——电动机输出的拖动力，N；

$\quad\quad F_\mathrm{j}$——提升系统的静阻力，N；

$\quad\quad \sum m$——提升系统各运动部件变位到提升机滚筒圆周上的质量之和，即总变位质量，kg；

$\quad\quad a$——提升机的加（减）速度，m/s²。

（二）提升系统的静阻力

提升系统的静阻力包括静力和阻力，静力包括货载重力、容器自重及钢丝绳重力；阻力来源于提升容器在井筒运行中空气的阻力，罐耳与罐道之间的摩擦阻力，钢丝绳在天轮和滚筒上的弯曲阻力及天轮轴承、滚筒轴承的阻力，等等。

在图 1-45 中，当提升重容器运动到 x m 时，提升系统的静阻力计算如下：

提升侧静阻力为

$$F_\mathrm{js} = mg + m_\mathrm{z}g + p(H-x) + \omega_\mathrm{s} \qquad (1-48)$$

下放侧静阻力为

$$F_\mathrm{jx} = m_\mathrm{z}g + px - \omega_\mathrm{x} \qquad (1-49)$$

系统静阻力为

$$F_\mathrm{j} = F_\mathrm{js} - F_\mathrm{jx} = mg + p(H-2x) + \omega_\mathrm{s} + \omega_\mathrm{x} \qquad (1-50)$$

式中　m——提升货载质量，kg；

m_z——容器自身质量，kg；

p——提升钢丝绳每米重量，N/m；

ω_s，ω_x——上升侧及下放侧的矿井阻力，N；

g——重力加速度，m/s^2。

由于矿井运行阻力与很多因素有关，因此难以精确计算。在实际设计过程中，通常按提升货载的百分数来估算。

$$\omega_s + \omega_x = k'mg \qquad (1-51)$$

式中 k'——系数，箕斗 $k'=0.15$，罐笼 $k'=0.2$。

则式（1-50）变为

$$F_j = kmg + p(H-2x) \qquad (1-52)$$

式中 k——矿井阻力系数，箕斗 $k=1.15$，罐笼 $k=1.20$。

由式（1-52）可以看出：①静阻力与容器的自重无关；②在提升过程中，静阻力随提升容器位置即 x 值的不同而发生变化，是随 x 的增大而以斜率 $-2p$ 减小的一条斜线，如图1-46中直线1所示。这种静阻力在提升过程中是变化的，这种现象称为静力不平衡；③在深井中以及钢丝绳较重时，F_j 有可能在提升终止前出现负值，如图1-46中直线2所示。

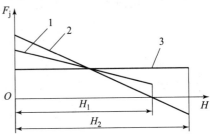

图1-46 提升系统静阻力随 x 的变化

对于立井有尾绳的系统，其静阻力为

$$F_j = kmg + (p-q)(H-2x)$$

式中 q——尾绳每米重量，N/m。

当提升主绳和尾绳重力相等，即 $p=q$ 时，$F_j = kmg =$ 常数。静阻力不再随提升容器位置的改变而改变，如图1-46中直线3所示，属静力平衡系统。

（三）变位质量

1. 变位质量的含义

在提升系统动力学方程中，有提升系统各运动部分惯性力之和一项，而系统中的部件既有做直线运动的，也有做旋转运动的，使得计算总惯性力时很不方便。为了简化计算，可以用一个假想的集中在滚筒圆周表面的当量质量来代替提升系统所有运动部分的质量，称为总变位质量，以 $\sum m$ 表示。原则是变位前后动能不发生改变。

实际上，在提升系统中，容器自重、有效载重和钢丝绳三部分与滚筒圆周具有相同的速度，故不需变位。只有提升机（包括减速器）、天轮和电动机转子三部分做旋转运动，其质量需要变位。而且前两部分可以从相应的规格表中查出，因此需要计算的只有电动机转子一项。

2. 电动机转子的变位质量

设 J'_d 为电动机转子的转动惯量，J_d 为变位到滚筒圆周上的转动惯量，ω' 为电动机的角速度，ω 为滚筒的角速度。根据变位前后动能相等的原则，应当有如下关系：

$$\frac{1}{2}J_d\omega^2 = \frac{1}{2}J'_d\omega'^2$$

所以

$$J_d = J_d'\left(\frac{\omega'}{\omega}\right)^2 = J_d' i^2 \qquad (1-53)$$

式中　i——减速器的传动比。

所以电动机转子变位到滚筒圆周上的质量 m_d 即为

$$m_d = \frac{J_d}{R^2} = 4J_d'\left(\frac{i}{D}\right)^2$$

式中　R——滚筒缠绕半径。

为了计算 m_d，必须知道电动机转子的转动惯量 J_d'，但是一般电动机规格表中没有 J_d' 值，而有回转力矩 GD^2 值，二者的关系为

$$J_d' = \frac{GD^2}{4g} \qquad (1-54)$$

这样得到由回转力矩计算电动机转子变位质量的公式

$$m_d = \frac{GD^2}{g}\left(\frac{i}{D}\right)^2 \qquad (1-55)$$

3. 提升系统总变位质量 $\sum m$

对单绳缠绕式提升系统（无尾绳提升系统），其总变位质量 $\sum m$ 为

$$\sum m = m + 2m_z + 2m_p L_p + 2m_t + m_j + m_d \qquad (1-56)$$

式中　L_p——提升钢丝绳全长，$L_p = H_c + L_x + 3\pi D + 30 + n'\pi D$，m；

　　　H_c——钢丝绳的悬垂长度，m；

　　　L_x——钢丝绳弦长，m；

　　　$3\pi D$——3 圈摩擦圈绳长度，m；

　　　30——试验绳长度，m；

　　　$n'\pi D$——多层缠绕的错绳用绳长，m；$n' = 2 \sim 4$ 圈；

　　　m_p——提升钢丝绳的每米质量，kg/m

　　　m_t——天轮的变位质量，kg；

　　　m_j——提升机（包括减速器）的变位质量，kg。

对于多绳摩擦式提升机，其总变位质量 $\sum m$ 为

$$\sum m = m + 2m_z + n_1 m_p L_p + n_2 m_q L_q + n m_t + m_j + m_d \qquad (1-57)$$

式中　n_1——提升主绳数目；

　　　L_p——提升主绳全长，$L_p = H + 2H_j$，m；

　　　H——提升高度，m；

　　　H_j——井架或井塔高度，m；

　　　m_q——尾绳每米质量，kg/m；

　　　n_2——尾绳数目；

　　　L_q——每根尾绳全长，$L_q = H + 2H_h$，m；

　　　H_h——尾绳环高度，$H_h = H_g + 1.5S$，m；

　　　H_g——过卷高度，m；

　　　S——两容器中心距离，m；

n——导向轮数目；

m_t——导向轮变位质量，kg；

其他符号意义同前。

因此，提升系统动力学方程变为

单绳缠绕式无尾绳提升系统：

$$F = kmg + m_p g(H - 2x) + \sum ma \qquad (1-58)$$

多绳摩擦式提升系统：

$$F = kmg + (n_1 m_p g - n_2 m_q g)(H - 2x) + \sum ma \qquad (1-59)$$

二、提升设备的运动学计算

提升设备属周期动作式的运输设备。提升设备运动学研究提升容器运动速度随时间的变化规律，以求得合理的运转方式。

提升设备运动学的基本任务是确定合理的加速度与减速度、各运动阶段的延续时间以及与之相对应的容器行程，并绘制出速度图和加速度图。

本节以我国矿山广泛采用的无尾绳静力不平衡提升系统为例，介绍提升设备运动学计算的基本内容和方法。

（一）提升设备的运行规律

提升设备的运行状态，主要取决于提升容器在井筒中的运行规律，而容器的运行规律与容器的类型及控制方法等有密切关系。

提升设备在一个提升循环内其提升速度随时间变化的关系图形，叫作提升速度图。

对于底卸式箕斗，为保证箕斗离开卸载曲轨时速度不能过高，需要有初加速阶段；为使重箕斗上升到井口而进入卸载曲轨内运行时，减少对井架、曲轨的冲击，提高停车的准确性，应有一个低速爬行速度，一般限制在不大于 0.5 m/s，故应采用图 1-47（a）所示的六阶段速度图。现分析如下：

t_0——初加速阶段运行时间，由于这时井上空箕斗在卸载曲轨内运行，故加速度不可过高，以免对设备产生过大冲击，《煤炭工业设计规范》规定，箕斗滑轮离开曲轨时的速度 $v_0 \leqslant 1.5$ m/s；

t_1——主加速阶段运行时间，此时加速度 a_1 较大，速度一直从 v_0 加速到最大提升速度 v_m；

t_2——等速阶段运行时间，即容器以最大提升速度 v_m 等速运行的时间；

t_3——主减速阶段运行时间，即容器以最大速度 v_m 减速到爬行速度 v_4 的时间；

t_4——爬行阶段运行时间，此时重箕斗上升到井口以上进入卸载曲轨运行，为减少对井架及曲轨的冲击，爬行速度一般控制在 $v_4 \leqslant 0.5$ m/s；

t_5——抱闸停车阶段时间，即箕斗到达停车位置，提升机抱闸停车用的时间；

θ——休止时间，即装卸载时间。

对于罐笼提升，因无卸载曲轨的限制，故无须初加速阶段，开始就以较大的主加速度加速，但是为了准确停车（使罐笼内的轨道与车场轨道对齐），也需要有一爬行阶段，因此，普通罐笼提升采用图 1-47（b）所示的五阶段速度图。

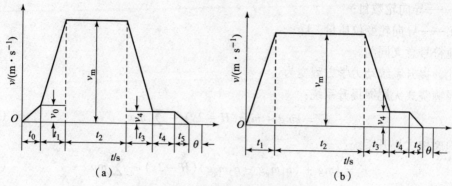

图 1 - 47　六阶段和五阶段速度图

（二）提升加速度的确定

1. 箕斗提升初加速度 a_0 的确定

如上所述，为了保证提升开始时，空箕斗对卸载曲轨及井架的冲击不致过大，箕斗离开卸载曲轨时的速度被限制在 $v_0 \leqslant 1.5$ m/s，如果箕斗在卸载曲轨内的行程为 h_0，则箕斗的初始加速度为

$$a_0 \leqslant \frac{v_0^2}{2h_0} \qquad (1-60)$$

目前大量通用的箕斗卸载曲轨行程为 $h_0 = 2.13$ m，新标准系列箕斗的卸载曲轨行程为 2.35 m，所以一般初加速度 $a_0 = 0.5$ m/s^2。

2. 主加速度 a_1 的确定

主加速度 a_1 是按安全经济的原则来确定的，主加速度的大小受《煤矿安全规程》、减速器强度、电动机过负荷能力三个方面的限制。

（1）《煤矿安全规程》对提升加、减速度的规定："立井中用罐笼升降人员时加速度和减速度，都不得超过 0.75 m/s^2，斜井中升降人员的加速度和减速度，不得超过 0.5 m/s^2。"《煤矿安全规程》对升降物料的加、减速度没有规定，一般在竖井，加、减速度最大不超过 1.2 m/s^2，斜井不超过 0.7 m/s^2。

（2）按电动机的过负荷能力来确定。电动机的最大平均出力应大于或等于加速阶段实际所需的最大出力，即

$$0.75\lambda F_e \geqslant kmg + m_p gH + \sum ma_1$$

$$a_1 \leqslant \frac{0.75\lambda F_e - kmg - m_p gH}{\sum m}$$

式中　F_e——电动机的额定拖动力，N；

$$F_e = \frac{1\,000 P_e \eta_j}{v_m}$$

P_e——电动机额定功率，kW；

η_j——传动效率；

λ——电动机过负荷系数。

（3）按减速器允许的输出传动转矩来确定。电动机通过减速器作用到滚筒主轴上的拖

动力矩，必须小于减速器所允许的最大输出转矩，即

$$\left[kmg + m_\mathrm{p}gH + \left(\sum m - m_\mathrm{d}\right)a_1\right]\frac{D}{2} \leqslant \left[M_\mathrm{max}\right]$$

$$a_1 \leqslant \frac{\dfrac{2\left[M_\mathrm{max}\right]}{D} - (kmg + m_\mathrm{p}gH)}{\sum m - m_\mathrm{d}} \tag{1-61}$$

式中　$\left[M_\mathrm{max}\right]$——减速器输出轴最大允许输出转矩，N·m，可由提升机规格表查得；

　　　D——滚筒直径，m。

　　综合考虑上述三个条件，按其中最小者确定主加速度 a_1 的大小。

（三）提升减速度的确定

　　提升减速度一般取与加速度相同值。它不仅需要满足上述《煤矿安全规程》的规定，同时还与提升设备所采用的减速方式有关。目前提升机的减速方式有以下三种。

　　1. 自由滑行减速

　　减速一开始，电动机便从电网上断开，提升系统拖动力为零，靠惯性自由滑行。由动力学方程得

$$kmg + m_\mathrm{p}g(H - 2x) - \sum ma_3 = 0 \tag{1-62}$$

　　减速时，近似有 $x \approx H$，由式（1-62）得自由滑行时的减速度为 a_3：

$$a_3 = \frac{kmg - m_\mathrm{p}gH}{\sum m} \tag{1-63}$$

　　2. 电动机减速方式

　　电动机减速方式为正力减速。当采用自由滑行减速方式其减速度太大时，必须采用正力减速。此时，将电动机转子电阻接入转子回路中，使电动机在较软的人工特性曲线上运行。为能较好地控制电动机，这时电动机输出力应不小于电动机额定力的 0.35 倍，即

$$kmg - m_\mathrm{p}gH - \sum ma_3 \geqslant 0.35F_\mathrm{e} \tag{1-64}$$

则有

$$a_3 \leqslant \frac{kmg - m_\mathrm{p}gH - 0.35F_\mathrm{e}}{\sum m} \tag{1-65}$$

　　3. 制动减速方式

　　制动减速方式为负力减速。当采用自由滑行减速方式减速度太小时，必须对系统施加制动力。制动减速方式有机械制动和电气制动两种，机械制动即机械闸制动，电气制动有动力制动和低频制动两种。

　　当采用机械制动减速时，为避免闸瓦发热和磨损，所需制动力应不大于 $0.3m_\mathrm{g}$，即

$$kmg - m_\mathrm{p}gH - \sum ma_3 \geqslant -0.3m_\mathrm{g} \tag{1-66}$$

则减速度为

$$a_3 \leqslant \frac{kmg - m_\mathrm{p}gH + 0.3m_\mathrm{g}}{\sum m} \tag{1-67}$$

　　当采用电气制动减速时

$$kmg - m_{\mathrm{p}}gH - \sum ma_3 = -F_z \qquad (1-68)$$

则减速度为

$$a_3 = \frac{kmg - m_{\mathrm{p}}gH + 0.3m_{\mathrm{g}}}{\sum m} \qquad (1-69)$$

式中　F_z——电气制动给出的制动力，N。

　　因此，在确定提升系统减速度时，首先必须计算自由滑行减速度。若自由滑行减速度太大，则必须采用电动机减速（正力减速）方式；若自由滑行减速度太小，则必须选择制动减速（负力减速）方式。对于负力减速；当需要制动力较小时，可采用机械闸减速；当需要制动力较大时，须采用电气制动。同时为安全可靠，副井提升设备都应采用电气制动。

（四）提升速度图参数计算

　　速度图是验算设备的提升能力、选择提升机控制设备及动力学计算的基础。各类速度图的计算方法大致相同。

　　在计算速度图参数之前，必须已知提升高度 H、最大实际提升速度 v_{m} 以及速度图各主要参数 a_0、a_1、a_3、h_4 及 v_0 等。

　　下面以箕斗提升六阶段速度图为例介绍速度图参数的计算步骤和方法。

　　1. 初加速阶段

　　卸载曲轨中初加速时间

$$t_0 = \frac{v_0}{a_0} \qquad (1-70)$$

　　箕斗在卸载曲轨内的行程为 h_0。

　　2. 主加速阶段

　　加速时间

$$t_1 = \frac{v_{\mathrm{m}} - v_0}{a_1} \qquad (1-71)$$

　　加速阶段行程

$$h_1 = \frac{v_{\mathrm{m}} + v_0}{2}t_1 \qquad (1-72)$$

　　3. 主减速阶段

　　减速阶段时间

$$t_3 = \frac{v_{\mathrm{m}} - v_4}{a_3} \qquad (1-73)$$

　　减速阶段行程

$$h_3 = \frac{v_{\mathrm{m}} + v_4}{2}t_3 \qquad (1-74)$$

　　4. 爬行阶段

　　爬行时间

$$t_4 = \frac{h_4}{v_4} \qquad (1-75)$$

　　爬行速度阶段的爬行距离 h_4 及爬行速度 v_4 之值由表 1-19 查出。

表 1-19 爬行距离及速度选择表

容器	爬行阶段	自动控制	手动控制
箕斗	距离 h_4/m	2.5~3.3	5.0
	速度 $v_4/$ (m·s^{-1})	0.5 (定量装载), 0.4 (旧式装载设备)	
罐笼	距离 h_4/m	2.0~2.5	5.0
	速度 $v_4/$ (m·s^{-1})	0.4	

5. 抱闸停车阶段

抱闸停车的时间 t_5, 可定为 1 s; 行程很小, 可考虑包括在爬行距离内不另行计算; 减速度 a_5 一般取为 1 m/s^2。

6. 等速阶段

等速阶段的行程

$$h_2 = H - h_0 - h_1 - h_3 - h_4 \tag{1-76}$$

等速阶段的时间

$$t_2 = \frac{h_2}{v_m} \tag{1-77}$$

7. 一次提升循环时间

$$T_x = t_0 + t_1 + t_2 + t_3 + t_4 + t_5 + \theta \tag{1-78}$$

速度图计算完后, 需重新验算提升能力富裕系数 a_f。

提升设备小时提升能力为

$$A_s = \frac{3\,600}{T_x} m \tag{1-79}$$

提升设备的实际提升量为

$$A_n' = \frac{b_r t A_s}{c} \tag{1-80}$$

提升能力的富裕系数为

$$a_f = \frac{A_n'}{A_n} \tag{1-81}$$

式中 A_n——矿井设计年产量, t/年;

b_r——年工作日数, 日/年;

t——每日提升小时数, h/日;

c——提升不均衡系数, 主井提升, 一般有井下煤仓时取 1.10~1.15; 无井下煤仓时取 1.2。

对第一水平应该有 $a_f = 1.2$ 的富裕系数。

最后绘制出提升速度图。

普通罐笼提升为五阶段速度图, 其计算方法与上述相同, 只是没有初加速阶段。副井提升速度图, 要考虑人员升降时《煤矿安全规程》对速度和加、减速度的限制。运送炸药要受《煤矿安全规程》有关规定的限制。

三、提升设备的动力学计算

提升设备动力学是研究和确定在提升过程中，滚筒圆周上拖动力的变化规律，为验算电动机功率及选择电气控制设备提供依据。

各类速度图所对应的动力学计算方法大致相同。基本方法是将计算出的各提升阶段的各个量代入提升动力学基本方程式，计算出提升过程中各阶段的拖动力。把提升各阶段的始、终点的速度和拖动力代入功率计算公式，即可求出滚筒轴上的功率。

现以单绳缠绕式无尾绳箕斗提升系统六阶段速度图为例，介绍动力学计算的基本方法。

单绳缠绕式无尾绳提升设备的基本动力方程式为

$$F = kmg + m_p g(H - 2x) + \sum ma$$

（1）初加速度阶段。提升开始时，$x = 0$，$a = a_0$，故拖动力 F_0 为

$$F_0 = kmg + m_p gH + \sum ma_0 \tag{1-82}$$

出曲轨，$x = h_0$，$a = a_0$，拖动力 F_0' 为

$$\begin{aligned} F_0' &= kmg + m_p g(H - 2h_0) + \sum ma_0 \\ &= F_0 - 2m_p gh_0 \end{aligned} \tag{1-83}$$

（2）主加速阶段。开始时，$x = h_0$，$a = a_1$，拖动力 F_1 为

$$\begin{aligned} F_1 &= kmg + m_p g(H - 2h_0) + \sum ma_1 \\ &= F_0' + \sum m(a_1 - a_0) \end{aligned} \tag{1-84}$$

终了时，$x = h_0 + h_1$，$a = a_1$，拖动力 F_1' 为

$$\begin{aligned} F_1' &= kmg + m_p g(H - 2h_0 - 2h_1) + \sum ma_1 \\ &= F_1 - 2m_p gh_1 \end{aligned} \tag{1-85}$$

（3）等速阶段。开始时，$x = h_0 + h_1$，$a = 0$，拖动力 F_2 为

$$F_2 = kmg + m_p g(H - 2h_0 - 2h_1) = F_1' + \sum ma_1 \tag{1-86}$$

终了时，$x = h_0 + h_1 + h_2$，$a = 0$，拖动力 F_2' 为

$$F_2' = kmg + m_p g(H - 2h_0 - 2h_1 - 2h_2) = F_2 - 2m_p gh_2 \tag{1-87}$$

（4）减速阶段。开始时，$x = h_0 + h_1 + h_2$，$a = -a_3$，拖动力 F_3 为

$$\begin{aligned} F_3 &= kmg + m_p g(H - 2h_0 - 2h_1 - 2h_2) - \sum ma_3 \\ &= F_2' - \sum ma_3 \end{aligned} \tag{1-88}$$

终了时，$x = h_0 + h_1 + h_2 + h_3$，$a = -a_3$，拖动力 F_3' 为

$$\begin{aligned} F_3' &= kmg + m_p g(H - 2h_0 - 2h_1 - 2h_2 - 2h_3) - \sum ma_3 \\ &= F_3 - 2m_p gh_3 \end{aligned} \tag{1-89}$$

（5）爬行阶段。开始时，$x = h_0 + h_1 + h_2 + h_3$，$a = 0$，拖动力 F_4 为

$$\begin{aligned} F_4 &= kmg + m_p g(H - 2h_0 - 2h_1 - 2h_2 - 2h_3) \\ &= F_3' + \sum ma_3 \end{aligned} \tag{1-90}$$

终了时，$x = H$，$a = 0$，拖动力 F_4' 为

$$F_4' = kmg - m_p gH = F_4 - 2m_p gh_4 \qquad (1-91)$$

根据本节计算结果画出力图，数值标入图中。在设计说明书中，速度图和力图是绘制在一起的，如图 1-48 所示。

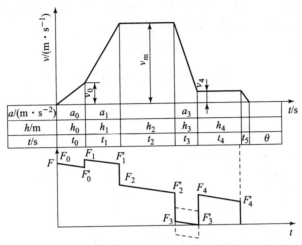

图 1-48 箕斗提升速度图和力图

可以将各提升阶段始点和终点的力 F 与速度 v 代入下式，即可求出各提升阶段起点和终点的滚筒轴的功率。

$$P = \frac{Fv}{1\,000} \qquad (1-92)$$

同样根据式（1-92）计算出各提升阶段的起点和终点的滚筒轴的功率后，也可以画出提升机滚筒的轴功率图。

四、提升电动机容量的计算

由提升力图和速度图可以看出，在一次提升循环中，提升机滚筒圆周上的拖动力、速度都是变化的。初选的提升电动机，是否能满足各种运行状态的要求，要通过验算才能确定。验算内容按温升条件、过负荷条件及特殊力条件分别进行。

（一）提升电动机等效容量的计算

在一次提升过程中，由于拖动力和速度不同，因此电动机绕组中的电流和产生的热量也不一样，为了简化，用一个定负荷下运转时的固定力和最大提升速度，作为选择电动机容量的依据，这个固定力叫作等效力。

影响提升电动机温升的除了产生的热量以外，还有散热条件，而散热条件又与电动机的转速等因素有关，比如，高速运转时，电动机自带风扇散热条件较好，而低速运转较差，停止运转时更差。所以，计算电动机容量时并不以实际运行时间计算，而按等效时间计算。

由《电工学》知，电动机产生的热量与通过绕组的电流平方成正比，与通电时间一次方成正比，即

$$dq_r = kI^2 dt$$

式中 k——比例常数；

I——电动机定子绕组中通过的电流；

dq_r——电动机定子绕组产生的热量。

又因电动机拖动力矩 $M = c_m \Phi I_2 \cos\psi_2$（$c_m$ 为电动机构造参数，I_2 为负载电流，$\cos\psi_2$ 为功率因数），当电动机接入电网电压不变时，磁通 Φ 不变。在一定的负载范围内运转时功率因数 $\cos\psi_2 = \cos\psi_e$（额定功率因数）为常数，所以提升电动机的转矩 M 与电动机的负载电流成正比，亦即作用于滚筒上的圆周力 F 与电动机的定子电流成正比。

$$dq_r = k'F^2 dt$$

$$Q_r = k'F_d^2 T_d = k' \int_0^{T_x} F^2 dt$$

由此得出等效力与变化力的关系为

$$F_d^2 T_d = \int_0^{T_x} F^2 dt$$

即

$$F_d = \sqrt{\frac{\int_0^{T_x} F^2 dt}{T_d}} \tag{1-93}$$

式中　F_d——提升电动机作用在滚筒圆周上的等效力，N；

T_d——等效时间，s，对于强制通风电动机，$T_d = T_x$。

对于自带风扇装置的电动机，其散热条件则与电机转速有关，转速高时风扇散热条件好，转速低时散热条件差，休止时间散热条件最差。故对于自带风扇装置的电动机的等效时间为

$$T_d = \alpha(t_0 + t_1 + t_2 + t_3 + t_4 + \cdots) + t_2 + \beta\theta \tag{1-94}$$

式中　α——考虑电动机在低速运转时的散热不良系数，一般交流电动机：$\alpha = 1/2$；直流电动机：$\alpha = 3/4$；

β——考虑停车间歇时间的散热不良系数，一般交流电动机：$\beta = 1/3$；直流电动机：$\beta = 1/2$；

θ——休止时间，s。

$\int_0^{T_x} F^2 dt$ 项实际上是整个提升循环中，变力 F 的平方对时间的积分。严格说来力图中只有等速阶段是按直线变化的，其余各阶段都是曲率不大的曲线，但因这些阶段运转时间很短，可以近似地按直线计算，对于箕斗提升六阶段力图则积分值的计算式经简化后得

$$\int_0^{T_x} F^2 dt = \frac{F_0^2 + F_0'^2}{2} t_0 + \frac{F_1^2 + F_1'^2}{2} t_1 + \frac{F_2^2 + F_2 F_2' + F_2'^2}{2} t_2 +$$
$$\frac{F_3^2 + F_3'^2}{2} t_3 + \frac{F_4^2 + F_4'^2}{2} t_4 \tag{1-95}$$

利用式（1-95）计算时，应注意以下几点：

（1）当减速阶段采用自由滑行或机械制动减速时，因电动机已从电网切除，电动机绕组内无电流通过，故减速阶段力 F_3 与 F_3' 不应计入式中。

（2）当减速阶段采用电动机减速时，则减速阶段之力 F_3 与 F_3' 应计入式中。

（3）当采用动力制动减速时，应将 F_3 与 F_3' 分别乘以 1.4 和 1.6 的系数，平方后再计入

式中。这是由于在动力制动时，虽电动机定子停送交流电，但又送入直流电，力与电流的比值与电动机方式运转时不同。

（4）当采用低频发电制动减速时，因电动机虽与高压工频电源断开，但对定子绕组送入了三相低频电流，低频电流在定子绕组中还产生热量，故应将 F_3 与 F_3' 计入。

（5）爬行阶段若采用微机拖动，则 F_4 与 F_4' 不应计入；若采用低频拖动应计入；脉动爬行应计入。

电动机的等效容量为

$$P_d = \frac{F_d v_m}{1\,000\eta_j} = \frac{v_m}{1\,000\eta_j}\sqrt{\frac{\int_0^{T_x} F^2 \mathrm{d}t}{T_d}} \qquad (1-96)$$

式中　v_m——提升容器的最大提升速度，m/s；

　　　η_j——提升机减速器的效率，一级传动时 $\eta_j = 0.92$；二级传动时 $\eta_j = 0.85$。

（二）电动机容量的验算

根据式（1-96）计算出电动机的等效容量 P_d 后，需按以下三个条件来验算前面初选的电动机的容量是否合适。

1. 按电动机允许发热条件应满足

$$P_d \leqslant P_e \qquad (1-97)$$

式中　P_e——初选电动机的额定功率。

2. 按正常运行时电动机过负荷能力应满足

$$\frac{F_{max}}{F_e} \leqslant 0.75\lambda \qquad (1-98)$$

式中　F_{max}——力图中最大拖动力，N；

　　　F_e——初选电动机的额定出力，N；

　　　λ——初选电动机的最大过负荷系数。

3. 在特殊情况下，电动机过负荷能力应满足

$$\frac{F_t}{F_e} \leqslant 0.9\lambda \qquad (1-99)$$

F_t 为特殊过负荷力，在下列情况下发生：

（1）普通罐笼提升时，空罐笼位于井底支撑装置上，而把井口重罐笼稍向上提起时产生的特殊力为

$$F_t = \mu'(Q + Q_z + pH) \qquad (1-100)$$

式中　μ'——考虑到动力的附加系数，取 $\mu' = 1.05 \sim 1.10$；

　　　Q———次提升货载重量；

　　　Q_z——容器自重。

（2）在更换钢丝绳或调节绳长时，打开离合器而单独提升空容器时产生的特殊力为

$$F_t = \mu'(Q_z + pH) \qquad (1-101)$$

按上述三个条件验算时，其中有一个条件不满足，则必须重选电动机，并重新计算提升系统变位质量，计算运动学、动力学、校验电动机容量，直到合适为止。如果仅条件3中的（1）不满足，可考虑改用摇台代替罐座。

五、提升设备的电耗及效率的计算

电动机的功率等于力乘以速度，而力和速度在提升过程中都是变化的。交流提升电动机计算电耗时，应该用最大提升速度 v_m。这是因为绕线式感应电动机在加速或减速阶段，转子回路一般是串接金属电阻调速的，当电机转速较低时，有用功较小，但是定子的旋转磁场仍以同步转速旋转着，所消耗的电磁功率并不减少，不同的是以转子电阻发热的形式出现，即所谓无用功，这就是在计算提升电耗时，即使在加、减速阶段也要乘以最大提升速度 v_m 的原因。

因为电耗等于功率乘以时间，故提升电耗可计算如下。

（一）一次提升电耗

一次提升电耗 W 为

$$W = \frac{1.02 v_\mathrm{m} \int_0^{T_\mathrm{x}} F \mathrm{d}t}{\eta_\mathrm{j} \eta_\mathrm{d}} \tag{1-102}$$

式中　F——力图中各阶段变化力，N；

v_m——提升容器实际最大提升速度，m/s；

1.02——考虑提升机的附属设备（如润滑油泵、制动油泵、磁力站、动力制动电源装置等）耗电量的附加系数；

η_j——减速器效率；

η_d——电动机效率。

积分式

$$\int_0^{T_\mathrm{x}} F \mathrm{d}t = \frac{1}{2}(F_0 + F_0')t_0 + \frac{1}{2}(F_1 + F_1')t_1 + \frac{1}{2}(F_2 + F_2')t_2 + $$
$$\frac{1}{2}(F_3 + F_3')t_3 + \frac{1}{2}(F_4 + F_4')t_4 \tag{1-103}$$

利用式（1-103）计算时，应注意以下几点：

（1）如果减速阶段采用自由滑行或机械制动减速时，因提升电动机已切断电源，其定子绕组内无电流通过，不消耗电能，故减速阶段力 F_3 与 F_3' 不应计入；只在采用电动机减速方式与电气制动减速时才计入。

（2）爬行阶段，当采用脉动爬行时，爬行阶段的拖动力 F_4 及 F_4' 应计入。

（3）爬行阶段，当采用微机拖动或低频拖动时，应将 $(F_4 + F_4')$ 换为 $(F_4 + F_4')\dfrac{v_4}{0.8 v_\mathrm{m}}$，而0.8是微拖装置或低频机组的效率；$\dfrac{v_4}{0.8 v_\mathrm{m}}$ 是采用微拖动或低频拖动爬行阶段拖动力的折算系数。

（二）吨煤电耗 W_1 及提升设备的年电耗 W_n

$$W_1 = \frac{W}{m} = \frac{1.02 v_\mathrm{m} \int_0^{T_\mathrm{x}} F \mathrm{d}t}{m \eta_\mathrm{j} \eta_\mathrm{d}} \tag{1-104}$$

$$W_\mathrm{n} = W_1 A_\mathrm{n} \tag{1-105}$$

式中　A_n——矿井年产量，$t/$年。

（三）一次提升有益电耗 W_y

$$W_y = 1\ 000mgH \tag{1-106}$$

（四）提升设备的效率 η

$$\eta = \frac{W_y}{W} \tag{1-107}$$

第十一节 斜井提升

一、概述

斜井提升在我国中小型矿井中应用极其广泛。采用斜井提升具有初期投资少、建井快、出煤快、地面布置简单等优点。但一般斜井提升能力较小，钢丝绳磨损较快，井筒维护费用较高。斜井提升方式大致可分为以下三种：

（1）斜井串车提升。斜井串车提升可分为单钩串车与双钩串车两种，其中单钩串车提升井筒断面小，投资少，可用于多钢丝绳提升，但产量较小，电耗大。而双钩串车提升则恰恰相反。故前者多用于年产量在 210 kt 以下，倾角小于 25°的斜井中。后者多用于年产量在 300 kt 左右，倾角不大于 25°的斜井中。

（2）斜井箕斗提升。斜井箕斗提升与串车提升相比，提升能力大，又易实现自动化，但需要设有装载、卸载设备，投资较多，开拓工程量也较大，因此适用于年产量在 300 ~ 600 kt，倾角在 25°~35°的斜井中。

（3）胶带输送机提升。胶带输送机提升生产过程连续，运输量大，并且易实现自动化，但初期投资较大，一般用于年产量在 600 kt 以上，倾角不大于 18°的斜井中。《煤炭工业设计规范》规定：大型矿井的主、斜井宜采用胶带输送机提升。

串车提升按车场型式不同又可分为平车场和甩车场两种方式。甩车场提升方式的优点是：地面车场及井口设备简单，布置紧凑，井架低，摘挂钩安全方便；缺点是提升循环时间长，提升能力小，每次提升电动机换向次数多，操纵复杂。这种甩车场的提升方式在我国东北地区采用较多。平车场没有上述缺点，车场通过能力大，提升机操作简单方便。但是，平车场需设置阻车器和推车器等辅助设备。故一般情况下甩车场多用于单钩提升，平车场多用于双钩提升，我国华东、中南地区中小型矿井采用斜井平车场双钩提升较多。图 1-49 所示为斜井甩车场单钩串车提升系统，图 1-50 所示为斜井平车场双钩串车提升系统。

在串车提升中，为在车场内调车和组车方便，应注意一次升降的矿车数尽可能与电机车一次牵引的矿车数成倍数关系。

箕斗提升按箕斗的构造不同可分为后卸式和翻转式两种。

（1）后卸式斜井箕斗。图 1-51 所示为后卸式斜井箕斗，它由框架 2 和斗箱 1 两部分组成。斗箱上有两对车轮，前轮轮沿较宽，后轮较窄。斗箱后部轴装有扇形闸门，用一轴固定，闸门两旁装有小引轮 3。在正常轨的外侧另装宽轨 7，当箕斗提到井口时，前轮沿宽轨 7 往上运行，而后轮沿正常轨进入曲轨 6，使箕斗后部低下去，这时，闸门上的小引轮被宽轨 7 托住，而使闸门 8 打开，自动卸载。

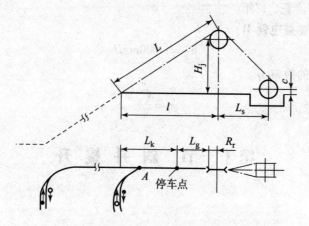

图 1-49 斜井甩车场单钩串车提升系统

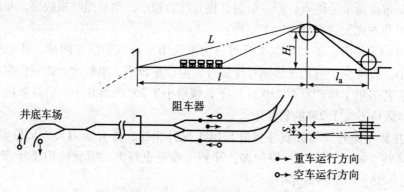

图 1-50 斜井平车场双钩串车提升系统

（2）翻转式斜井箕斗。图 1-52 所示为翻转式斜井箕斗。它的构造比较简单，在卸载处设宽轨 2，将正常曲轨 1 做成变轨。箕斗提至卸载处时，前轮窄，沿曲轨 1 运行；后轮较宽，沿宽轨 2 运行，使箕斗翻转，自动卸载。翻转式箕斗在煤矿中应用很少。

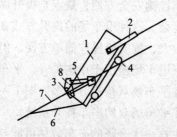

图 1-51 后卸式斜井箕斗

1—斗箱；2—框架；3—小引轮；

4—滑道；5—连杆；6—曲轨；

7—宽轨；8—闸门

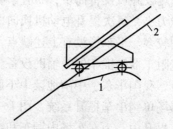

图 1-52 翻转式斜井箕斗

1—曲轨；2—宽轨

斜井箕斗规格见表 1-20。

表1-20 斜井箕斗规格

斗箱几何容积/m³	使用倾角/（°）	外形尺寸（长×宽×高）/（mm×mm×mm）	最大块度/mm	最大牵引力/kN	轨距/mm	卸载曲轨轨距/mm	卸载方式	质量/kg
0.59	45~70	3 110×1 152×947	—	—	900	1 040	前翻	750
1.5	20	4 525×1 714×1 280	300	—	900	1 600	前翻	1 840
1.5	20	1 835×1 432×945	—	—	900	1 640	前翻	1 028
2.5	30~35	3 986×1 406×1 280	—	67	1 100	1 296	后卸	2 900
3.5	20~40	3 870×1 040×1 460	—	75	1 200	1 400	后卸	4 050
3.74	—	6 130×1 550×1 740	—		1 200	1 430	前翻	3 200
3.87	—	5 940×1 720×1 740	—		1 200	—	前翻	3 823
4.85	30	6 880×1 700×1 600	350	62	1 400	1 600	后卸	3 480
6.0	80	4 660×2 160×1 700	550	70	1 680	2 000	后卸	4 359
8.8	14	6 220×2 300×2 300	450		1 700	2 100	后卸	10 240
12	25~40	10 380×3 200×2 440		260	2 000	3 000	前翻	20 000
18.83	15	8 630×3 820×2 755	1 200	160	3 000	3 600	后卸	26 500
30	33.5	9 045×4 290×3 595	1 000		3 320	4 020	后卸	45 000

斜井提升人员必须采用专用的人车，每辆人车必须具有可靠的断绳保险装置，提升系统应有两套制动闸。斜井人车规格见表1-21。

表1-21 斜井人车规格

型号	轨距/mm	最大速度/（m·s⁻¹）	使用倾角/（°）	最大牵引力/kN	外形尺寸（长×宽×高）/（mm×mm×mm）	乘人数	最小弯道半径/m	质量/kg
CRX-4-10	600	3.5	6~30	50	4 500×1 035×1 450	10	9	1 850
CRX-4-15	900	3.5	6~30	50	4 450×1 335×1 450	15	9	1 950
红旗一号*	600	3.77	25	50	15 700×1 200×1 565	40		5 860

注：此型人车由一辆头车及四辆座车组成，适用于24 kg/m钢轨，因断绳保险装置制动在钢轨上，要求钢轨接头全部采用焊接方式。

二、斜井提升设备的选择计算

（一）斜井提升设备选择计算的原始资料

（1）矿井年产量 A_n（副井为矸石年提升量，最大班下井人数，长材料、设备等辅助提升量）。

（2）矿井服务年限。

（3）井筒斜长 L_T。

（4）井筒倾角 β。

（5）矿井工作制度：年工作日数 b_r，每日工作小时数 t。

（6）矿车型式：单个矿车自身质量 m_{z1}，kg；单个矿车载货量 m_1，kg；单个矿车的长度

L_c，m。

(7) 煤的松散密度 ρ'，kg/m³。

(8) 采用的提升方式。

(9) 矿井电压等级。

(二) 选择计算

1. 一次提升量和车组中矿车数的确定

1) 根据矿井年产量要求计算矿车数

(1) 小时提升量

$$m_{sh} = \frac{ca_f A_n}{b_r t} \tag{1-108}$$

式中 c——提升不均匀系数。有井底煤仓时，$c = 1.1 \sim 1.15$；无井底煤仓时，$c = 1.2$。当矿井有两套提升设备时，$c = 1.15$；只有一套提升设备时，$c = 1.25$；

　　　b_r——年工作日数；

　　　t——每日提升小时数；

　　　A_n——矿井年产量，t/年；

　　　a_f——提升能力富裕系数。对于第一水平 $a_f = 1.2$。

(2) 一次提升量

$$m = \frac{T m_{sh}}{3\ 600} = \frac{ca_f A_n T}{3\ 600 b_r t} \tag{1-109}$$

式中 T——一次提升循环时间，s。

(3) 一次提升矿车数

$$n_1 = \frac{m}{m_1} \tag{1-110}$$

$$m_1 = \varphi \rho' V \tag{1-111}$$

式中 φ——装载系数。当倾角为20°以下时，$\varphi = 1$；当倾角为21°~25°时，$\varphi = 0.95 \sim 0.9$，当倾角为25°~30°时，$\varphi = 0.85 \sim 0.8$；

　　　ρ'——煤的松散密度，kg/m³。

　　　V——矿车的有效容积，m³。

算出 n_1 值为小数时，应圆整为较大整数。

2) 根据矿车连接器强度计算矿车数

矿车沿倾角为 β 的轨道上提时，受到斜面产生的阻力，n 辆矿车的总阻力由最前面的矿车连接器来承担。为保证连接器强度，所拉矿车数受到限制。矿车连接器强度一般允许承受拉力 60 kN（也有矿车连接器强度为 30 kN 的），因此，矿车连接器强度允许的矿车数 n_2 为

$$n_2 \leqslant \frac{60\ 000}{g(m_1 + m_{z1})(\sin\beta + f_1 \cos\beta)} \tag{1-112}$$

式中 m_1，m_{z1}——单个矿车的载货量及其自身重量，kg；

　　　f_1——矿车运行摩擦阻力系数。矿车为滚动轴承取 $f_1 = 0.015$，滑动轴承取 $f_1 = 0.02$；

　　　g——重力加速度，10 m/s²。

若计算出 n_2 为小数时，应圆整为较小的整数。

计算中，若 $n_1 < n_2$，可以按 n_1 确定矿车数为 $n = n_1$。若 $n_1 > n_2$，即矿车连接器强度不满足要求，此时，应提高提升速度，以保证需要产量要求。如果提升速度无法提高，则说明此方式无法满足要求，应考虑改变提升方式。

2. 斜井提升钢丝绳的选择计算

斜井提升钢丝绳的选择计算与竖井基本相同，不同之处只是由于斜井筒倾角小于 90°，作用在钢丝绳 A 点（图 1 – 53）的最大静张力是由重车组、钢丝绳的重力和摩擦阻力组成的。

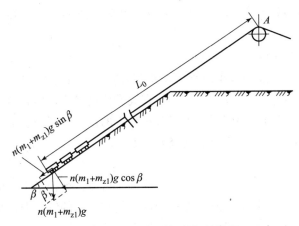

图 1 – 53　斜井提升钢丝绳计算图

作用于 A 点沿井筒方向的分力包括：重串车的重力分力 $n(m_1 + m_{z1})g\sin\beta$，重串车的摩擦阻力 $n(m_1 + m_{z1})g\cos\beta$，钢丝绳的重力分力 $m_p g L_0 \sin\beta$，钢丝绳的摩擦阻力 $f_2 m_p g L_0 \cos\beta$。

与竖井钢丝绳计算一样，按钢丝绳承受的最大静负荷并考虑一定的安全系数，可得

$$n(m_1 + m_{z1})(\sin\beta + f_1\cos\beta)g + m_p L_0(\sin\beta + f_2\cos\beta)g \leqslant \frac{\sigma_B S}{m_a} \qquad (1 – 113)$$

每米钢丝绳质量为 $m_p \geqslant \dfrac{n(m_1 + m_{z1})(\sin\beta + f_1\cos\beta)}{11 \times 10^{-6}\dfrac{\sigma_B}{m_a} - L_0(\sin\beta + f_2\cos\beta)}$ $\qquad (1 – 114)$

式中　L_0——钢丝绳由 A 点至串车尾车在井下停车点之间的斜长，m；

　　　f_2——钢丝绳沿托辊和底板移动的阻力系数。钢丝绳全部支承在托辊上时取 $f_2 = 0.15 \sim 0.20$，局部支承在托辊上时取 $f_2 = 0.25 \sim 0.4$；

　　　σ_B——钢丝绳公称抗拉强度，Pa；

　　　m_a——钢丝绳安全系数，与竖井要求相同。

根据式（1 – 114）计算的数值，查钢丝绳规格表选择标准钢丝绳。斜井提升一般选 6 股 7 丝标准钢丝绳，因为这种钢丝绳的钢丝较粗、耐磨。若有面接触钢丝绳供应时，也应尽量先选用。选择后，按下式验算钢丝绳安全系数：

$$m_a = \frac{Q_p}{n(m_1 + m_{z1})(\sin\beta + f_1\cos\beta)g + m_p L_0(\sin\beta + f_2\cos\beta)g} \geqslant 《煤矿安全规程》规定值$$

$$(1 – 115)$$

式中 Q_P——所选标准钢丝绳的钢丝破断拉力总和，N。

3. 提升机选择计算

提升机选择计算方法同竖井。滚筒直径与滚筒宽度的计算公式同竖井完全相同，只是将竖井的提升设计 H 变成了斜井的提升斜井长 L，故此不赘述，在此仅给出最大静张力及最大静张力差的计算公式。

最大静张力为

$$F_{jmax} = ng(m_1 + m_{zl})(\sin\beta + f_1\cos\beta) + Lm_pg(\sin\beta + f_2\cos\beta) \qquad (1-116)$$

双钩提升时最大静张力差为

$$F_{cmax} = ng(m_1 + m_{zl})(\sin\beta + f_1\cos\beta) + Lm_pg(\sin\beta + f_2\cos\beta) - ngm_{zl}(\sin\beta - f_1\cos\beta)$$

$$(1-117)$$

式中 L——提升斜井长，m；

β——井筒倾角，当 β 与甩车道倾角相差较大时，应按甩车道倾角计算。

根据计算的滚筒直径、宽度及 F_{jmax}、F_{cmax} 查提升机规格表选出合适的提升机。而计算出的最大静张力、最大静张力差均应不大于提升机允许的最大静张力、最大静张力差，同时对滚筒的宽度还应进行验算，其验算方法同竖井。

4. 天轮选择计算

天轮分固定天轮和游动天轮两种。固定天轮工作可靠，维护量小，但由于钢丝绳偏角的要求，提升机至天轮的距离较远。游动天轮的优点是在允许的钢丝绳偏角下，可减小提升机至天轮的距离，从而减小地面广场所占面积。若用于井下，可减少开拓量。一般在井下或小型斜井采用游动天轮。天轮直径的大小应根据钢丝绳在天轮上围包角 α 的大小来确定。

1）固定天轮

《煤矿安全规程》规定：

地面天轮 $\alpha > 90°$ 时　　　　　　　$D_T \geq 80d$ 　　　　　　　　　$(1-118)$

$\alpha < 90°$ 时　　　　　　　　　　　$D_T \geq 60d$ 　　　　　　　　　$(1-119)$

井下天轮 $\alpha > 90°$ 时　　　　　　　$D_T \geq 60d$ 　　　　　　　　　$(1-120)$

$\alpha < 90°$ 时　　　　　　　　　　　$D_T \geq 40d$ 　　　　　　　　　$(1-121)$

2）游动天轮

《煤炭工业设计规范》规定：

$$D_T \geq 40d \qquad (1-122)$$

根据计算的结果，查天轮规格表选择标准天轮。

5. 预选提升电动机

（1）估算电动机功率：

单钩提升　　　　　　　　　　$N = \dfrac{F_{jmax}v''}{1\ 000\ \eta_j}\varphi$ 　　　　　　　　　$(1-123)$

双钩提升　　　　　　　　　　$N = \dfrac{F_{cmax}v''}{1\ 000\ \eta_j}\varphi$ 　　　　　　　　　$(1-124)$

式中 v''——根据选择的提升机，由提升机规格表查得的标准提升速度，m/s；

η_j——减速器传动效率，单级传动时 $\eta_j = 0.92$，双级传动时 $\eta_j = 0.85$；

φ——电动机容量备用系数，$\varphi = 1.1 \sim 1.2$。

（2）估算电动机转速：

$$n = \frac{60\,v''i}{\pi D} \qquad (1-125)$$

式中　i——减速器的传动比。在选择提升机时，根据所选择的标准提升速度，由提升机规格表可查得相应的传动比。

（3）根据 N、n 及矿井电压等级查电动机规格表预选出合适的电动机。

（4）确定提升机的实际最大提升速度：

$$v_{\mathrm{m}} = \frac{\pi D n_{\mathrm{e}}}{60 i} \qquad (1-126)$$

式中　n_{e}——预选出的电动机的额定转速，r/min。

斜井串车升降人员或升降物料时，$v_{\mathrm{m}} \leqslant 5$ m/s，专用人车的运行速度不得超过人车设计的最大允许速度。斜显示器箕斗升降物料时，一般 $v_{\mathrm{m}} \leqslant 7$ m/s，当采用重型钢轨、铺设固定道床时，$v_{\mathrm{m}} \leqslant 9$ m/s。

三、提升机与井口相对位置的计算

1. 井架高度 H_{j}

1）斜井甩车场

$$H_{\mathrm{j}} = L\sin\beta' \qquad (1-127)$$

式中　L——井口至钢丝绳与天轮接触点间的斜长，$L = L_{\mathrm{B}} + L_{\mathrm{t}} + L_{\mathrm{g}} + 0.75R_{\mathrm{t}}$，其水平投影符号上有"'"，如图 1-54 所示。

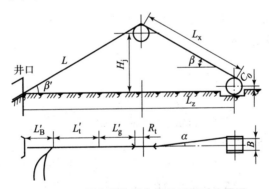

图 1-54　斜井单钩甩车场井口相对位置图

L_{B}——井口至道岔的距离，一般为 10～15 m；

L_{g}——过卷距离，在倾斜井巷的上端必须留有足够的过卷距离（以上部过卷开关算起），过卷距离应根据巷道的倾角、设计载荷、最大提升速度和实际制动力等参数计算确定，并应留有 1.5 倍的备用系数；

L_{t}——道岔到串车停止时钩头位置的距离，$L_{\mathrm{t}} = 1.5L_{\mathrm{t}} n L_{\mathrm{c}}$，$L_{\mathrm{c}}$ 为一辆矿车的长度，m；

R_{t}——天轮半径，m；

β'——根据井口车场设计的栈桥倾角，一般为 8°～12°。

2）斜井双钩平车场

井架高度要求能够保证以下两点：

（1）摘钩后的矿车通过下放串车的钢丝绳的底部时，绳距地面的高度不得小于2.5 m。这点距摘钩点的距离为L_n，一般$L_n = 4$ m（图1-55），按比例关系可得

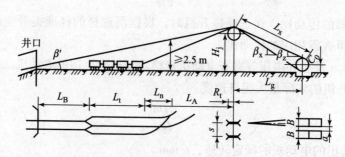

图1-55　斜井双钩平车场井口相对位置图

$$H_j = \frac{2.5(L_B + L_t + L_A)}{L_B + L_t + L_n} - R_t \tag{1-128}$$

式中　L_B——井口至阻车器的距离，一般为7~9 m；

$\quad\quad L_t$——阻车器至摘钩点的距离，一般$L_t = 1.5L_c$，m；

$\quad\quad L_A$——摘钩点到井架中心的水平距离，一般取$L_A = (2.5~4)L_c$，m。

（2）为了防止矿车在井口出轨掉道，井口处的钢丝绳牵引角β'要小于9°，即

$$\beta' = \arctan \frac{H_j + R_t}{L_B + L_t + L_A} < 9° \tag{1-129}$$

2. 钢丝绳弦长L_x

根据《煤矿安全规程》规定，天轮到滚筒上的钢丝绳，最大内、外偏角不得超过1°30′。由于偏角的限制，可计算出最小弦长L_{xmin}。

1）固定天轮

单钩提升时（图1-56（a））

$$L_{xmin} \geq \frac{B}{2\tan \alpha} = \frac{B}{2\tan 1°30'} = 19.1B \tag{1-130}$$

双钩提升时（图1-56（b））

按外偏角

$$L_{xmin} \geq \frac{2B + a - s}{2\tan \alpha_1} = \frac{2B + a - s}{2\tan 1°30'} = 19.1(2B + a - s) \tag{1-131}$$

按内偏角

$$L_{xmin} \geq \frac{s - a}{2\tan \alpha_2} = \frac{s - a}{2\tan 1°30'} = 19.1(s - a) \tag{1-132}$$

2）游动天轮

单钩提升时（图1-56（a））

$$L_{xmin} \geq \frac{B - Y}{2\tan \alpha} = \frac{B - Y}{2\tan 1°30'} = 19.1(B - Y) \tag{1-133}$$

双钩提升时（图1-56（b））

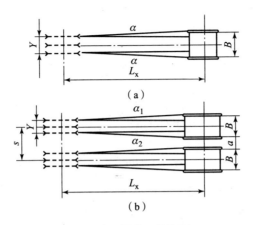

图1-56 斜井天轮位置

按外偏角

$$L_{\text{xmin}} \geq \frac{2B+a-s-Y}{2\tan\alpha_1} = \frac{2B+a-s-Y}{2\tan 1°30'} = 19.1(2B+a-s-Y) \qquad (1-134)$$

按内偏角

$$L'_{\text{xmin}} \geq \frac{s-a-Y}{2\tan\alpha_2} = \frac{s-a-Y}{2\tan 1°30'} = 19.1(s-a-Y) \qquad (1-135)$$

式中 B——滚筒宽度，m；

a——两滚筒内侧间隙，m；

s——两天轮之间距离，即井筒中轨道中心距 $s \geq b_c + 0.2$，m；其中 b_c 为矿车最突出部分宽度，m；

Y——游动天轮的游动距离，查游动天轮规格表可得。

双钩提升，按内、外偏角计算的弦长，以其中大者作为最小弦长。弦长一般不超过60 m。

3. 提升机滚筒中心至天轮中心水平距离 L_s

$$L_s = \sqrt{L_{\text{xmin}}^2 - (H_j - C_0)^2} \qquad (1-136)$$

式中 C_0——提升机滚筒中心至井口水平高度。

将 L_s 取为接近计算值较大的整数，然后再求实际弦长：

$$L_x = \sqrt{L_s^2 - (H_j - C_0)^2} \qquad (1-137)$$

4. 计算钢丝绳实际的外偏角 α_1、内偏角 α_2

1）固定天轮

单钩提升

$$\alpha_1 = \arctan\frac{B}{2L_x} \qquad (1-138)$$

双钩提升

$$\alpha_1 = \arctan\frac{2B+a-s}{2L_x} \qquad (1-139)$$

$$\alpha_2 = \arctan\frac{s-a}{2L_x} \qquad (1-140)$$

2）游动天轮

单钩提升

$$\alpha = \arctan \frac{B - Y}{2L_x} \tag{1 - 141}$$

双钩提升

$$\alpha_1 = \arctan \frac{2B + a - s - Y}{2L_x} \tag{1 - 142}$$

$$\alpha_2 = \arctan \frac{s - a - Y}{2L_x} \tag{1 - 143}$$

求出的内、外偏角均应小于 1°30′。

5. 求钢丝绳的下出绳角

（1）当滚筒直径与天轮直径不相同时，下出绳角为

$$\beta_x = \arctan \frac{H_j - C_0}{L_x} + \arcsin \frac{D + D_t}{2L_x} \tag{1 - 144}$$

（2）当滚筒直径与天轮直径相同时，下出绳角为

$$\beta_x = \arctan \frac{H_j - C_0}{L_x} + \arcsin \frac{D}{2L_x} \tag{1 - 145}$$

为使提升机主轴的受力状态满足设计要求和防止钢丝绳与提升机基础相碰，要求钢丝绳的下出绳角 $\beta_x \geqslant 15°$。

最后根据上述计算，画出提升机与井口相对位置图，见图 1 – 55 或图 1 – 56。

四、斜井提升运动学计算

1. 甩车场单钩串车提升

甩车场单钩串车提升工作是由提升重串车和下放空串车组成的。开始时重串车在井底车场甩车道中。由于甩车道坡度是变化的，并且串车又在弯道中运行，为防止掉道，要求初始加速度 $a_0 \leqslant 0.3 \text{ m/s}^2$，弯道中运行速度 $v_0 \leqslant 0.3 \text{ m/s}$；当全部重串车提过井底甩车场进入井筒后，以主加速度 a_1 加速至最大提升速度 v_m，并以 v_m 等速运行；接近井口时，开始以减速度 a_3 减速；全部重车甩车道。摘钩后挂上空串车，把空串车从井口空车甩车道低速提过道岔 A，并在栈桥上停车。扳过道岔 A，空串车沿井筒下行，至井底车场空车甩车道，进行摘钩再挂上重串车，便完成了提升的整个循环。

斜井甩车场及其速度图如图 1 – 57 所示。速度图各参数确定如下：

1）最大提升速度 v_m

《煤矿安全规程》规定：倾斜井巷内升降人员或用矿车升降物料时，提升容器的最大速度 $v_m \leqslant 5 \text{ m/s}$。专用人车的运行速度不得超过设计最大允许速度。

根据引项规定，结合设计条件，先选出提升机及提升电动机以确定 v_m。

2）确定其他参数

（1）初始加速度 $a_0 \leqslant 0.3 \text{ m/s}^2$。

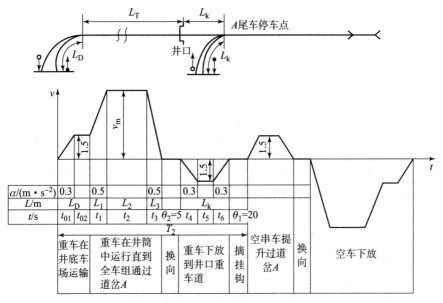

图 1-57 斜井甩车场及其速度图

（2）车场内速度 $v_0 \leqslant 1.5$ m/s。

（3）主加、减速度：升降人员时 $a_1 \leqslant 0.5$ m/s^2，$a_3 \leqslant 0.5$ m/s^2；升降物料时，《煤矿安全规程》对升降物料的主加速度 a_1 和主减速度 a_3 没有限制，一般可用 0.5 m/s^2，也可稍大些，但要考虑自然加、减速度问题。

（4）摘挂钩时间：$\theta_1 = 20$ s。

（5）电动机换向时间：$\theta_2 = 5$ s。

3）一次提升循环时间 T

（1）速度图各段运行时间与行程计算。

重车在井底车场运动阶段

$$t_{01} = \frac{v_0}{a_0}, \quad L_1 = \frac{v_0^2}{2a_0}, \quad L_2 = L_D - L_1$$

$$t_{02} = \frac{L_2}{v_0}, \quad t_D = t_{01} + t_{02} = \frac{v_0}{a_0} + \frac{L_{02}}{v_0}$$

式中　L_D——井底车场长度，即从井底到井底尾车点的距离，根据一次所拉车数确定，一般可取 $L_D = 25 \sim 35$ m。

串车提出车场后的加速阶段

$$t_1 = \frac{v_m - v_0}{a_1}, \quad L_1 = \frac{v_0 + v_m}{2} t_1$$

减速运行阶段

$$t_3 = \frac{v_m}{a_3}, \quad L_3 = \frac{V_m^2}{2 a_3}$$

等速运行阶段

$$L_2 = L - (L_D + L_3 + L_1)$$

$$t_2 = \frac{L_2}{v_m} = \frac{L - (L_D + L_3 + L_1)}{v_m}$$

式中　L——提升斜长，$L = L_D + L_T + L_k$；

　　　L_T——井筒斜长，m。

井口甩车运行阶段

$$t_k = \frac{2 v_0}{a_0} + \frac{L_k - \dfrac{v_0^2}{a_0}}{v_0} = \frac{v_0}{a_0} + \frac{L_k}{v_0}$$

式中　L_k——井口车场长度，即自井口至尾车停车点的距离，一般可取 25～35 m。

通过以上计算可做出速度图，见图 1－57。

（2）一次提升循环时间

$$T = 2(t_D + t_1 + t_2 + t_3 + \theta_2 + t_k + \theta_1) \tag{1-146}$$

2. 平车场双钩串车提升

斜井平车场及其速度图如图 1－58 所示。开始时，在井口平车场空车线上的空串车，由井口推车器以 a_0 加速至 $v_0 = 1.0$ m/s 的低速向下推进，同时，井底重串车上提。全部重串车进入井筒后，绞车以 a_1 加速到最大提升速度 v_m，并等速运行；重串车行至井口，空串车到井底时，提升机以 a_3 进行减速，使之由 v_m 减至 v_0，等空串车进入井底车场时，减速、停车。

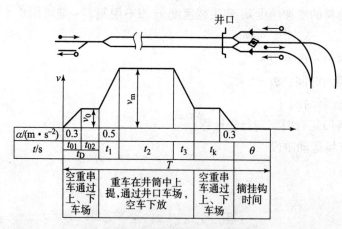

图 1－58　斜井平车场及其速度图

这时，在井口平车场内的重串车借惯性继续前进。当行至摘挂钩位置时，摘钩并挂空车；此时，井下也摘挂钩完毕，打开井口空车线上的阻车器，进行下一个循环。

平车场双钩串车提升速度图各参数的确定原则如下：

（1）最大速度 v_m 的确定原则与甩车场单钩串车提升相同。

（2）车场中速度 $v_0 = 1.0$ m/s。

（3）摘挂钩时间为 $\theta = 25$ s。

（4）其他参数选取与甩车场单钩串车提升速度图相同。

由图 1－58 可知，一次提升循环时间为

$$T = t_D + t_1 + t_2 + t_3 + t_k + \theta \tag{1-147}$$

当 $t_D = t_k$，$t_1 = t_3$ 时

$$T = 2(t_D + t_1) + t_2 + \theta \qquad (1-148)$$

3. 斜井串车提升能力的验算及自然加、减速度

求出一次提升循环时间后，可按下式核算提升设备的提升能力。

年实际提升能力 $\qquad A_n' = \dfrac{3600 b_r t n m_1}{cT} \qquad (1-149)$

提升能力富裕系数 $\qquad a_f = \dfrac{A_n'}{A_n} \qquad (1-150)$

式中 nm_1——串车组一次提升量，t；

其余符号同竖井。

选取加、减速度后，若斜井倾角小于6°，还需要根据自然加、减速度来校验；倾角在6°以上时，自然加速度已达 0.7 m/s² 以上，故不需要校验。

若选用的加速度 a_1 大于容器自然加速度 a_{1z} 时，则此提升机松绳速度大于容器运行速度，使下放钢丝绳松弛。加速完毕，等速运转时，容器仍在做加速运动，直至把钢丝绳拉紧，此时钢丝绳将受到一个很大的冲击载荷，有被拉断的危险，为了防止这种事故，要求 $a_1 < a_{1z}$。

自然加速度为

$$a_{1z} = \frac{F_x}{m_x} = \frac{n m_{z1}}{n m_1 + m_t'}(\sin \beta - f_1 \cos \beta)g \qquad (1-151)$$

式中 F_x——下放钢丝绳作用在滚筒圆周上的力，N；

$$F_x = n m_{z1}(\sin \beta - f_1 \cos \beta)g$$

n——矿车数；

m_{z1}——单个矿车自身质量，kg；

m_x——下放钢丝绳端的变位质量，kg；

f_1——串车组运行阻力系数；

m_t'——天轮变位质量，kg，查天轮规格表可得。

若上提重车时选用的减速度 a_3 大于由重力、摩擦阻力产生的自然减速度 a_{3z}，钢丝绳运行速度即小于容器上升速度，导致松绳，严重时能使容器越过钢丝绳发生压绳与掉道事故，提升机停止时，容器还会上冲一段距离，然后下滑把绳猛然拉紧，使钢丝绳受到很大的冲击。为避免造成此种事故，要求 $a_3 < a_{3z}$。

重串车的自然减速度为

$$a_{3z} = \frac{F_s}{m_s} = \frac{n(m_1 + m_{z1})}{n(m_1 + m_{z1}) + m_t'}(\sin \beta + f_1 \cos \beta)g \qquad (1-152)$$

式中 m_1——每辆矿车载货量，kg；

F_s——上升钢丝绳张力，N

$$F_s = n(m_1 + m_{z1})(\sin \beta + f_1 \cos \beta)g$$

m_s——上升钢丝绳端变位质量，kg

$$m_s = n(m_1 + m_{z1}) + m_t'$$

五、斜井提升动力学计算

斜井提升与竖井提升的动力学计算基本相同，其区别点在于斜井提升是在倾斜轨道上运行的，所以钢丝绳与容器在轨道上的运行阻力比竖井大。此外，要注意井上、井下车场倾角与井筒不同，且坡度又是变化的这一特点，为简单起见，一般甩车道的角度 β_i 按以行程为函数的直线规律变化。

（一）双钩串车提升

当重车上提运行 x m 时，上提重车组钢丝绳的静张力为

$$F_{sj} = ng(m_1 + m_{z1})(\sin\beta_i + f_1\cos\beta_i) + m_p g(L - x)(\sin\beta_i + f_2\cos\beta_i) \qquad (1-153)$$

式中　L——斜井提升斜长，m；

　　　　x——由提升开始点起车组的行程。

下放侧空车组钢丝绳的静张力为

$$F_{xj} = nm_{z1}g(\sin\beta_i - f_1\cos\beta_i) + m_p gx(L - x)(\sin\beta_i - f_2\cos\beta_i) \qquad (1-154)$$

双钩提升时两根钢丝绳作用在滚筒上的静拉力差即静阻力为

$$\begin{aligned}
F_j &= F_{sj} - F_{xj} \\
&= ng(m_1 + m_{z1})(\sin\beta_i + f_1\cos\beta_i) + m_p g(L - x)(\sin\beta_i + f_2\cos\beta_i) - \\
&\quad nm_{z1}g(\sin\beta_i - f_1\cos\beta_i) + m_p gx(L - x)(\sin\beta_i - f_2\cos\beta_i)
\end{aligned} \qquad (1-155)$$

考虑到提升设备的运行阻力，并计入惯性力，即得斜井提升基本动力方程式

$$\begin{aligned}
F &= ng(km_1 + m_{z1})(\sin\beta_i + f_1\cos\beta_i) + m_p g(L - x)(\sin\beta_i + f_2\cos\beta_i) - \\
&\quad nm_{z1}g(\sin\beta_i - f_1\cos\beta_i) + m_p gx(L - x)(\sin\beta_i - f_2\cos\beta_i) + \sum ma
\end{aligned} \qquad (1-156)$$

式中　k——斜井提升矿井阻力系数，斜井箕斗或串车提升一般均取 $k = 1.1$；

　　　　β_i——容器及钢丝绳运行至某处的倾角；

　　　　$\sum m$——提升系统的总变位质量，kg

$$\sum m = nm_1 + 2nm_{z1} + 2m_p L_p + 2m'_t + m_j + m_d \qquad (1-157)$$

　　　　L_p——一根钢丝绳的总长度，m

$$L_p = L_0 + L_x + 3\pi D + 30 + (2\sim4)\pi D$$

　　　　L_0——钢丝绳最大悬垂斜长，见图 1-53；

　　　　L_x——弦长，m；

　　　　30——试验绳长度，m；

　　　　$3\pi D$——3 圈摩擦圈长度，m；

　　　　m'_t——天轮变位质量，kg；

　　　　m_d——电动机转子变位质量，$m_d = \dfrac{(\mathrm{GD}^2)_d i^2}{gD^2}$，kg。

（二）单钩串车提升

单钩串车甩车场需分别计算重车组上提的前半循环与空车组下放的后半循环，重车组上提和空车组下放的变位质量也不一样。

上提重车组前半循环的基本动力方程式为

$$F = ng(m_1 + m_{z1})(\sin\beta_i + f_1\cos\beta_i) + m_p g(L-x)(\sin\beta_i + f_2\cos\beta_i) + \sum m_s a$$

$$(1-158)$$

下放空车组后半循环的基本动力方程式为

$$F = -[nm_{z1}g(\sin\beta_i - f_1\cos\beta_i) + m_p gx(\sin\beta_i - f_2\cos\beta_i)] + \sum m_x a \qquad (1-159)$$

式中　$\sum m_s$，$\sum m_x$——重车组上提、空车组下放时系统的总变位质量，kg

$$\sum m_s = n(m_1 + m_{z1}) + m_p L_p + m_t' + m_j + m_d$$

$$\sum m_x = nm_{z1} + m_p L_p + m_t' + m_j + m_d$$

L_p、m_t'、m_j、m_d 等各项意义及计算同竖井。

利用上述公式计算时，应注意以下两点：

（1）角度 β_i 在甩车道、井筒和上部栈桥等处不相同。

（2）在减速阶段，应以 a_3 代入。

根据上述斜井串车提升的基本动力方程式，按照与竖井提升设备动力学计算相同的计算方法，将运动学计算中所得的各提升及下放阶段的行程及相应的加、减速度值代入动力学基本方程式，可计算出提升过程中各阶段的力值，并画出力图，然后按同竖井相同的计算公式计算有关电动机的各项参数及其他各项计算内容。

第十二节　多绳摩擦提升

前面介绍的提升设备中，提升钢丝绳都是缠绕在滚筒表面的，故称为缠绕式提升。这种设备的提升高度受到滚筒容绳量的限制，提升能力受到单根钢丝绳强度限制。随着矿井开采深度的增加和一次提升量的增大，如仍采用单绳缠绕式提升，就必须制造和采用更大的滚筒和直径更粗的钢丝绳，从而使设备的尺寸加大，投资增加，并带来制造、使用和维护等一系列的问题，因此出现了单绳及多绳摩擦式提升。单绳是只有一根钢丝绳搭过摩擦轮，它只解决了滚筒宽度过大的问题，其他矛盾没有解决。目前，广泛应用的是多绳摩擦式提升，如图1-59所示，它是数根（一般是4~6根）钢丝绳搭在摩擦轮上进行提升的。

摩擦式提升的工作原理与单绳缠绕式有显著的区别，其钢丝绳不是缠绕在滚筒上，而是搭放在主导轮上，两端各悬挂一个提升容器（也有一端悬挂平衡锤的）。当电动机带动主导轮转动时，借助于安装在主导轮上的衬垫与钢丝绳之间的摩擦力传动钢丝绳，完成提升和下放重物的任务。

多绳摩擦式提升与单绳缠绕式提升比较，其主要优点有以下几个方面：

（1）提升高度不受滚筒容绳量的限制，适用于深井提升。

（2）载荷是由数根钢丝绳承担的，故钢丝绳直径较相同载荷下单绳提升的小。

（3）摩擦轮直径显著减小。

（4）由于摩擦轮直径小，回转力矩减小，在提升载荷相同的情况下，多绳摩擦式提升机的质量比单绳缠绕式小 1/5 ~ 1/4，提升电动机的容量和耗电量相应降低，设备的效率提高。

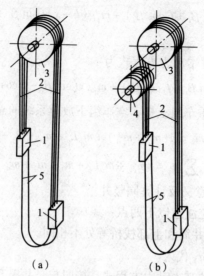

图 1 – 59　多绳摩擦提升原理示意图

(a) 无导向轮的系统；(b) 有导向轮的系统

1—提升容器或平衡锤；2—提升钢丝绳；3—摩擦轮；4—导向轮；5—尾绳

（5）摩擦轮直径减小，在相同提升速度下，可以使用转速较高的电动机和较小的减速器。

（6）由于钢丝绳是搭放在摩擦轮上的，因此减少了钢丝绳的弯曲次数，改善了钢丝绳的工作条件。

（7）采用偶数根钢丝绳，钢丝绳的捻向是左、右捻各半，消除了提升容器在提升过程中的转动，减少了容器的罐耳对罐道的摩擦阻力。

（8）数根钢丝绳同时承受载荷，提升工作的安全性大为提高。世界各国的运行经验表明，数根钢丝绳同时被拉断的可能性极小，因此可以不再使用防坠器，从而减小了提升容器的质量。

多绳摩擦提升的缺点有以下几个方面：

（1）数根钢丝绳的悬挂、更换、调整、维护检修工作复杂，而且当有一根钢丝绳损坏而需要更换时，为保持各钢丝绳具有相同的工作条件，往往需要更换所有的钢丝绳。

（2）因不能调节绳长，故双钩提升工作不适用于多钢丝绳提升，也不适用于凿井提升。

（3）当井深超过 1 700 m 时，钢丝绳与容器在连接处的应力波动较大，钢丝绳的故障较多，故多绳摩擦提升不适宜用于超深井提升。

由于多绳摩擦提升具有上述一系列优点，因此，目前在世界各国都得到广泛的应用，其适用范围不但用于深井、立井提升，而且许多国家的浅井也已优先采用。多绳摩擦提升现已成为现代矿井提升的发展方向之一。

一、多绳摩擦提升设备的结构特点

多绳摩擦提升设备的工作原理与缠绕式不同。因为是多绳，就产生了数根钢丝绳的张力平衡问题，又因为其传动原理为"摩擦传动"，也产生了如何防滑的问题，以上两个问题构成了多绳摩擦提升的特殊问题，因而其机械结构也有特殊性。多绳摩擦提升机由主轴装置、制动装置、减速器、深度指示器、车槽装置及其他辅助设备组成，其制动装置、操控台等与单滚筒提升机相同，这里仅介绍其他部件的主要结构特点。

1. 主轴装置

图 1-60 所示为多绳摩擦提升机的主轴装置，它由主导轮、主轴、两个滚动轴承和锁紧器等组成。

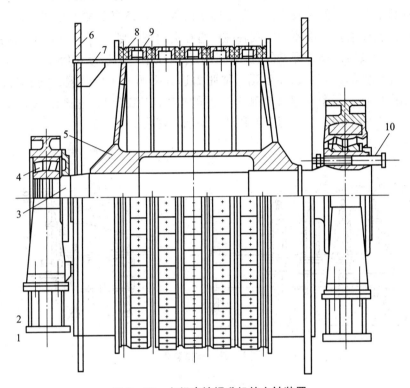

图 1-60 多绳摩擦提升机的主轴装置

1—垫板；2—轴承座；3—主轴；4—滚动轴承；5—轮毂；6—制动盘；

7—摩擦轮；8—摩擦衬垫；9—固定块；10—锁紧器

主导轮采用普通低合金 16Mn 钢板焊接结构，钢板厚度为 20~30 mm。大型提升机的主导轮带有支环以增加其刚度，小型提升机不带支环可使结构简单。

主导轮轮毂热装在主轴上，主轴支撑在滚动轴承上，滚动轴承的优点是较滑动轴承效率高，宽度小，维护简单，使用寿命长。

摩擦衬垫用铸铝或塑料制成的固定块压紧在主导轮壳表面上，不允许在任何方向有活动。为安放提升钢丝绳，衬垫上车有绳槽，衬垫之间的间距与钢丝绳和提升容器间连接装置的结构尺寸有关，一般取钢丝绳直径的 10 倍左右。

主轴与减速器输出轴采用刚性联轴器连接。

制动盘焊在主导轮的边上，根据使用盘形制动器副数的多少，可以焊有一或两个。

为更换提升钢丝绳、摩擦衬垫和修理制动器的方便与安全，在一侧轴承梁上或地基上装有一个固定主导轮用的锁紧器。

2. 主导轮的摩擦衬垫及车槽装置

主导轮的筒壳上有摩擦衬垫，摩擦衬垫用固定衬块固定在筒壳上，在摩擦衬垫上刻有绳槽，钢丝绳搭在绳槽中。

摩擦衬垫是摩擦提升机中的重要部件，它承担着提升钢丝绳、容器、货载、平衡尾绳的重力及运行中产生的动载荷与冲击载荷，所以必须具有足够的抗压强度和较高的耐磨性。此外，为防止提升过程中发生滑动，它与钢丝绳之间还必须具有足够的摩擦因数。

多年来世界各国都在注意积极地研究摩擦衬垫的材料性能。目前，我国矿山经常用的摩擦衬垫为摩擦因数为 0.2 的橡胶带、皮革，摩擦因数为 0.25 的聚氨基甲酸酯，等等。

如果各摩擦衬垫磨损程度不同，则各绳槽直径会出现差别，从而产生钢丝绳张力不平衡的现象，因此，应及时调整各绳槽的直径，要求各槽径相差不超过 0.05 mm。

车槽装置是调整绳槽直径，使各钢丝绳张力达到平衡的主要装置，它安装在主导轮下方，如图 1-61 所示。每个摩擦衬垫都有一个单独的车刀装置 1，它固定在支撑架 2 上，若用手转动车刀装置的手柄，车刀便上下移动，切削绳槽或退刀。

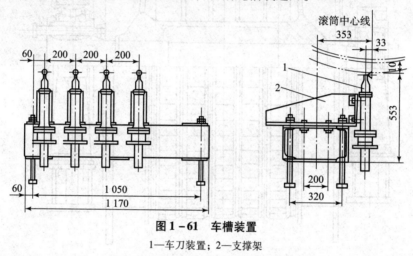

图 1-61　车槽装置
1—车刀装置；2—支撑架

3. 多绳摩擦提升深度指示器的调零机构

多绳摩擦提升深度指示器上增加了一个自动调零机构。所谓调零，就是每次运行后消除由于钢丝绳的滑动、蠕动和伸长等原因引起的容器实际停车位置与深度指示器指针预定零位之间的误差。目前我国设计的调零机构有两种：一种用于立式深度指示器，另一种用于水平选择器的调零机构。下面主要介绍立式深度指示器的调零机构。

如图 1-62 所示，如钢丝绳未发生滑动、伸长及蠕动，调零电动机 31 并不转动，所以与它连接的蜗杆 30 与蜗轮 29 也不转动，这时提升机主轴 1 和齿轮 2、3、5、6 使差动轮系的圆锥齿轮 7、8、9 转动，再通过轴 11 和齿轮 12、13 带动圆锥齿轮 15，16 转动。当丝杠 17 转动时，深度指示器的指针 18 便向下移动，指示容器在井筒中的位置。指针 18 称为粗针。为了更精确地反映容器在停车前的位置，再经过几级齿轮传动，带动精针 27。在井筒中距离提升容器 10 m 处，安装一个控制电磁离合器 25 的磁感继电器。容器在井筒中通过磁感继电器时，电磁离合器合上，使齿轮 24 和轴 26 连接，于是当容器提升到距离卸载水平 10 m 时，精针 27 开始转动，精针刻度盘 28 上的刻度，每格表示 1 m 的提升高度，这样就精确地反映了容器在停车前的位置。

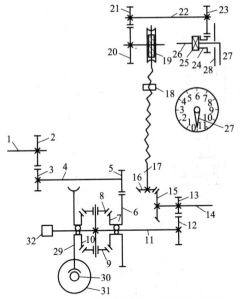

图 1-62 立式深度指示器及其调零机构

1,4,11,14,22,26—轴；2,3,5,6,12,13,20,21,23,24—齿轮；7,8,9,10,15,16—圆锥齿轮；
17—丝杠；18—指针；19,30—蜗杆；25—电磁离合器；27—精针；28—刻度盘；
29—蜗轮；31—调零电动机；32—自整角机

多绳摩擦提升深度指示器采用丝杠螺母牌坊式的粗针指示与圆盘式的精针指示相结合的方式，既保留了牌坊式指针上、下移动的直观性，又提高了提升过程后阶段的指示精度，为准确停车创造了条件。

4. 多绳摩擦提升防过卷装置

多绳摩擦提升的防过卷装置，包括安装在深度指示器上和安装在井塔上的过卷开关，以及设置在井塔和井底的两套楔形罐道装置。

当提升容器过卷时，安装在深度指示器上的过卷开关首先动作，使提升机立即进行安全制动，防止发生严重的过卷事故。但是，由于控制失灵或误操作，提升速度没有及时减慢下来，再加上钢丝绳的蠕动、滑动与伸长等原因，深度指示器的过卷开关往往在容器过卷 2～4 m 后才动作，因此要保证容器过卷 0.5 m 即进行安全制动，必须依靠安装在井塔上的过卷开关。但是，事实证明，只有容器通过井塔过卷开关的速度低于 2 m/s 时，过卷开关动作才能保证在过卷 2 m 距离内使提升容器停住。如果速度过快，其制动距离必然增大。

图 1-63 所示为楔形罐道及罐耳。安装时，井塔上的一对楔形罐道应小头朝下，而井底的一对楔形罐道则小头朝上。我国目前使用较多的还是木质楔形罐道，其材质大多采用坚硬且不易变形的红松或者水曲柳。

必须说明，楔形罐道对减轻过卷事故有一定帮助。但是，目前国内外使用的楔形罐道也暴露出一些问题。如楔形罐道在过卷后的整个制动行程中，给出的制动力不是定值，难以计算。其制动力的产生，先是靠提升容器上的罐耳对楔形罐道的挤压摩擦，而后罐耳对楔形罐道产生劈裂。木楔形罐道被劈裂后，其制动力大大减小；较严重的过卷事故发生后，罐道被劈裂而遭受破坏，必须更换，费时费力，影响生产。因此，我国已开始对木制制动罐道和钢制摩擦制动罐道进行研究。

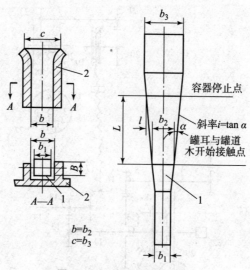

图 1 - 63　楔形罐道及罐耳

1—楔形罐道；2—罐耳

5. 多绳摩擦提升钢丝绳张力平衡装置

多绳摩擦提升的几根钢丝绳，在悬挂和提升过程中必然会出现长度偏差；钢丝绳的材质和加工精度不同，会导致弹性模数和断面积不同；在主导轮表面加工绳槽时，各绳槽直径都有加工误差；而在提升过程中各绳槽的磨损程度也不相同；这些都是构成各钢丝绳间张力不平衡的因素，长此以往会加剧钢丝绳的损毁。如何使各钢丝绳均匀受力，是增加钢丝绳和摩擦衬垫使用寿命、提高生产率的一个重要问题。

为使各提升钢丝绳的张力接近平衡，提升容器的连接处装设有张力平衡装置。平衡装置大致可分为四种：① 平衡杆式平衡装置；② 角杆式平衡装置；③ 弹簧式平衡装置；④ 液压式平衡装置，如图 1 - 64 所示。

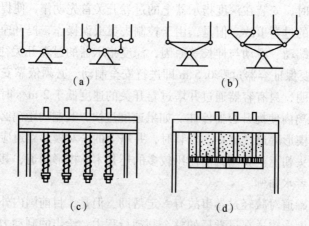

（a）　　　　　　　　　　　　　（b）

（c）　　　　　　　　　　　　　（d）

图 1 - 64　钢丝绳张力平衡装置示意图

（a）平衡杆式；（b）角杆式；（c）弹簧式；（d）液压式

液压式平衡装置使用效果较好。辽宁煤矿设计院设计和制成的螺旋液压式调绳平衡连接装置如图 1 - 64 所示。它可以定期调节钢丝绳的长度，以调整各绳的张力差。也可将它的液压缸互相联通，在提升过程中使各绳的拉力自动平衡，它具有调整迅速、劳动量小、准确度高和自动平衡等优点。

螺旋液压调绳器的构造如图1-65所示。活塞杆1的上端与楔形绳环连接，下端为梯形螺杆。它穿过液压缸2和底盘3后用圆螺母6顶住。载荷经底盘、圆螺母、活塞杆直接传到提升钢丝绳上。液压缸盖4上有输入高压油的小孔，各液压缸之间用高压软管连通。调节钢丝绳张力时，压力油经软管同时充入各液压缸的上方。油压上升向下推动活塞5，下端的圆螺母6便离开油缸的底盘3。此时，活塞和高压油代替圆螺母承受钢丝绳所加的载荷。当全部钢丝绳的油缸底盘下面的圆螺母都离开时，各钢丝绳承受载荷的张力完全相等。然后可轻易地旋紧不承受载荷的圆螺母6，使之贴靠于油缸的底盘下面。然后，释放油压，调整工作完成。若将所有油缸内的活塞用压力油顶到中间位置，并将圆螺母退到螺栓末端，在油路系统充满油后，将油路阀门关闭，即能实现提升过程的各钢丝绳张力的自动平衡。

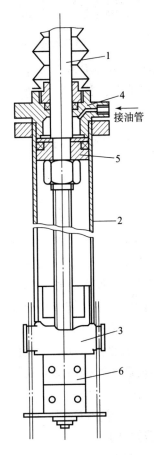

图1-65 螺旋液压调绳器的构造
1—活塞杆；2—液压缸；3—底盘；
4—液压缸盖；5—活塞；6—圆螺母

6. 导向轮

对于塔式多绳摩擦提升系统，当两个提升容器或提升容器与平衡锤之间的距离小于主导轮直径时，必须采用导向轮，导向轮的结构如图1-66所示。

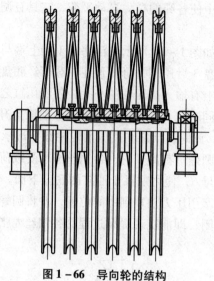

图 1 - 66　导向轮的结构

导向轮由轮毂、轮辐和轮缘组成。轮缘绳槽内装有衬垫。导向轮的个数与提升钢丝绳的根数相等，其中一个导向轮固定在轴上，其余采用动配合套在轴上，可以相对于轴自由转动。

二、多绳摩擦提升的传动原理及防滑分析

1. 多绳摩擦提升的传动原理

多绳摩擦提升的传动原理如图 1 - 59 所示。钢丝绳搭放在摩擦轮的摩擦衬垫上，提升容器悬挂在钢丝绳的两端，容器底部挂有尾绳。在提升工作中，被拉紧的钢丝绳以一定的正压力压紧在衬垫上面。当摩擦轮经减速器被电动机带动向某一方向转动时，在钢丝绳与摩擦衬垫之间便产生很大的摩擦力。在这一摩擦力的作用下，钢丝绳便随着摩擦轮一起运动，从而实现了容器的提升与下放工作。多绳摩擦提升机是利用摩擦力来传动钢丝绳运动的，其传动形式属于挠性体摩擦传动。根据挠性体摩擦传动的欧拉公式，参照图 1 - 67 可写出以下公式：

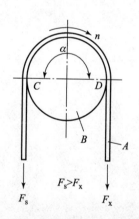

图 1 - 67　多绳摩擦提升传动原理

$$F_s = F_x e^{\mu\alpha}$$

$(1 - 160)$

式中　F_s——上升侧（重载侧）钢丝绳的张力；

　　　F_x——下放侧（轻载侧）钢丝绳的张力；

　　　e——自然对数；

　　　μ——钢丝绳与摩擦衬垫间的摩擦因数，一般取 0.2，有条件时，宜采用摩擦因数 0.25 的衬垫；

　　　α——钢丝绳在摩擦衬垫上的围包角，rad。

2. 防滑安全系数

多绳摩擦提升计算的特点集中表现在防滑问题上。由式（1 - 160）可以看出，当重载

侧张力 F_s 等于轻载侧张力 F_x 的 $e^{\mu\alpha}$ 倍时，钢丝绳在摩擦衬垫上处于刚要滑动的临界状态。此时，摩擦轮两侧钢丝绳的张力差为

$$F_s - F_x = F_x(e^{\mu\alpha} - 1) \qquad (1-161)$$

式中 $(F_s - F_x)$ 一项为两侧钢丝绳的张力差，因此产生的滑动是滑动力。$[F_x(e^{\mu\alpha} - 1)]$ 一项为钢丝绳与摩擦衬垫之间的摩擦力，它阻止发生相对滑动，是防滑力。式（1-161）表示钢丝绳与摩擦衬垫处在将滑动的临界状态。要实现摩擦提升，必须使摩擦力大于两钢丝绳的张力差，即

$$F_s - F_x < F_x(e^{\mu\alpha} - 1)$$

或者写成

$$\sigma = \frac{F_x(e^{\mu\alpha} - 1)}{F_s - F_x} \qquad (1-162)$$

由式（1-162）可知，σ 是大于1的系数，它越大，说明摩擦力越大，钢丝绳越不会产生滑动，因此称作防滑安全系数。

在计算防滑安全系数时，如果 F_s、F_x 只考虑静张力，则得静防滑安全系数，即

$$\sigma_j = \frac{F_{xj}(e^{\mu\alpha} - 1)}{F_{sj} - F_{xj}} \qquad (1-163)$$

式中 σ_j——静防滑安全系数；

F_{sj}——上升侧钢丝绳的静张力；

F_{xj}——下放侧钢丝绳的静张力。

对于等重尾绳提升系统，F_s 和 F_x 除计入静张力外，还计入启动加速和制动减速过程的惯性力：

$$F_s = F_{sj} \pm m_s a$$
$$F_x = F_{xj} \mp m_x a$$
$$F_s - F_x = (F_{sj} - F_{xj}) \pm (m_s + m_x)a$$

则动防滑安全系数

$$\sigma_d = \frac{(F_{xj} \mp m_x a)(e^{\mu\alpha} - 1)}{(F_{sj} - F_{xj}) \pm (m_s + m_x)a} > 1 \qquad (1-164)$$

式中 a——提升加速度；

m_s——上升侧总变位质量；

m_x——下放侧总变位质量；

惯性力中的 $\pm(\mp)$ 符号：上面的符号用于加速阶段，下面的符号用于减速阶段。

为了保证提升中不发生打滑，必须验算防滑安全系数，我国《煤炭工业设计规范》曾规定：静防滑安全系数 $\sigma_j \geqslant 1.75$，动防滑安全系数 $\sigma_j \geqslant 1.25$。

关于钢丝绳的滑动方向，可能与摩擦轮接触点线速度方向相反，也可能与摩擦轮线速度方向相同。

三、多绳摩擦提升计算的一般原则

（一）单容器提升与双容器提升的确定原则

当矿井是多钢丝绳生产时，应采用单容器带平衡锤提升方式，这是因为双容器提升不宜用于多钢丝绳提升，采用单容器平衡锤的提升方式还可以改善防滑条件和缩小井筒直径。

当矿井为单钢丝绳生产时，为了充分利用提升设备能力，一般采用双容器提升方式，对于罐笼提升，为了保证停车准确，也可以采用单容器提升。

（二）钢丝绳的选择计算原则

1. 主提升钢丝绳

多绳摩擦提升的主提升钢丝绳最好选择采用镀锌三角股钢丝绳。三角股钢丝绳表面圆整、光滑耐磨，耐疲劳性能好，寿命长，有利于提高摩擦衬垫使用寿命和改善防滑条件。主提升钢丝绳用数一般为偶数，根据我国煤矿使用经验，最好采用 4 根或者 6 根，并优先选用 4 根，只有在特殊情况下才考虑 8 根。为减少提升容器在提升过程中的横向扭转，所用的主绳应半数左捻，半数右捻，并且交错排列悬挂。

主提升钢丝绳的选择计算方法与单绳缠绕式的基本相同，但是，由于多绳提升用 n 根钢丝绳而不是一根绳悬挂提升容器，一根的每米质量只等于单绳提升时钢丝绳质量的 $\dfrac{1}{n}$。

多绳提升的主提升钢丝绳需要的每米质量为

$$m_p' = \frac{m + m_z}{n\left(11 \times 10^{-6}\dfrac{\sigma_B}{m_a} - H_c\right)} \qquad (1-165)$$

式中　m_z——提升容器自身质量，kg。对于箕斗提升，则为箕斗自身重量；对于罐笼提升，则为罐笼自身质量与罐笼装载的矿车自身质量之和。

　　m——一次提升货载质量。

　　n——主提升钢丝绳的根数。

　　σ_B——主提升钢丝绳的公称抗拉强度，Pa/m²。

　　H_c——钢丝绳的悬垂长度，m

$$H_c = H + H_h + H_j' \qquad (1-166)$$

　　H——提升高度，m。

　　H_j'——卸载点距多绳摩擦轮中心的高度，m

$$H_j' = H_j - H_x$$

　　H_j——井塔高度，即多绳提升机摩擦轮中心距地面的高度（图 1-68），m，由下式计算：

$$H_j = H_x + H_e + H_g + H_f + h_1 + H_{zx} \qquad (1-167)$$

　　H_x——卸载高度，m；

　　H_e——箕斗箱高度，可按下式计算：

$$H_e = H_r - h_r \qquad (1-168)$$

　　H_r——箕斗全高，m；

　　H_g——过卷高度，按《煤矿安全规程》规定选取；

　　H_f——防撞梁底至导向轮层面的高度；

　　h_1——导向轮中心高出导向轮层面的高度；

箕斗提升井塔的高度也可以按下式计算（图 1-68）：

$$H_j = H_x + H_h + H_g + 0.75R + h_2 + H_{zx} \qquad (1-169)$$

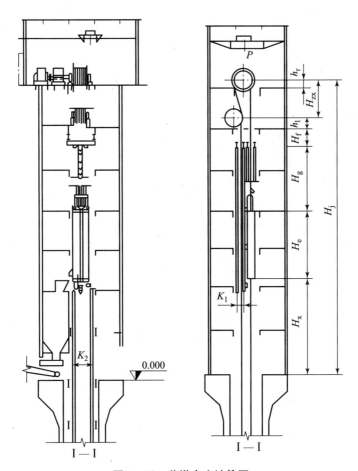

图 1-68 井塔高度计算图

h_2——箕斗在卸载位置时，高出煤仓的高度，可取 $0.3 \sim 0.4$ m；

R——摩擦轮的半径，m；

H_h——尾绳环的高度，m

$$H_h = H_g + 1.55s \qquad (1-170)$$

s——两容器中心距，m；

H_{zx}——摩擦轮与导向轮中心高度差，一般设计中可按以下选取：$D = 1.85$ m，2.2 m，2.25 m 时，$H_{zx} = 4.5$ m；$D = 2.8$ m 时，$H_{zx} = 5$ m；$D = 3.25$ m 时，$H_{zx} = 6$ m；$D = 4.0$ m 时，$H_{zx} = 6.5$ m。

m_a——钢丝绳安全系数，对于多绳摩擦用提升的新钢丝绳，《煤矿安全规程》规定：

当专为升降物料时：$m_a \geqslant 7.2 - 0.000\,5H_c$。

当专为升降人员时：$m_a \geqslant 9.2 - 0.000\,5H_c$。

当升降人员和物料时：升降物料时 $m_a \geqslant 8.2 - 0.000\,5H_c$；升降人员时 $m_a \geqslant 9.2 - 0.000\,5H_c$；混合提升时 $m_a \geqslant 9.2 - 0.000\,5H_c$。

根据计算出的 m_p' 选择标准钢丝绳，要再验算其安全系数。

2. 尾绳

平衡尾绳是为了平衡提升钢丝绳的重力设置的。由于它只负担自重而无其他载荷，因此对材料的抗拉强度无特殊要求，但为了安全而要求它具有不旋转、不扭结等特点，以前常采用扁钢丝绳。但扁钢丝绳制作效率低，价格贵，目前我国大多数煤矿改用不旋转的圆股钢丝绳做平衡绳。

我国广泛采用的等重尾绳单位长度的质量为

$$m_q = \frac{n}{n'} r m_p \qquad (1-171)$$

式中　n，n'——主、尾绳的根数，尾绳根数一般为两根。

（三）提升机选择的计算原则

1. 摩擦轮直径计算

落地式及有导向轮的塔式摩擦提升机：

井上用

$$\begin{cases} D \geqslant 90d, \text{mm} \\ D \geqslant 1\ 200\delta, \text{mm} \end{cases} \qquad (1-172)$$

井下用

$$\begin{cases} D \geqslant 80d, \text{mm} \\ D \geqslant 900\delta, \text{mm} \end{cases} \qquad (1-173)$$

无导向轮的塔式摩擦提升机：

井上用

$$\begin{cases} D \geqslant 80d, \text{mm} \\ D \geqslant 1\ 200\delta, \text{mm} \end{cases} \qquad (1-174)$$

井下用

$$\begin{cases} D \geqslant 70d, \text{mm} \\ D \geqslant 900\delta, \text{mm} \end{cases} \qquad (1-175)$$

2. 提升系统的最大静张力和最大静张力差计算

最大静张力：

$$F_{jmax} = [m + m_z + nm_p H'_j + nm_q(H + H_h)]g \qquad (1-176)$$

最大静张力差：

双容器提升时

$$F_{cmax} = mg + |\Delta \cdot H| \qquad (1-177)$$

单容器提升时

$$F_{cmax} = \frac{1}{2}mg + |\Delta \cdot H| \qquad (1-178)$$

式中　Δ——不平衡系数，$\Delta = (n'm_q - nm_p)g$，N/m。

3. 验算摩擦衬垫的比压

按下式计算摩擦衬垫的比压

$$p_B = \frac{F_{sj} + F_{xj}}{nDd} \times 10^{-8} \qquad (1-179)$$

式中　p_B——摩擦衬垫的比压，MPa；

　　　n——主提升钢丝绳的数目；

D——摩擦轮直径，cm；

d——主提升钢丝绳直径，cm。

按下式验算衬垫比压：

$$p_B \leq [p_B] \tag{1-180}$$

式中　$[p_B]$——衬垫许用比压。

思考题与习题

1. 矿山提升设备由哪几部分组成？竖井普通罐笼提升系统和竖井箕斗提升系统的特点各是什么？提升钢丝绳有哪些类型？各有何优缺点？

2. 矿井提升容器有哪些类型？竖井和斜井提升各用哪些提升容器，各有何特点？

3. 矿井提升机有哪些类型？其各自的结构特点、工作原理是什么？

4. 为什么单绳罐笼上要安设防坠器口？试说明木罐道用防坠器和钢丝绳罐道用 FLS 型防坠器的传动系统与工作原理。

5. 双滚筒提升机中调绳离合器的作用是什么？我国常用哪些种类？试说明各种提升机离合器的动作原理。

6. 深度指示器的作用是什么？说明牌坊式和圆盘式深度指示器各自的传动原理和特点。

7. 提升机操纵台上有哪些手把、开关和仪表？其用途各如何？

8. 什么是抓捕器的"二次抓捕"现象？可断螺栓拉紧装置是如何避免"二次抓捕"的？

9. 矿山提升方式的确定主要应考虑哪些因素？提升容器应该怎样选择？

10. 提升机钢丝绳的选择原则是什么？《煤矿安全规程》对选用新钢丝绳的安全系数有何规定？

11. 什么是滚筒上的"咬绳"现象？"咬绳"的危害是什么？怎样避免"咬绳"现象？

12. 初步选择电动机的依据是什么？怎样进行初选计算？

13. 确定提升机最大提升速度需要考虑哪些因素？

14. 已知某矿年产量 $A_n = 90$ 万 t，矿井深度 $H_s = 400$ m，装载高度 $H_z = 20$ m，卸载高度 $H_x = 20$ m，煤松散密度 $\rho' = 1.15$ t/m³，年工作日 $b_r = 320$ 天，日工作小时 $t = 12$ h，矿井电压等级为 6 kV，采用主井双箕斗提升方式，试对该矿井提升设备进行选型设计。

15. 提升机运行中有哪些力矩作用在滚筒主轴上？它们之间有何关系？

16. 什么是提升系统的变位质量？哪些部件需要变位质量？变位的原则是什么？

17. 如何合理确定提升机的减速方式？

18. 对预选的提升电动机按什么条件验算？

第二章 刮板输送机

第一节 刮板输送机的工作原理及结构

用刮板链牵引，在槽内运送散料的输送机叫刮板输送机。刮板输送机的相邻中部槽在水平、垂直面内可有限度折曲的叫可弯曲刮板输送机。其中机身在工作面和运输巷道交会处呈90°弯曲设置的工作面输送机叫"拐角刮板输送机"。在当前采煤工作面内，刮板输送机的作用不仅是运送煤和物料，而且还是采煤机的运行轨道，因此它成为现代化采煤工艺中不可缺少的主要设备。刮板输送机能保持连续运转，生产就能正常进行；否则，整个采煤工作面就会呈现停产状态，使整个生产中断。

一、刮板输送机的工作原理

刮板输送机的工作原理：由绕过机头链轮和机尾链轮（或滚筒）的无级循环的刮板链子作为牵引机构，以溜槽作为承载机构，电动机经液力耦合器、减速器带动链轮旋转，从而带动刮板链子连续运转，将装在溜槽中的货载从机尾运到机头处卸载转运。上部溜槽是输送机的重载工作槽，下部溜槽是刮板链的回空槽。图2-1所示为SGW-150B型刮板输送机传动系统图。

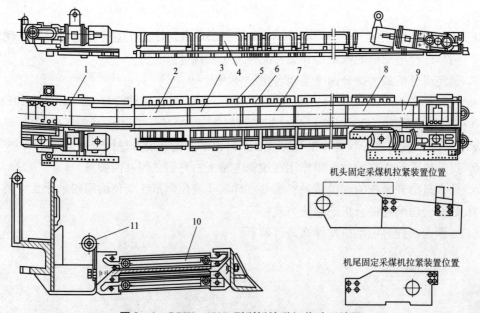

机头固定采煤机拉紧装置位置

机尾固定采煤机拉紧装置位置

图2-1 SGW-150B型刮板输送机传动系统图

1—电动机；2—液力耦合器；3—减速器；4—链轮；5—盲轴；6—刮板链；
7—调节槽；8—机尾连接槽；9—机尾部；10—刮板链；11—导向管

二、刮板输送机的类型、适用范围及特点

（一）刮板输送机的主要类型

国内外现行生产的刮板输送机类型很多，常用的分类方式有以下几种：

（1）按机头卸载方式和结构分为端卸式、侧卸式和90°转弯刮板输送机。

（2）按溜槽布置方式和结构分为重叠式与并列式、敞底式与封底式刮板输送机。

（3）按刮板链的数目和布置方式分为中单链、边双链和中双链刮板输送机。

（4）按单电动机额定功率大小分为轻型（$P \leqslant 40 \text{ kW}$）、中型（$40 \text{ kW} < P \leqslant 90 \text{ kW}$）、重型（$P > 90 \text{ kW}$）刮板输送机。

（二）刮板输送机的适用范围

1. 煤层倾角

刮板输送机向上运输的最大倾角一般不超过25°，向下运输不超过20°。兼作采煤机行走轨道的刮板输送机，当工作面倾角超过10°时，为防止采煤机机身及煤的重力分力以及振动冲击引起的刮板输送机机身下滑，应采取防滑措施。

2. 采煤工艺和采煤方法

刮板输送机适用于长壁工作面的回采工艺。轻型适用于炮采工作面，中型主要用于普采工作面，重型主要用于综采工作面，此外，在运输平巷和采区上下山可用刮板输送机运送煤炭。

（三）刮板输送机的特点

优点：结构强度高，运输能力大，可爆破装煤；机身低矮，沿输送机全长可在任意位置装煤；机身可弯曲，便于推移；可作为采煤机的轨道和推移液压支架的支点；推移输送机时铲煤板可清扫机道的浮煤；挡煤板后面的电缆槽可装设供电、信号、照明、通信、冷却、喷雾等系统的管线，并起保护作用。

刮板输送机的这些优点，使它成为长壁采煤工作面唯一可靠的运输设备。

缺点：刮板输送机在工作时，运行阻力大、耗电量高，溜槽磨损严重；使用和维护不当时易出现掉链、漂链、卡链甚至断链事故，影响其正常运行。

三、刮板输送机的型号意义

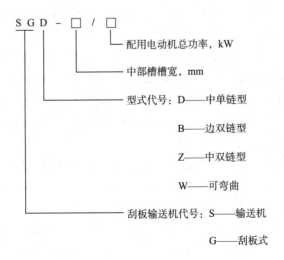

```
S G D - □ / □
                  └── 配用电动机总功率，kW

              └────── 中部槽槽宽，mm

          └────────── 型式代号：D——中单链型

                              B——边双链型

                              Z——中双链型

                              W——可弯曲

      └────────────── 刮板输送机代号：S——输送机

                              G——刮板式
```

四、刮板输送机的结构组成及用

刮板输送机主要组成部分有：机头部及传动装置（包括机头架、电动机、液力耦合器、减速器、链路组件等）、机尾部（包括机尾架、电动机、液力耦合器、减速器、链轮组件等）、中间部（包括中间溜槽、调节溜槽、刮板链子）、附属装置（包括铲煤板、挡煤板、拉紧装置、防滑及锚固装置、推移装置）以及供移动输送机用的移溜装置。

（一）机头部及传动装置

机头部是将电动机的动力传递给刮板链的装置，它主要包括机头架、传动装置、链轮组件、盲轴及电动机等部件。利用机头传动装置驱动的紧链器和链牵引采煤机牵引链的固定装置也安装在机头部。其中，机头架是支撑、安装链轮组件、减速器、过渡槽等部件的框架式焊接构件。为适应左右采煤工作面的需要，机头架两侧对称，可在两侧安装减速器。

传动装置由电动机、联轴器和减速器等部分组成。当采用单速电动机驱动时，电动机与减速器一般用液力耦合器连接；当采用双速电动机驱动时，电动机与减速器一般用弹性联轴器连接。减速器输出轴与链轮的连接有的采用花键连接，有的采用齿轮联轴器连接。链轮组件由链轮和两个半滚筒组成，它带动刮板链移动。盲轴安装在无传动装置一侧的机头、机尾架侧板上，用以支撑链轮组件。

1. 减速器

我国现行生产的双边链刮板输送机的传动装置均为并列式布置（电动机轴与传动链轮轴垂直），故都采用三级圆锥齿轮减速器，减速器的箱体为剖分式对称结构。

2. 联轴器

联轴器是输送机传动装置的一部分，主要作用是将电动机轴和减速器轴连接起来以传递转矩，而且有的联轴器还可以作为保护装置。刮板输送机常用的联轴器有木销联轴器、螺栓联轴器、弹性联轴器、胶带联轴器和液力耦合器。

液力耦合器的主要作用有以下几点：

（1）改善电动机启动性能，使电动机轻载启动，启动电流小，启动时间缩短；改善了鼠笼式电动机的启动性能，可充分利用电动机过载能力，在重载下平稳启动。

（2）具有过载保护作用。输送机过载时，部分工作液体进入辅助室，使电动机不过载。当输送机被卡住或持续过载时。涡轮被堵转或转速很低，泵轮与涡轮间的滑差达到或接近最大值，工作液体受摩擦力作用温度不断升高。达到易熔合金保护塞的熔点时，合金塞熔化，工作液体流出，耦合器泵轮空转，从而使电动机和其他零件得到保护。

（3）均衡电动机负载。在多电动机传动系统中能使电动机负载均匀分配。

（4）能减缓传动系统的冲击振动，使工作机构平稳运行，提高设备使用寿命。

（二）机尾部

综采工作面刮板输送机一般功率较大，多采用机头和机尾双机传动方式。部分端卸式输送机的机头、机尾完全相同，并可以互换安装使用，如德国 EKF3 – E74V 型刮板输送机。因为机尾不卸载，不需要卸载高度，所以一般机尾部都比较低。为了减少刮板链对槽帮的磨损，在机尾架上槽两侧装有压链块。由于不在机尾紧链，因此机尾不设紧链装置。为了使下链带出的煤粉能自动接入上槽，在机尾安设回煤罩。机尾的传动装置都与机头相同。

（三）中间部

1. 溜槽

溜槽是刮板输送机的主体，又是采煤机的运行轨道。煤和刮板链子在溜槽中滑行，不仅工作压力大，而且对溜槽的磨损严重；同时，溜槽承受采煤机的全部重力，采煤机在槽帮上滑行对槽帮产生磨损，因此，要求溜槽有足够的刚度和强度以及较高的耐磨性。

溜槽分为中部槽、调节溜槽和连接溜槽三种类型。中部溜槽是刮板输送机机身的主要部分；调节溜槽一般分为 0.5 m 和 1 m 两种，其作用是当采煤工作面长度有变化或输送机下滑时，可适当地调节输送机的长度和机头、机尾传动部的位置；连接溜槽，又称过渡溜槽，主要作用是将机头传动部或机尾传动部分别与中部溜槽较好地连接起来。

溜槽作为整个刮板输送机的机身，除承载货物外，在综采工作面，还将是采煤机的导轨，因而要求它有一定的强度和刚度，并具有较好的耐磨性能。

溜槽的附件主要是挡煤板和铲煤板，如图 2-2 所示。在溜槽上一般都装有挡煤板，其主要用途是增加溜槽的装煤量，加大刮板输送机的运载能力，防止煤炭溢出溜槽；其次考虑利用它敷设电缆、油管和水管等设施，并对这些设施起保护作用。有些挡煤板还附有采煤机导向管，对采煤机的运行起导向定位作用，防止采煤机掉道。

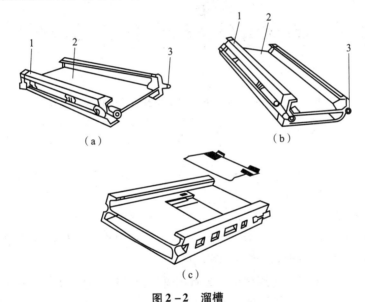

图 2-2　溜槽

（a）开底溜槽；（b）封底溜槽；（c）带检修窗的封底溜槽

1—槽帮；2—中板；3—连接头

为了达到采煤机工作的全截深和避免刮板输送机倾斜，就必须在输送机推移时先清除机道上的浮煤，因此在溜槽靠煤壁侧帮上安装有铲煤板。需要特别指出的是，铲煤板只能清除浮煤，不能代替装煤，否则会引起铲煤板飘起、输送机倾斜，因而造成采煤机割不平底板，甚至出现割顶、割前探梁等事故。

2. 刮板链

刮板链是刮板输送机的重要部件，它在工作中拖动刮板沿着溜槽输送货物，要承受较大的静载荷和动载荷，而且在工作过程中还与溜槽发生摩擦，所以，要求刮板链具有较高的耐磨性、韧性和强度。

可弯曲刮板输送机的刮板链子都是圆环链。现在使用的 SGW-44A 型、SGW-40T 型、SGW-150 型刮板输送机的刮板链结构、尺寸完全相同，是煤矿目前普遍使用的一种刮板链，每条链条为 15 环，长 0.96 m。

图 2-3 所示为 SGW-44A/40T/80T 型刮板输送机的刮板链。

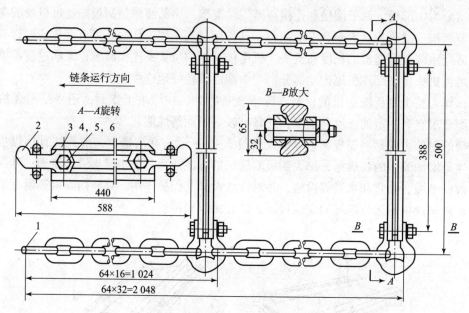

图 2-3　SGW-44A/40T/80T 型刮板输送机的刮板链

1—圆环链；2—连接环；3—刮板；4—螺栓；5—螺母；6—垫圈

（四）附属装置

刮板输送机的附属装置包括铲煤板、挡煤板、拉紧装置、防滑及锚固装置、推移装置等。

1. 铲煤板和挡煤板

输送机靠近煤壁一侧的溜槽侧帮上用螺栓固定有铲煤板，其作用是当输送机向前推移时，推它将底板上的浮煤清理和铲装在溜槽中。

刮板输送机溜槽靠采空区一侧槽帮上装有挡煤板，其作用是加大溜槽的装载量，提高输送机的生产能力，防止煤炭溢出溜槽。此外，在挡煤板上还设有导向管和电缆叠伸槽，导向管在挡煤板紧靠溜槽一侧，供采煤机导向用；电缆叠伸槽在挡煤板的另一侧，供采煤机工作时自动叠伸电缆用。

2. 拉紧装置

为了使刮板链具有一定的初张力，保证输送机正常工作，设有拉紧装置，且一般设在机尾，也有的利用机头传动装置紧链。

紧链常用的方法是链轮反转式，紧链时先把刮板链一端固定在机头架上，另一端绕经机头链轮，反向点动电动机，待链条拉紧时立即用紧链器闸住链轮，拆除多余的链条，再接好刮板链。刮板链的张紧程度，以运转时机头下方下垂两个链环为宜。按链轮反转的动力源不同，紧链方式分为电动机反转紧链、专设液压马达紧链和专设液压缸紧链。

3. 防滑及锚固装置

倾斜工作面铺设的刮板输送机，设有可靠的防止输送机下滑的装置，刮板输送机防滑装置主要有三种：千斤顶防滑装置、双柱锚固防滑装置和滑移梁锚固防滑装置。

4. 推移装置

随着工作面向前推进，刮板输送机也相应地向前移动。小型刮板输送机（如 SGD - 5.5 型等）在工作中需要向前移动时，是人工拆卸移置式，费时、费力。在一般机械化采煤工作面和炮采工作面使用的 SGW - 44A 型、SGW - T 型等可弯曲刮板输送机，为适应采煤工艺的需要，均配有单独的液压推移装置。液压推移装置主要由设在顺槽中的泵站和沿工作面布置的油管及液压千斤顶组成。千斤顶是推移输送机的，装在输送机靠采空区一侧，在输送机机头、机尾处分别安装 2～3 个；中间溜槽每隔 6 m 布置一个，每个千斤顶均由单独的操纵阀控制。控制操纵阀的位置，可使由泵站通过油管送来的高压油进入千斤顶液压缸的前部或后部，使千斤顶的活塞杆伸出或缩回，从而推动输送机向前或向后移动。对于综合机械化采煤工作面，推移刮板输送机和移动液压支架是紧密联系在一起的，操纵控制阀也在一起，一般都把输送机的液压千斤顶推移装置包括在液压支架中。

第二节　桥式转载机

一、桥式转载机的作用及组成

1. 桥式转载机的作用

桥式转载机是综合机械化采煤运输系统中的一种中间转载设备。它安装在采煤工作面的下顺槽内，作用是把工作面刮板输送机运出的煤转运到顺槽可伸缩胶带输送机上。同时减少顺槽中胶带机的伸缩移动次数。

桥式转载机是采掘工作面常用的一种中间转载运输设备。实际是一种可以纵向整体移动的短式重型刮板输送机。它的长度较小（一般在 60 m 以内），机身带有拱形过桥，并将货载抬高，便于随着采煤工作面的推进，与可伸缩带式输送机配套使用，同工作面刮板输送机衔接配合。

刮板机、转载机与可伸缩胶带输送机之间的衔接配套关系如下：

（1）工作面及刮板机移动 6～7 m 时，可同步或移动转载机一次（同步移动）。

（2）转载机移动 9～12 m 时，可缩短胶带机一次。

（3）胶带机缩短 25～50 m 时，可卷带一次。

（4）当运输巷剩余 60 m 左右时，可拆除胶带机，放平并接长转载机，必要时另加装一套传动装置，完成运煤。

2. 桥式转载机的组成

SZZ1100/200 型桥式转载机的结构如图 2 - 4 所示。

1）机头部

（1）导料槽。导料槽是由左、右挡板和横梁组成的框架式构件。它承载转载机卸下的物料，并将其导装至带式输送机的输送带中心线附近，减轻物料对输送带的冲击，并防止输送带偏载而跑偏，从而保护输送带，有利于带式输送机的正常运行。

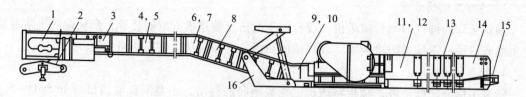

图 2 – 4　SZZ1100/200 型桥式转载机的结构

1—机头传动部；2—行走小车；3—可伸缩机头架；4—拱桥段挡板；5—标准溜槽；6—凸溜槽挡板；
7—凸溜槽；8—爬坡段溜槽；9—凹溜槽挡板；10—凹溜槽；11—落地段挡板；
12—封底溜槽；13—0.5 m 挡板；14—过渡溜槽；15—机尾部；16—自移机构

（2）机头传动装置。机头传动装置由电动机、液力耦合器（电机软启动装置）、减速器、紧链器、机头架、组装链轮、拨链器、舌板和盲轴等组成。

（3）机头小车。机头小车由横梁和车架组成。转载机的机头和悬拱部分可绕小车横梁和车架在水平和垂直方向做适当转动，以适应顺槽巷道底板起伏及可伸缩带式输送机机尾的偏摆，并适应转载机机尾不正及工作面刮板输送机下滑引起转载机机尾偏移的情况。小车车架上通过销轴安装 4 个有轮缘的车轮，为了防止小车偏移掉道，在车轮外侧的车架挡板上用螺栓固定着定位板，在小车运行时起导向和定位作用。

2）机身部

（1）刮板链。转载机刮板链的结构与相配套刮板输送机的刮板链完全相同。为了提高转载机的输送能力，转载机刮板链刮板的间距比同类刮板输送机小。

（2）溜槽。水平段与刮板输送机溜槽结构大致相同，溜槽中板的一端焊有搭接板，以便与相邻溜槽安装时搭接吻合，并增加结构刚度。转载机从水平段引向爬坡段的弯溜槽为凹形溜槽。从爬坡段引向水平段的弯溜槽为凸形溜槽，它们的作用是将转载机机身从底板过渡升高到一定高度，形成一个坚固的悬桥结构，以便搭伸到带式输送机机尾上方，将煤运送到带式输送机上去。

通过一节凹形弯曲溜槽，转载机以 100° 向上倾斜弯折，要接上中部标准溜槽，将刮板链从底板上引导到所需的高度，然后再用一节凸形弯曲溜槽，把机身弯折 100° 到水平方向将刮板链引导到水平机身部分的溜槽中去。装载段溜槽和凹形弯曲溜槽的封底板位于顺槽巷道底板上，作为滑橇，转载机移动时沿巷道底板滑动，以减小移动阻力。

（3）挡板。挡板是沿着转载机全长进行安装的。它除有增大装载断面、提高运输能力、防止煤流外溢的作用外，还能和溜槽、底板一起，将机身连接成一个刚性整体，使爬坡段的水平段拱架具有足够的刚性和强度。由于安装位置不同，一台转载机装有几十种长短不同的挡板，其纵向形状均相似。

3）机尾部

转载机的机尾均为无驱动装置的低、短结构，以便尽量降低刮板输送机的高度，并有利于与侧卸式机头架匹配和减少工作面运输巷采空区长度。转载机的机尾部主要由机尾架、机尾轴、链轮组件、压链板和回煤罩等部件组成。机尾链轮组件由链轮轴、链轮、轴承和轴承盖等零件组成；机尾轴的两端架设在架体上，并用销轴卡在机尾架体的缺口内。回煤罩安装在机尾架的端部，以便将底刮板链带来的回煤利用刮板再翻到机尾架中板上，用上刮板链将煤运走。转载机的机尾无驱动装置，机尾轮为从动轮。为了简化机尾轮结构，有些转载机机尾采用滚筒为刮板链导向。

4）拉移装置

转载机的拉移装置主要有千斤顶拉移装置、锚固站拉移装置、端头支架千斤顶拉移装置和绞车拉移装置四种。各种拉移装置结构不同，工作原理和使用地点也不相同。行走拉移装置是转载机沿带式输送机整体移动的动力来源。

二、桥式转载机的工作过程

桥式转载机的工作过程分为运输和移动两个过程。桥式转载机机头与可伸缩胶带机搭接（有 12 m 的搭接距离），机尾与刮板输送机搭接（有 7 m 以上的搭接距离）。

桥式转载机的机头部通过横梁和小车搭接在可伸缩带式输送机机尾部两侧的轨道上，并沿此轨道整体移动；转载机的机尾部和水平装载段则沿巷道底板滑行。转载机与可伸缩带式输送机配套使用时的最大移动距离，等于转载机机头部和中间悬拱部分长度减去与带式输送机机尾部的搭接长度。当转载机移动到极限位置（悬拱部分全部与带式输送机重叠）时，必须将带式输送机进行伸长或缩短，使搭接状况达到另一极限位置后，转载机才能继续移动，与带式输送机配合运输。

1. 运输过程

桥式转载机实际上是一个结构特殊的短刮板输送机，其运输工作过程和刮板输送机相同。电动机通过传动装置带动链轮旋转，链轮带动刮板链在溜槽内做循环移动，将装在溜槽中的煤运到机头处卸下，转载到顺槽胶带输送机上。所以，桥式转载机实际上是一个可以纵向整体移动的短式重型刮板输送机。

2. 移动过程

随着采煤工作面的推进，桥式转载机也要随之前移。转载机移动的方法有：利用小绞车牵引移动，利用工作面端头支架的水平千斤顶拉移，用转载机本身配置的推移千斤顶推移。

第三节 刮板输送机的操作

一、刮板输送机司机安全操作规程

（一）一般规定

（1）刮板输送机司机必须熟悉刮板输送机的性能及构造原理，通晓本操作规程，按完好标准维护保养刮板输送机，懂得回采基本知识和本采煤工作面作业规程。经过培训考试取得合格证后持证上岗。

（2）作业范围内的顶帮支护危及人身和设备安全时，必须及时报告班长，处理妥善后方准作业。

（3）电动机及其开关地点附近 20 m 以内风流中瓦斯浓度达到 1.5% 时，必须停止运转，撤出人员，切断电源，进行处理。

（4）不允许用刮板输送机运送作业规程规定以外的设施和物料，禁止人员蹬踩刮板输送机。

（5）开动刮板输送机前必须发出开车信号，确认人员已离开机器转动部位，点动二次后，才准正式开动。

（6）多台运输设备连续运行，应按逆煤流方向逐台开动，按顺煤流方向逐台停止。

（二）准备、检查与处理

1. 准备

（1）工具：钳子、小铁锤、铁锹、扳手等。

（2）备品配件、材料：保险销、圆环链、刮板、铁丝、螺栓、螺母等。

（3）油脂：机械润滑油、液力耦合器油（液）等。

2. 检查与处理

（1）机头、机尾处的支护完整牢固。

（2）机头、机尾附近 5 m 以内无杂物、浮煤、浮渣，洒水设施齐全无损。

（3）机头、机尾的电气设备处如有淋水，必须妥善遮盖，防止受潮接地。

（4）本台刮板输送机与相接的刮板输送机、转载机、带式输送机的搭接必须符合规定。

（5）机头、机尾的锚固装置牢固可靠。

（6）各部轴承及减速器和液力耦合器的油量符合规定要求、无漏油。

（7）防爆电气设备完好无损，电缆悬挂整齐。

（8）各部分螺栓紧固，联轴器间隙合格，防护装置齐全无损。

（9）牵引链无磨损或断裂，调整牵引及传动链，使其松紧适宜。

（10）信号装置灵敏可靠。

（三）操作及其注意事项

（1）试运转。发出开机信号并喊话，先点动两次，再正式启动，使刮板链运转半周后停车，检查已翻转到溜槽上的刮板链，同时检查牵引链紧松程度，是否跳动、刮底、跑偏、飘链等，试运转中发现的问题应与班长、电钳工共同处理，处理问题时先发出停机信号，将控制开关的手把扳到断电位置并锁好，然后挂上停电牌。问题处理后，再负载试运转。

（2）正式运转。发出开机信号，等前台刮板输送机开动运转后，点动两次，再正式开动，然后打开洒水龙头。运转中要注意以下两点：

①电动机、减速器等各部运转声音是否正常，是否有剧烈震动，电动机、轴承是否发热（电动机温度不应超过 80 ℃，轴承温度不应超过 70 ℃），刮板链运行是否平稳无裂损。

②经常清扫机头、机尾附近及底溜槽漏出的浮煤。

（3）运转中发现以下情况之一时要立即停机，妥善处理后方可继续作业。

①超负荷运转发生闷车时。

②刮板链出槽、飘链、掉链、跳齿时。

③电气、机械部件温度超限或运转声音不正常时。

④液力耦合器的易熔塞熔化或其油质喷出时。

⑤发现大木料、金属支柱、竹笆、顶网、大块煤矸等异物快到机头时。

⑥信号不明，或发现有人在刮板输送机上时。

（4）刮板输送机运行时，不准人员从机头上部跨越，不准清理转动部位的煤粉或用手调整刮板链。

（5）拆卸液力耦合器的注油塞、易熔塞防爆片时，脸部应躲开喷油方向，戴手套拧松几扣，停一段时间和放气后，再慢慢拧下。禁止使用不合格的易熔塞、防爆片。

（6）检修、处理刮板输送机故障时，必须闭锁控制开关，挂上停电牌。

（7）进行掐、接链及点动时，人员必须躲离链条受力方向；正常运行时，司机不准面向刮板输送机运行方向，以免断链伤人。

（四）收尾工作

（1）班长发出收工命令后，将刮板输送机内的煤全部运出，清扫机头、机尾附近的浮煤后，方可停机；然后关闭洒水龙头，并向下台刮板输送机发出停机信号。

（2）将控制开关手把扳到断电位置，并拧紧闭锁螺栓。

（3）清扫机头、机尾各机械、电气设备上的粉尘。

（4）在场向接班司机详细交代本班设备运转情况、出现的故障、存在的问题。升井后按规定填写好本班刮板输送机工作日志。

二、巷道掘进刮板输送机司机安全操作规程

（1）刮板输送机司机应经专门培训考试合格后方可上岗。

（2）刮板输送机司机必须熟悉刮板输送机的性能及构造原理，能按完好标准保养和维护好刮板输送机。

（3）掘进工作面刮板输送机司机还要与本工作面的掘进机司机、转载机司机、皮带机司机密切合作，按规定顺序开机停机。

（4）刮板输送机司机上岗时，应检查所配备的必需工具。

（5）认真做好接班工作。

（6）试运转：首先检查刮板机面链是否存在问题，如无问题后再发出开机信号并喊话，确认其他人员离开机器转动部位后，先点动两次，再正式启动，使刮板链运转半周后停车，检查已翻转到刮板机面上的刮板链是否存在问题，如无问题后再正式运转。

（7）正式运转：发出开机信号并喊话，确认其他人员离开转动部位后先点动两次，再正式启动，然后打开洒水喷雾灭尘装置。

（8）刮板输送机在运行中，司机应注意电动机、减速器运转的声音是否正常，是否有剧烈振动，刮板链运行是否平稳，电机、轴承是否发热。电机的工作温度不应超过 80 ℃，轴承温度不应超过 70 ℃。

（9）停运刮板输送机时，要将刮板输送机上的煤全部运出，关闭洒水喷雾灭尘装置，向下台运输机发出停机信号。

（10）刮板输送机不允许运送作业规程规定以外的设施和物料，并禁止人员蹬乘。运行时，不准人员从机头上方跨越或清理刮板输送机转动部位的浮煤或用手调整机链。

（11）检修或处理刮板输送机故障时，必须闭锁控制开关，挂上停电牌。

（12）在进行刮板输送机紧链作业时，人员必须躲离链条受力方向，正常运行时，司机不得面向刮板输送机运转方向，以免断链伤人。

（13）溜子司机严格按照职业卫生相关规定，佩戴劳动保护用品。

第四节　刮板输送机的安装、检测、检修

一、安装与试运转

1. 安装

对于刮板输送机安装总的要求是"三平、三直、一稳、两齐全、一不漏、两不准"的标准。三平：溜槽接口要平，电机与减速器底座要平，对轮中心线接触要平；三直：机头、溜槽、机尾要直，电机与减速器中心要直，链轮要直；一稳：整台刮板输送机安设要稳，开动时不摆动；两齐全：刮板要齐全，链环螺栓要齐全；一不漏：溜槽接口要严密不漏煤；两不准：运转时刮板链不跑偏、不飘链。

2. 试运转

1) 地面试运转

在地面组装完后，应认真细致地进行全面的检查，无问题后进行空载运行试验，观察运行状况并及时处理出现的问题。其中必须确保机尾部电动机比机头部电动机先启动 0.5 ~ 2 s，使底链先运动并张紧，让底链松弛段移到上链槽中，以避免底链的刮卡、脱槽等现象。空载运行 1 h，检查电动机、液力耦合器、减速器有无异常声响；温升是否正常。在试转过程中应向溜槽洒水，以减小摩擦。

2) 井下试运转

（1）空载试运转。按在地面组装步骤，在井下安装完毕后，仍按地面安装的检查项目进行检查，然后进行 0.5 ~ 1 h 的空运转，发现问题及时处理。其中试运转后，由于输送机消除了间隙，刮板产生了松弛需进行紧链。

（2）负载试运转。在综采工作面配套设备全部安装好后，应进行 4 h 负载试验。先轻载运转 1 h，然后停机全面检查刮板链结构情况，调整链条张紧程度。再次启动并逐渐加载，检查电动机的电流及负载分配情况，电动机、减速器温升如何，目测链条与机尾部传动链轮上面的分离处，当堆积松弛链环达两个以上时，则应重新张紧链条。经负载试运转正常后，将转入正常生产。

二、使用与维护

1. 使用

（1）所有司机和维修人员应熟悉本机的结构性能，严格执行操作规程、作业规程、煤矿安全规程和岗位责任制及交接班验收制度。司机必须正确使用信号，听清信号才准开车，启动时要一开一停 2 ~ 3 次无问题才能正常启动。

（2）在运完中部槽上的煤以后，应再空运转几个循环，以便于将煤粉从中部槽槽帮滑道内清除干净，防止煤粉结块而增大启动负载和运行阻力。

（3）输送机正常运行时，不要将其推移成许多弯曲段，使附加张力增加；除机头、机尾可以停机推移外，工作面内的中部槽要在输送机运行中推移，不准停机推移。运行中应滞后采煤机后滚筒 15 m 左右处开始推移溜槽，不得推成急弯，弯曲段长度以不小于 12 节中部槽为宜，以防折断哑铃栓及损坏其他部件。

（4）尽量避免频繁启动，严禁强制启动和超载运行。无载时不得长时间空运转。

（5）不得用脚踩刮板链的方法，处理飘链；不得在运行中砸或者搬大块煤，应停机进行处理。处理事故时必须切断电源。

（6）减速器的冷却器要保持良好的工作状态，严禁在井下打开减速器。勤清扫机头、机尾两侧的浮煤及驱动装置上的煤粉和集尘，以利于散热。

2. 维护

为保证输送机设备各部件的正常工作及运转，必须严格对输送机进行维护工作。

（1）检查。检查工作分为班检、日检、周检、月检和季检五类。应按照各类检查规定的检查内容进行，发现问题应及时处理。

（2）润滑。润滑应根据规定，按时在润滑点注符合规定的润滑油，要做到无尘注油。减速器首次使用200 h后，应放旧油换新油，以后工作5个月或2 000 h后再重新换油，换油时应遵循泄油、冲洗、再注油原则。

三、刮板输送机安装标准

（一）刮板输送机机头、机尾安装

（1）刮板输送机机头架安装必须采用稳固的压柱（综采工作面刮板机除外）进行固定。

（2）驱动装置连接牢靠，转动灵活，无卡阻和杂音；各传动部位按要求加注润滑油脂，减速器齿轮箱用润滑油标号及容量符合设计标准，保持润滑良好。

（3）液力耦合器必须添加适当的传动液，液位正常，使用合格的易熔塞和防爆片，对轮胶圈或弹性盘完好齐全。

（4）刮板输送机机尾架安装可采用地锚或压柱固定。

（二）中间部分安装

（1）整机安装达到平、直、稳、牢标准，具体内容如下：

①平：刮板输送机整机铺设要平，坡度变化平缓。机头架下底板平整硬实，必要时必须用道木垫平、垫实、牢固。中部槽搭接端头靠紧，过渡平缓无台阶。相邻两节中部槽接口处在垂直方向的弯曲度不大于3°。机道底板应平整，无积煤等杂物，中部槽槽帮整体暴露在巷道地板上。

②直：输送机整机铺设呈直线，无严重扭曲，直线变化平缓。相邻中部槽水平弯曲度不大于3°（综采工作面刮板运输机水平弯曲度不大于1.5°）。

③稳：刮板机铺设稳固，落地坚实，运行平稳、无晃动。

④牢：机头架、机尾架安装稳固的压柱。

（2）SGW系列刮板输送机的刮板和链条的连接螺栓头朝着刮板链运行方向的一侧。

（3）工作面刮板输送机采用标准E型螺栓和防松螺母连接，螺栓头长度统一，不高出刮板平面。

（4）刮板链松紧适度，链条在机头链轮下部有2~3个松弛环为宜。

（5）刮板运行平稳，无刮卡、飘链现象，刮板无明显歪斜，链条、刮板在机头、机尾链轮上无卡阻、跳链现象。链轮无损伤，链轮承托水平圆环链的平面最大磨损：节距≤64 mm时不大于6 mm；节距≥86 mm时不大于8 mm。

（6）分链器、压链器、护板完整紧固，无变形，运转时无卡碰现象。包轴板磨损不大于原厚度的20%，压链器厚度磨损不大于10 mm。紧链机构部件齐全完整，操作灵活，安全可靠。

（7）溜槽及连接件无开焊断裂，对角变形不大于6 mm；中板和底板无漏洞。

（8）链条组装合格，运转中刮板不跑斜（跑斜不超过一个链环长度为合格），松紧合适，链条正反方向运行无卡阻现象。圆环链伸长变形不得超过设计长度的3%。

（9）零部件外观完好，几何形状正常，无严重变形、开裂、锈蚀、磨损现象，各部位连接螺栓符合技术要求，连接紧固可靠。

（三）电气部分安装

（1）刮板输送机机头必须设置配电点，电气设备要集中放置。

（2）电气开关和小型电器分别按要求上架、上板，摆放位置无淋水，有足够行人和检修空间，电缆悬挂整齐、规范。

（3）电气开关、电缆选型符合设计要求，各种保护装置齐全、动作灵敏可靠，各种保护整定值符合设计要求。

（4）控制信号装置齐全，灵敏可靠。机头硐室段巷道安装防爆照明灯具。

（5）通信信号系统完善、布置合理、声光兼备、清晰可靠。

（四）其他要求

（1）驱动装置电机、减速机等周围环境保持清洁，无积煤、无积水、无淋水。有足够的行人或检修空间；运输机巷安装的刮板输送机，行人侧有不小于700 mm的空间。

（2）根据生产需要，机头部位要加装挡煤板和缓冲装置，槽帮安装的挡煤板高度不小于250 mm，且固定牢靠，不撒煤不漏矸。刮板输送机靠巷道一侧布置时，靠巷帮侧可以不安装挡煤板。

（3）刮板输送机与另外一台刮板输送机或皮带机前后搭接时，搭接重合长度不小于500 mm，搭接高度（卸载链轮下沿至下部设备机架表面）不小于300 mm，不大于500 mm。

（4）按要求安装各种护罩、护栏和行人过桥。

（5）喷雾洒水装置安装位置、数量符合相关要求。

（6）设备岗位责任制、操作规程、交接班制度等完善齐全，集中规范悬挂。

（7）设备及巷道内环境卫生清洁，无漏油、无漏水、无污垢，机头、机尾前后20 m内无淤泥、杂物，备品、备件及材料码放整齐。

（五）过桥安装标准

（1）刮板输送机搭接在胶带机上时，在刮板输送机头向后15 m左右处设一个过桥，如刮板输送机长度超过60 m时，在刮板输送机中间另设一过桥（采煤工作面运输机除外）。

（2）胶带机搭接刮板输送机上时，在刮板输送机尾前方约10 m处设置一个过桥。

四、使用管理制度

（一）设备检查检修制度

（1）使用单位要制订刮板输送机的月度检修计划并按照计划严格执行。

（2）使用单位配备足够的检修人员并在规定的时间内进行检修，检修后检修人员要按照要求认真填写检修记录。

（3）每周对刮板机进行一次全面的检查；刮板机检修人员每天应对设备进行一次全面

的检查维护，刮板机司机班中应对所操作维护的设备进行不少于两次的巡回检查。

（4）设备操作维护人员应对机电设备的完好情况、压柱、护罩等安全设施使用情况进行全面检查，发现问题及时处理，处理不了的及时汇报。

（5）刮板输送机开关整定值应严格按照整定设计执行，检修维护人员每天应检查一次保护使用情况，严禁私自改动保护整定值。

（6）刮板输送机开关的保护齐全完善，设置规范，严禁甩保护或保护装置失灵未处理好而强行开机运行。

（7）驱动装置外露部分、机尾转动部位必须有完好的防护罩或防护栏，每班检查一次其完好情况。

（二）设备操作、运行管理制度

（1）操作司机必须人员固定，持证上岗，严禁无证或持无效证件上岗。

（2）刮板输送机机头处必须至少规范悬挂有以下相关规章制度：《刮板机司机岗位责任制》《刮板机司机操作规程》。

（3）每部设备应设置有交接班记录、检查检修记录并由相关人员认真填写。

（4）刮板机司机必须坚持现场交接班，交接班时双方必须将设备运转情况、现场遗留问题及注意事项等交接清楚并及时、完整、准确地填写交接班记录。

（5）刮板机运转期间出现重大机械、电气故障或其他异常问题时，应立即停机，及时将情况向队跟（值）班人员和矿调度室汇报，并针对所发现问题采取必要措施进行处理。

（6）驱动装置的电机、减速机运转正常、无异常响声，减速机中油脂清洁，油量适当。

（7）液力耦合器严格按照传动功率的大小加注合格、适量的传动介质，双电机驱动时液力耦合器的充液量要保持均衡，避免电机出力不均而损坏。严禁用其他液体代替传动介质。易熔塞和防爆片严禁使用其他物品代替。

（8）刮板输送机启动前司机必须发出信号，向工作人员示警，然后点动或预警两次，如果转动方向正确，又无其他情况，方可正式启动。

（9）刮板输送机应尽可能在空载状态下停机，在生产过程中，要控制好煤量，避免因堆煤压死刮板输送机，当刮板输送机发生死车时，正倒车均不得超过2次。

（10）严禁在溜槽内行走或乘坐刮板机。禁止用溜子运送设备和各种物料，特殊情况必须运输时，应制定安全技术措施。

（11）推溜时要平稳推进，若发现推移困难，应停止作业，检查原因并处理，不得强行推移。推溜时避免溜子推移后出现急弯，防止溜槽错口而发生断链事故。

（12）工作面过断层期间，打眼数量、间距、装药量、爆破次数严格执行过断层措施的有关规定。在进行爆破时，必须对设备、管路、电缆等采取保护措施。

（13）工作面分矸期间，严禁大块矸石从采煤机底部强行通过。

（14）当班司机应负责设备及环境卫生的清理，做到动态达标。

第五节　刮板输送机的选型计算

运输地点在单位时间内需要运出的货载质量，称为设计生产率。它是运输设备必须具有的运输能力，因此首先根据使用地点的设计生产率和实际运输距离，参照刮板输送机的技术特征参数，初选出一部运输能力、出厂长度均大于或等于设计生产率和实际运输距离的刮板输送机。由于技术特征参数表中给出的运输能力和出厂长度，均指水平铺设情况下的数据，所以应根据现场的实际情况（如铺设倾角等），对初选的刮板输送机进行验算。主要内容包括以下几点：

（1）运输能力的计算。

（2）运行阻力与电动机功率的计算。

（3）刮板链强度的验算。

一、运输能力的计算

如图 2-5 所示，刮板输送机是连续式运输设备，当刮板链以速度 v 沿箭头方向运行 1 s 后就有 v m 长度的货载从机头 A 处运出，其每秒钟运输能力为

$$m = qv$$

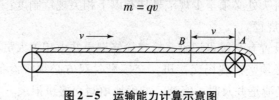

图 2-5 运输能力计算示意图

则每小时运输能力，即刮板输送机的运输能力为

$$m = \frac{3\ 600qv}{1\ 000} = 3.6qv$$

式中　q——输送机单位长度上货载质量，kg/m；

　　　v——刮板链运行速度，m/s。

q 值与溜槽结构尺寸及货载面积有关，计算时取溜槽横断面积为 F，则 1 m 长溜槽内的货载质量为

$$q = 1\ 000F\rho'$$

式中　ρ'——煤的松散密度，计算时，一般取 = 0.85 ~ 1。

断面积与溜槽的形式和结构尺寸有关，还与松散煤的动堆积角 α' 有关。煤的动堆积角一般取 $\alpha' = 20° ~ 30°$。

图 2-6 所示为两种不同的溜槽装煤最大横断面积。

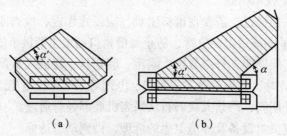

（a）　　　　　　　　　　（b）

图 2-6 溜槽装煤最大横断面积

因刮板链在输送机运行中有冲击振动现象，故货载只能装满溜槽断面的一部分，为此，在计算中计入一个装满系数 φ，φ 值见表 2-1。所以 1 m 溜槽内货载的质量为

$$q = 1\ 000\ F\rho\varphi$$

刮板输送机的小时运输能力为

$$m = 3\,600F\rho'\varphi v_1$$

式中 v_1——刮板链与采煤机的相对运行速度，m/s，炮采时 $v_1 = v$，机采时 $v_1 = v \pm \dfrac{v_k}{60}$（采煤机与输送机运行方向相同时取"－"，相反时取"＋"）；v_k 指采煤机的牵引速度。

表 2－1 装满系数 φ 值

输送情况	水平及向下运输	向上运输		
装满系数	0.9 ~ 1	5°	10°	15°
		0.8	0.6	0.5

二、运行阻力与电动机功率的计算

（一）运行阻力的计算

为了验算电动机功率，要计算输送机运行阻力。刮板输送机的运行阻力包括：① 煤及刮板链子在溜槽中移动的阻力；② 倾斜运输时，货载及刮板链子的自重分力；③ 刮板链绕过两边链轮时链条弯曲的附加阻力及轴承阻力；④ 传动装置的阻力（减速器、联轴器中的阻力）；⑤ 可弯曲刮板输送机在机身弯曲时的附加阻力。这些阻力在计算时，可分解为直线段阻力和弯曲运行阻力进行计算，然后可利用"逐点计算法"计算刮板链各特殊点的张力及主动链轮的牵引力。

所谓逐点计算法，就是将牵引机构在运行中所遇到的各种阻力，沿着牵引机构的运行方向依次逐点计算的方法。

计算原则是从主动链轮的分离点开始，沿运行方向在各个特殊点上依次标号（1，2，3，4……），若前一点的张力为已知，则下一点的张力等于它前一点的张力加上这两点之间的运行阻力，用公式表示，即

$$S_i = S_{i-1} + W_{(i-1)i}$$

式中 S_i——牵引机构 i 点的张力；

S_{i-1}——牵引机构在 $(i-1)$ 点的张力，即 i 点前一点的张力；

$W_{(i-1)i}$——牵引机构 $(i-1)$ 点与 i 点之间的运行阻力。

逐点计算法中的所谓特殊点，即由直变曲或由曲变直的连接点，即为阻力开始变化之点。1，2，3，4 点即为牵引机构的特殊点。

在计算刮板输送机的运行阻力时，可概括为直线段运行阻力和曲线段运行阻力两部分。

1. 直线段运行阻力

如图 2－7 所示，斜面上重力为 G 的物体，其中 G 分解为下滑分力 $G\sin\beta$ 和对斜面的正压力 $G\cos\beta$。设 f 为物体与斜面间的摩擦因数，则移动物体所需的力 W 为

$$W = G\cos\beta \pm G\sin\beta$$

向上移动物体时取"＋"，向下移动物体时取"－"。

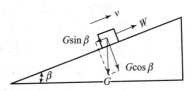

图 2－7 重力与拉力的关系

对运输设备来说，往往不是图示那样简单的平面滑动，而是一个组合件的复杂运动，运动中可能同时有若干个接触面受到阻力，既有滑动，也可能有滚动。在计算其运行阻力时，为了将各个接触面上的阻力都能同时考虑进去，就不能用一个单纯的摩擦因数计算，为简化计算，确定一个总的系数，并称为"阻力系数"。

阻力系数的概念仍是物体移动时的摩擦阻力与正压力之比，其数值与运输设备的构造及工作条件有关。煤及刮板链在溜槽中移动的阻力系数见表2-2。

表2-2　煤及刮板链在溜槽中的移动阻力系数

类型	煤在溜槽中的移动阻力系数 ω	刮板链在溜槽中的移动阻力系数 ω_0
单链刮板输送机	0.4 ~ 0.6	0.25 ~ 0.4
双链刮板输送机	0.6 ~ 0.8	0.2 ~ 0.35

注：1. 单链并列式刮板输送机（如SGB-13型）的阻力系数可适当加大一些。

　　2. 表中给出的阻力系数为工作面地板平坦、输送机铺设平直条件下的数值；在底板不平坦、输送机铺设不平直的条件下，可适当加大一些。

如图2-8所示，设刮板链单位长度质量为 q_0，货载在溜槽中的单位长度质量为 q，输送机铺设倾角为 β，整个输送机铺设长度为 L，则刮板输送机的直线段阻力（包括重段运行阻力和空段运行阻力）计算如下：

重段运行阻力 W_{zh} 为

$$W_{zh} = g(q\omega + q_0\omega_0)L\cos\beta \pm g(q + q_0)L\sin\beta$$

式中　q_0——刮板链单位长度质量，kg/m；

　　　q——货载单位长度质量，kg/m；

　　　ω_0，ω——刮板链及煤与溜槽间的阻力系数，其值按表2-2选取。

空段阻力 W_k 为

$$W_k = gLq_0(\omega_0\cos\beta \mp \sin\beta)$$

向上运行时取"+"；向下运行时取"-"。

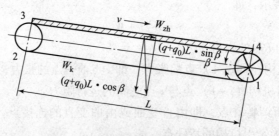

图2-8　刮板输送机运行阻力示意图

2. 曲线段运行阻力

牵引机构绕经运输设备的曲线段时，如刮板链绕经链轮、胶带绕经滚筒等，都会产生运行阻力，这种运行阻力称为曲线段运行阻力。它主要是由牵引机构的刚性阻力、滑动与滚动阻力、回转体的轴承阻力、链条与链轮轮齿间的摩擦阻力等组成的，这些阻力计算起来相当烦琐，故在计算时通常都采用经验公式计算。

刮板链绕经从动链轮或从动滚筒时曲线段的阻力为与从动链轮或从动滚筒相遇点张力 S'_y 的 0.05 ~ 0.07 倍，即

$$W_{从} = (0.05 \sim 0.07)S'_y$$

式中　$W_{从}$——从动链轮曲线段阻力，N；

　　　S'_y——与从动链轮或从动滚筒相遇点的张力，N，见图 2-8 中 2 点的张力 S_2。

刮板链绕经主动链轮时的曲线段阻力为主动链轮相遇点张力 S_y 与相离点张力 S_L 之和的 0.03~0.05 倍，即

$$W_{主} = (0.03 \sim 0.05)(S_y + S_L)$$

对于可弯曲刮板输送机，刮板链在弯曲的溜槽中运行时，弯曲段将产生附加阻力，弯曲段的附加阻力可按直线段运行阻力的 10% 考虑。

（二）牵引力及电动机功率的计算

1. 最小张力点的位置及最小张力值的确定

在按照"逐点计算法"计算牵引机构上各特殊点的张力来确定设备的牵引力，从而验算电动机功率及刮板链强度时，刮板链上最小张力点的位置及数值的大小，在计算中是必须进行确定的。最小张力点的位置与传动装置的布置方式有关。

对于单端布置传动装置的布置方式［图 2-9（a）］，水平运输时，最小张力点一定在主动链轮的分离点外，$S_1 = S_{min}$。对于倾斜向下运输，且重段阻力为正值时，根据"逐点计算法"分析知

$$S_2 = S_1 + W_k$$

$$W_k = gq_0 L(\omega_0 \cos\beta + \sin\beta)$$

因为 $W_k > 0$，所以 $S_1 = S_{min}$。

结论：对于单端布置传动装置的具有挠性牵引机构（刮板输送机、胶带输送机等）的运输设备，在电动机运转状态下，当 $W_k > 0$ 时，主动链轮或主动滚筒的分离点为最小张力点，即 $S_1 = S_{min}$；当 $W_k < 0$ 时，S_2 为最小张力点张力，即 $S_2 = S_{min}$。

对于两端布置传动装置的布置方式［图 2-9（b）］，最小张力点的位置要根据不同情况进行分析。当重段阻力为正值时，每一传动装置主动链轮（或主动滚筒）相遇点的张力均大于其分离点的张力，因此，可能的最小张力点是主动轮分离点 1 或者点 3，这需由两端传动装置的功率比值及重段、空段阻力的大小来定。

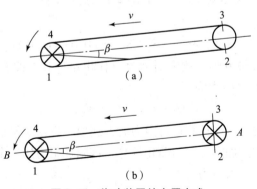

图 2-9　传动装置的布置方式

（a）单端布置；（b）两端布置

设 A 端电动机台数为 n_A 台，B 端为 n_B 台，总电动机台数为 $n = n_A + n_B$，各台电动机的特征都相同，牵引机构总牵引力为 W_0，则 A 端牵引力为

$$W_A = \frac{W_0}{n} n_A$$

B 端牵引力为

$$W_B = \frac{W_0}{n} n_B$$

由逐点计算法得

$$S_2 = S_1 + W_k$$

$$S_2 - S_3 = W_A = \frac{W_0}{n} n_A$$

$$S_1 + W_k - S_3 = \frac{W_0}{n} n_A$$

$$S_3 = S_1 + W_k - \frac{W_0}{n} n_A$$

结论：当 $W_k - \dfrac{W_0}{n} n_A > 0$ 时，$S_3 > S_1$，最小张力点在 1 点，$S_1 = S_{min}$；

当 $W_k - \dfrac{W_0}{n} n_A < 0$ 时，$S_1 > S_3$，最小张力点在 3 点，$S_3 = S_{min}$。

为了限制刮板链垂度，保证链条与链轮正常啮合，平稳运行，刮板链每条链子最小张力点的张力，一般可取 2 000 ~ 3 000 N，可由拉紧装置来提供。

2. 牵引力计算

如图 2 - 8 所示布置的为双链刮板输送机，其主动链轮的分离点 1 为最小张力点，由"逐点计算法"得

$$S_1 = S_{min} = 2 \times (2\ 000 \sim 3\ 000)$$

$$S_2 = S_1 + W_k$$

$$S_3 = S_2 + W_{从}$$

$$= S_2 + (0.05 - 0.07) S_2 = (1.05 - 1.07) S_2$$

$$S_4 = S_3 + W_{zh} = (1.05 - 1.07) S_2 + W_{zh}$$

主动链轮的牵引力为

$$W_0 = (S_4 - S_1) + W_{主} = (S_4 - S_1) + (0.03 \sim 0.05)(S_4 - S_1)$$

按"逐点计算法"比较麻烦，故牵引力也可作粗略计算，即曲线段运行阻力按直线段运行阻力的 10% 考虑，则牵引力为

$$W_0 = 1.1 (W_{zh} + W_k)$$

对于可弯曲刮板输送机，在计算运行阻力时，还要考虑由于机身弯曲导致刮板链和溜槽侧壁之间的摩擦而产生的附加阻力，为简化计算，该附加阻力用一个附加阻力系数 ω_f 计入，故可弯曲刮板输送机的总牵引力为

$$W_0 = 1.1 \omega_f (W_{zk} + W_k)$$
$$= 1.1 \times 1.1 (W_{zk} + W_k)$$
$$= 1.21 (W_{zk} + W_k)$$

式中　ω_f——附加阻力系数，一般取 1.1。

3. 电动机功率计算

（1）对于定点装煤的输送机，电动机轴上的功率为

$$N = \frac{W_0 v}{1\,000\eta}$$

式中　η——传动装置的效率，一般为 0.80～0.85。

（2）对于与采煤机联合使用的刮板输送机轴上的功率，因为采煤机的移动，输送机的装载长度是变化的，故运行阻力及电动机功率也是变化的。如图 2-10（a）所示，当采煤机在下部机头 B 点未装煤时，此时输送机空运转，输送机的负荷最小，电动机有最小功率值 $N_{\min}$；随着采煤机向上移动，溜槽装煤长度不断增大，负荷随之增大，当采煤机达到上方终点 A 处时，输送机的负荷达到最大值，故此时电动机功率有最大值 $N_{\max}$，这种变化可用图 2-10（b）表示，OB 表示采煤机在 B 处时输送机空转时的功率 $N_{\min}$，OA 表示采煤机移至终点 A 处时输送机的最大功率 $N_{\max}$，T 表示输送机的工作循环时间（采煤机由 B 处移至 A 处的运行时间），OC 表示工作中某一时间 t 对应的输送机电动机功率 N_t，在这种情况下，电动机的功率应按等效功率 N_{d} 来计算：

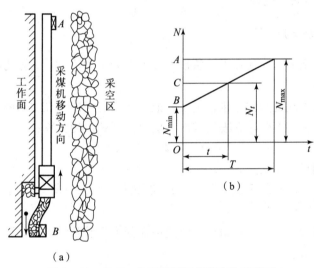

图 2-10　机采工作面输送机货载变化示意图

$$N_{\mathrm{d}} = \sqrt{\frac{\int_0^T N_t^2 \mathrm{d}t}{T}}$$

$$\approx 0.6 \sqrt{N_{\max}^2 + N_{\max} N_{\min} + N_{\min}^2}$$

式中　$N_{\max}$——输送机负荷时电动机的最大功率值；

$N_{\min}$——输送机空转时电动机的最小功率，按下式计算：

$$N_{\min} = \frac{2(1.0\omega_{\mathrm{f}} q_0 L \omega_0 \cos\beta) vg}{1\,000\eta}$$

$$= \frac{2(1.1 \times q_0 L \omega_0 \cos\beta) vg}{1\,000\eta}$$

$$= \frac{q_0 L \cos\beta vg}{413\eta}$$

　　根据公式计算所得到的电动机轴上的功率确定输送机所需电动机功率及安装台数时，还应考虑15%～20%的备用功率。

　　如需根据电动机的功率粗略计算1台可弯曲刮板输送机能够达到的最大运输长度，可用下式求得：

$$L = \frac{1\ 000N\eta}{1.21\left[q\left(\omega\cos\beta \pm \sin\beta\right) + 2q_0\omega_0\cos\beta\right]gv}$$

　　必须说明，上述有关电动机功率的计算方法和计算公式，是目前我国刮板输送机的制造厂家和煤矿设计部门通用的计算方法。实践证明，利用"电动机等效功率N_d"作为选用刮板输送机所应配备的电动机功率的依据，还是很不完善的，原因是作为机器的制造厂家是以N_d为依据来验算电动机功率的，煤矿设计和使用设备的部门则是依据刮板输送机的具体使用条件来验算电动机功率的。双方均未对电动机进行温度验算证明，致使我国煤矿国产刮板输送机在实际运转中电动机过载受损情况严重，电动机烧毁事件屡有发生。为此，有关设计部门对此进行了大量的研究工作，提出应以实际最大功率N_{max}作为选用电动机功率的依据，如有关刮板输送机制造厂家已将SGW－40T型刮板输送机原配备的40 kW电动机提高到55 kW，经现场使用，效果很好。

三、刮板链强度的验算

　　验算刮板链的强度，需要先算出链条最大张力点的张力值，最大张力的计算与传动装置的布置方式有关。

　　对于一端布置传动装置的输送机，链子的最大张力点一般是在主动链轮的相遇点，最大张力点张力S_{max}可按照"逐点计算法"求出，也可按下式简便计算：

$$S_{max} = W_0 + S_{min}$$

式中　W_0——主动链轮牵引力，N。

　　对于两端布置传动装置的情况，则必须严格按照"逐点计算法"计算出最大张力点的张力。

　　确定出链子的最大张力点的张力后，以此最大张力来验算链子的强度。刮板链的抗拉强度以安全系数k来表示。

　　对于单链输送机应满足下式：

$$k = \frac{S_p}{S_{max}} \geq 4.2$$

　　对于双链输送机应满足下式：

$$k = \frac{2\lambda S_p}{S_{max}} \geq 4.2$$

式中　k——刮板链抗拉强度安全系数；

　　　S_p——一条刮板链的破断力，N，由刮板输送机的技术特征表查得；

　　　λ——两条链子负荷分配不均匀系数，模锻链$\lambda = 0.65$，圆环链$\lambda = 0.85$。

思考题与习题

　　1. 刮板输送机的主要组成部分及各部分的功能是什么？试阐述刮板输送机的工作原理

及使用范围。

2. 什么是设计生产率？什么是设备生产率？在选择运输设备时两者之间的关系如何？

3. 何为逐点计算法？逐点计算法的原则是什么？怎样根据传动布置方式的不同来确定最小张力点的位置？

4. 某采煤工作面长度为 150 m，倾角 10°，向下运输，采用 DY-100 型采煤机采煤，采煤机牵引速度 $v_k = 1.25$ m/min，一次采全高为 2 m，截深为 0.6 m，煤的实体密度为 1.27 t/m³，试对该工作面用的刮板输送机进行选型设计。

5. 刮板输送机的操作步骤有哪几步？

第三章 带式输送机

第一节 带式输送机的工作原理及结构

　　带式输送机的应用已经有 100 多年的历史。据资料介绍，最早的带式输送机出现在德国。1880 年德国 LMG 公司在链斗式挖掘机的尾部使用了一条蒸汽机驱动的带式输送机。1896 年美国认定鲁宾斯为带式输送机的发明人。到了 20 世纪 30 年代，德国褐煤露天矿连续开采工艺趋于成熟，带式输送机也得到了迅速发展，第二次世界大战前就已经使用了 1.6 m 带宽的带式输送机。20 世纪 50 年代开发研制的钢丝绳芯输送带，为实现带式输送机单机远距离输送提供了前提条件。为了提高生产率，在不断增加单机长度的同时，带式输送机的运行速度也不断提高。20 世纪 70 年代，德国鲁尔区 Haniel – Prosper II 号煤矿使用了当时规格最大的带式输送机，其带宽为 1.4 m，带速为 5.5 m/s，整机传动功率为 $2 \times 3\,100$ kW，电动机转子直接固定在滚筒轴上，从而省去了减速器；采用交直 – 交交变频装置调速，启、制动过程非常平稳，启动时间可达 140 s，制动时间可达 40 s。输送带寿命可达 20 年；该机上、下分支输送带都运送物料，向上运煤向下运矸石，提升高度为 700 m。目前带式输送机最大单机长度可达 15 000 m，最高带速已达 15 m/s，最大带宽 6 400 mm，最大输送能力为 37 500 t/h，最大单机驱动功率为 $6 \times 2\,000$ kW。尽管带式输送机已具有相当长的历史，应用十分广泛，但就其技术和结构形式而言，仍然处在发展中，许多新的机型和新的部件还在不断的开发研制中。

一、带式输送机的工作原理、使用条件及优缺点

　　带式输送机是以输送带兼作牵引机构和承载机构的一种连续动作式运输设备，它在矿井地面和井下运输中都得到了极其广泛的应用。其主要组成部分及工作原理如图 3 – 1 所示。

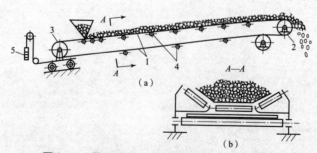

图 3 – 1　带式输送机主要组成部分及工作原理

1—输送带；2—主动滚筒；3—机尾换向滚筒；4—托辊；5—拉紧装置

　　输送带 1 绕经主动滚筒 2 和机尾换向滚筒 3 形成一个无级的环形带，上、下两股输送带分别支承在上、下托辊 4 上，拉紧装置 5 给输送带以正常运转所需的张紧力。当主动滚筒在电动机驱动下旋转时，借助于主动滚筒与输送带之间的摩擦力带动输送带及上输送带上的物

料一同连续运转；输送带上的物料运到端部后，由于输送带的转向而卸载，这就是带式输送机的工作原理。

带式输送机的机身横断面见图 3 - 1（b）。上部输送带运送物料，称为承载段；下部不装运物料，称为回空段。输送带的承载段一般采用槽形托辊组支承，使其成为槽形承载断面。因为同样宽度的输送带，槽形承载面比平行的要大很多，而且物料不易撒落。回空段不装运物料，故用平行托辊支承。托辊内两端装有轴承，转动灵活，运行阻力较小。

带式输送机可用于水平及倾斜运输，但倾角受物料特性限制。通常情况下，普通带式输送机沿倾斜向上运送原煤时，输送倾角不大于 18°；向下运输时，倾角不大于 15°，运送附着性和黏结性大的物料时，倾角还可大一些。带式输送机不宜运送有棱角的货物，因为有棱角的物料易损坏输送带，降低带式输送机的使用寿命。

带式输送机的优点：运输能力大，而工作阻力小，耗电量低，为刮板输送机耗电量的 1/5 ~ 1/3；因在运输过程中物料与输送带一起移动，故磨损小，物料的破碎性小；由于结构简单，既节省设备，又节省人力，故广泛应用于我国国民经济的许多工业部门。国内外的生产实践证明，带式输送机无论在运输能力方面，还是在经济指标方面，都是一种较先进的运输设备。

带式输送机的缺点是：输送带成本高且易损坏，故与其他运输设备相比，初期投资高，且不适于运送有棱角的物料。随着煤炭科学技术的发展，国内外对带式输送机可弯曲运行、大倾角运输，线摩擦驱动等方面的研究有较大进展，提高了带式输送机的适应性能。

二、带式输送机主要部件结构及功能

带式输送机主要由输送带、托辊与机架、滚筒、驱动装置、拉紧装置和制动装置等部分组成，现将主要部件分述如下：

（一）输送带

输送带在一般输送机中既是承载机构又是牵引机构，所以要求它不仅有足够的强度，还应有相当的挠性。输送带贯穿于输送机的全长，其长度为机长的 2 倍以上，是输送机的主要组成部分，它用量大、成本高，约占输送机成本的 50%，因此，在运转中对输送带加强维护使之少出故障，是提高输送机寿命、降低运转费用的一个重要措施。

1. 输送带分类

目前，输送带基本上有四种结构，即分层式织物芯输送带、整体芯输送带、钢丝绳芯输送带和钢丝绳牵引输送带。

1）分层式织物层芯输送带

分层式织物层芯输送带按抗拉层材料不同分为棉帆布芯（CC）输送带、尼龙芯（NN）输送带和聚酯芯（EP）输送带，如图 3 - 2 所示。棉帆布芯输送带是一种传统的输送带，适用于中短距离输送物料。随着煤炭工业的高速发展，输送机的长度及运量越来越大，棉帆布芯输送带已不能满足生产上的要求。尼龙芯输送带带体弹性好，强力高，抗冲击，耐曲挠性好，成槽性好，使用时伸长量小，适用于中长距离、较高载量及高速条件下输送物料。聚酯芯输送带带体模量高，使用时伸长量小，耐热性好，耐冲击，适用于中长距离、较高载量及高速条件下输送物料。分层式织物层芯输送带根据覆盖胶的不同，有普通型、耐热型、耐高温型、耐烧灼型、耐磨型、耐热型、一般难燃型、导静电型、耐酸碱型、耐油型、食品型等品种。

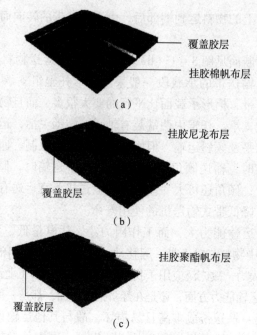

（a）

（b）

（c）

图 3－2　分层式织物层芯输送带结构

（a）棉帆布芯（CC）输送带；（b）尼龙芯（NN）输送带；（c）聚酯芯（EP）输送带

分层式织物层芯输送带的规格见表 3－1。

表 3－1　分层式织物层芯输送带的规格

输送带类型	织物型号	单层织物强度/MPa	单层织物骨架厚度/mm	覆盖胶厚		布层数	生产宽度范围/mm	生产长度/m
				上胶	下胶			
				/mm				
棉帆布芯（CC）输送带	CC－56	56	1.10			3~12	300~2 800	20~1 000
尼龙芯（NN）输送带	NN100	100	0.70	3.0	1.5	3~12	300~2 800	20~1 000
	NN150	150	0.75					
	NN200	200	0.90					
	NN250	250	1.15					
	NN300	300	1.25	4.5	3.0			
	NN400	400	1.50					
聚酯芯（EP）输送带	EP100	100	0.75	6.0	6.0	3~12	300~2 800	20~1 000
	EP150	150	0.85					
	EP200	200	1.00					
	EP250	250	1.20					
	EP300	300	1.35					
	EP350	350	1.50					
	EP400	400	1.65					

2）整芯输送带

整芯输送带带体不脱层，伸长小，抗冲击，耐撕裂，主要用于煤矿井下。按结构不同分为 PVC 型、PVG 型整芯输送带。PVC 型为全塑型整芯输送带，用于倾角 16°以下干燥条件的输送物料。PVG 型为橡胶面整芯输送带，用于倾角 20°以下潮湿有水物料输送，其结构如图 3 - 3 所示。

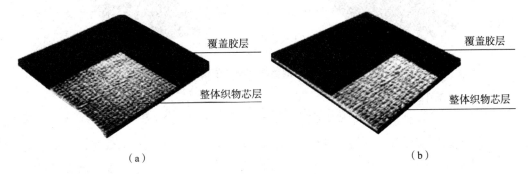

（a）　　　　　　　　　　　　　　　　　（b）

图 3 - 3　整体芯输送带结构

（a）PVC 输送带；（b）PVG 输送带

整体芯输送带规格系列见表 3 - 2。

表 3 - 2　整体芯输送带规格系列

型号	整体拉伸强度/MPa		整体拉断伸长率/%		带宽 /mm	每卷带长 /m
	纵向	横向	纵向	横向		
680S/四级	680	365				
800S/五级	800	280				
1000S/六级	1 000	300				
1250S/七级	1 250	350				
1400S/八级	1 400	350			400 ~ 2 000	50 ~ 200
1600S/九级	1 600	400				
1800S/十级	1 800	400	≥15	≥18		
2000S/十一级	2 000	400				
2240S/十二级	2 240	450				
2500S/十三级	2 500	450				
2800S/十四级	2 800	450				
3100S/十五级	3 100	450				
3400S/十六级	3 400	450				

3）钢丝绳芯输送带

钢丝绳芯输送带结构如图 3 - 4 所示，此输送带拉伸强度大，抗冲击性好，寿命长，使用时伸长率小，成槽性好，耐曲挠性好。适用于长距离、大运量、高速度物料输送，可广泛用于煤炭、矿山、港口、冶金、电力、化工等领域的物料输送。按覆盖胶性能可分为普通型、阻燃型、耐寒型、耐磨型、耐热型、耐酸碱型等品种。按内部结构可分为普通结构型、横向增强型和预埋线圈防撕裂型。

图 3-4　钢丝绳芯输送带结构

4）钢丝绳牵引输送带

钢丝绳牵引输送带沿输送带横向铺设方钢条，其间以橡胶填充，以贴胶的帆布为带芯，并在上、下表面覆盖橡胶，两边为耳槽，靠钢丝绳牵引运行，带体只承载物料，不承受拉伸力；带体刚度大，不伸长，抗冲击，耐磨损。适用于长距离、高载量条件下输送物料。

2. 输送带的连接

为了便于制造和搬运，输送带长度一般制成每段 100~200 m，使用时必须根据需要把若干段连接起来。橡胶输送带的连接方法有机械接法与硫化胶接法两种。硫化胶接法又可分为热硫化和冷硫化胶接；塑料输送带则有机械接头与塑化接头两种。

1）机械接头

机械接头是一种可拆卸的接头，它对带芯有损伤，接头强度低，只有 25%~60%，使用寿命短，并且接头通过滚筒时对滚筒表面有损害，常用于短运距或移动式带式输送机上。织物层芯输送带常采用的机械接头形式有铰接活页式、铆钉固定夹板式和钩状卡子式，如图 3-5 所示。

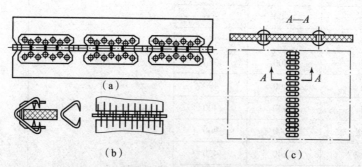

图 3-5　织物层芯输送带常用的机械接头方式
（a）铰接活页接头；（b）铆钉固定夹板接头；（c）钩状卡子接头

2）硫化（塑化）接头

硫化（塑化）接头是一种不可拆卸的接头形式。它具有承受拉力大、使用寿命长、对滚筒表面不产生损害、接头强度可高达 60%~95% 的优点，但存在接头工艺过程复杂的缺点。

对于分层式织物层芯输送带，硫化前将其端部按帆布层数切成阶梯状，如图 3-6 所示，然后将两个端头互相很好地黏合，用专用硫化设备加压加热并保持一定时间即可完成。值得注意的是接头静载强度为原来强度的 $(i-1)/i×100\%$，其中 i 为帆布层数。对于钢丝绳芯输送带，在硫化前将接头处的钢丝绳剥出，然后将钢丝绳按某种排列形式搭接好，附上硫化胶料，即可在专用硫化设备上进行硫化胶接。

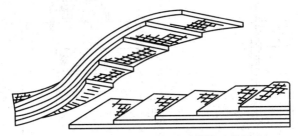

图 3－6　分层式织物层芯输送带的硫化接头

3）冷黏法（冷硫化法）

冷黏法与硫化连接主要不同之处是冷黏连接使用的胶可直接涂在接口上不需要加热，只需要加适当的压力保持一定的时间即可。冷黏连接只适用于分层织物芯的输送带。

（二）托辊与机架

托辊的作用是支承输送带，使输送带的悬垂度不超过技术上的要求，以保证输送带平稳运行。托辊安装在机架上，而输送带铺设在托辊上，为减小输送带运行阻力，在托辊内装有滚动轴承。

机架的结构分为落地式和吊挂式两种，落地式又分为固定式和可拆卸式两种，一般在主要运输巷道内用固定式，采区顺槽则多采用拆卸式或吊挂机架，落地式机架和托辊如图 3－7 所示。

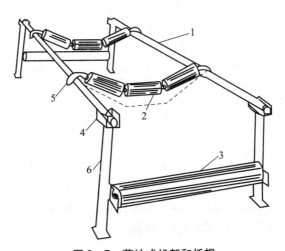

图 3－7　落地式机架和托辊

1—纵梁；2—槽形托辊；3—平行托辊；4—弹簧销；5—弧形弹性挂钩；6—支撑架

托辊由中心轴、轴承、密封圈、管体等部分组成，其结构如图 3－8 所示。托辊按用途可分为以下几种：

1．承载托辊

承载托辊安装在有载分支上，起着支承该分支上输送带与物料的作用。在实际应用中，要求它能根据所输送的物料性质差异，使输送带的承载断面形状有相应的变化。如果运送散

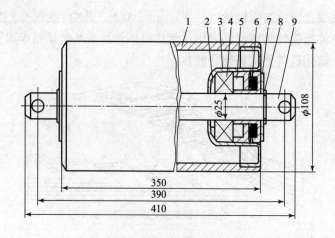

图 3 - 8 托辊的结构

1—管体；2，7—垫圈；3—轴承座；4—轴承；

5，6—内外密封圈；8—挡圈；9—芯轴

状物料，为了提高生产率并防止物料的撒落，通常采用槽形托辊；而对于成件物品的运输，则采用平行承载托辊。

2. 回程托辊

回程托辊是一种安装在空载分支上，用以支承该分支上输送带的托辊。常见布置形式如图 3 - 9 所示。

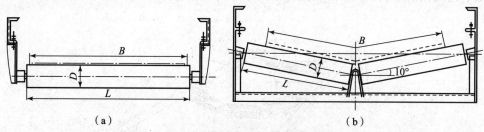

（a）　　　　　　　　　　　　　　　（b）

图 3 - 9 回程托辊常见布置形式

（a）平行；（b）V 形

3. 缓冲托辊

缓冲托辊安装在输送机的装载处，以减轻物料对输送带的冲击。在运输比重较大的物料时，有时需要沿输送机全线设置缓冲托辊。缓冲托辊的结构如图 3 - 10 所示，它与一般托辊的结构相似，不同之处是在管体外部加装了橡胶圈。

4. 调心托辊

输送带运行时，因张力不平衡、物料偏心堆积、机架变形、托辊损坏等会产生跑偏现象。为了纠正输送带的跑偏，通常采用调心托辊。

调心托辊被间隔地安装在承载分支与空载分支上，承载分支通常采用回转式调心托辊，其结构如图 3 - 11 所示。空载分支常采用网转式平行调心托辊。调心托辊与一般托辊相比较，在结构上增加了两个安装在托辊架上的立辊和传动轴，其除了完成支承作用外，还可根据输送带跑偏情况绕垂直轴自动回转以实现调偏的功能。

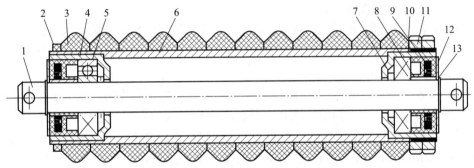

图 3－10　缓冲托辊的结构

1—轴；2—挡圈；3—橡胶圈；4—轴承座；5—轴承；6—管体；7—密封圈；
8，9—外、内密封圈；10，12—垫圈；11—螺母；13—端盖

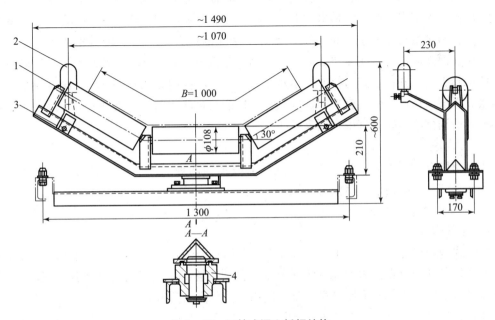

图 3－11　回转式调心托辊结构

1—槽形托辊；2—空辊；3—回转架；4—轴承座

（三）滚筒

1. 常用滚筒类型及特点

滚筒是带式输送机的重要部件之一。它按作用不同可分为传动（驱动）滚筒与改向滚筒两种。传动滚筒用来传递动力，既可以传递牵引力，也可以传递制动力；而改向滚筒则不起传递作用，主要用作改变输送带的运行方向，以完成各种功能（如拉紧、返回等）。

1）传动滚筒

传动滚筒按其内部传力特点不用，可分为常规传动滚筒、电动滚筒和齿轮滚筒。

传动滚筒内部装入减速机构和电动机的叫作电动滚筒，在小功率输送机上使用电动滚筒是十分有利的，可以简化安装，减少占地，使整个驱动装置重量轻、成本低，有显著的经济效益。但由于电动机散热条件差，工作时滚筒内部易发热，往往造成密封破坏而使润滑油进

入电机,从而产生电机烧坏等事故。

为改进电动滚筒的不足,人们又设计制造出了齿轮滚筒。传动滚筒内部只装入减速机构的齿轮滚筒,它与电动滚筒相比,不仅改善了电机的工作条件和维修条件,而且可使其传递的功率有较大幅度的增加。

传动滚筒表面形式有钢制光面和带衬两种形式,衬垫的主要作用是增大滚筒表面与输送带之间的摩擦因数,减少滚筒面的磨损,并使表面有自清洁作用。常用滚筒衬垫材料有橡胶、陶瓷、合成材料等,其中最常见的是橡胶。橡胶衬垫与滚筒表面的接合方式有铸胶与包胶之分:铸胶滚筒表面厚而耐磨,质量好,有条件的应尽量采用;包胶滚筒的胶皮容易脱掉,而且固定胶皮的螺钉易露出胶面而刮伤输送带。

钢制光面滚筒加工工艺比较简单,主要缺点是表面摩擦因数小,而且有时不稳定。因此,仅适用于中小功率的场合。橡胶衬面滚筒按衬面形状不同主要有光面铸胶滚筒、直形沟槽胶面滚筒、人字沟槽胶面滚筒和菱形(网文)胶面沟槽滚筒等。光面铸胶滚筒制造工艺相对简单,易满足技术要求,正常工作条件下摩擦因数大,能减少物料黏结,但在潮湿场合,常用表面无沟槽,致使无法截断水膜,因而摩擦因数显著下降;花纹状铸胶滚筒由于沟槽能使水膜中断,并将水和污物顺沟槽排出,从而使摩擦因数在潮湿环境下降低得很少;人字沟槽胶面滚筒在使用中具有方向性,其排污性能与自动纠偏性能正好矛盾,此种矛盾在采用菱形胶面沟槽滚筒时即可得到圆满解决。

2)改向滚筒

改向滚筒有钢制光面滚筒和光面包(铸)胶滚筒两种。包(铸)胶的目的是减少物料在其表面黏结,以防输送带跑偏与磨损。

2. 滚筒直径的选择与计算

1)滚筒直径的选择

在带式输送机的设计中,正确合理地选择滚筒直径具有很大的意义。直径增大可改善输送带的使用条件,但直径增大也将使其重量、驱动装置、减速器的传动比相应提高,因此,滚筒直径应尽量不要大于确保输送带正常使用条件所需的数值。

在选择传动滚筒直径时需考虑以下几方面的因素:

(1)输送带绕过滚筒时产生的弯曲应力。

(2)输送带的表面比压。

(3)覆盖胶或花纹的变形量。

(4)输送带承受弯曲载荷的频次。

2)传动滚筒直径的计算

为限制输送带绕过传统滚筒时产生过大的附加弯曲应力,推荐传动滚筒直径 D 按以下方式计算。

(1)织物层芯输送带:

硫化接头　　　　$D \geqslant 125z$,mm

机械接头　　　　$D \geqslant 100z$,mm

移动式输送机　　$D \geqslant 80z$,mm

式中　z——织物层芯中帆布层数。

(2)钢丝绳芯输送带:

$$D \geqslant 150d, \; mm$$

式中　d——钢丝绳直径，mm。

（四）驱动装置

驱动装置的作用是在带式输送机正常运行时提供牵引力，它主要由传动滚筒、电动机、联轴器和减速器等组成。

1. 驱动装置的组成及主要部件特点

驱动装置的组成如图3－12所示。

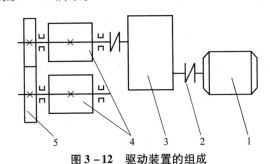

图 3－12　驱动装置的组成

1—电动机；2—联轴器；3—减速器；4—传动滚筒；5—传动齿轮

1）传动滚筒

关于传动滚筒的内容在前面已做讨论，在此不再重述。

2）电动机

带式输送机驱动装置最常用的电动机是三相鼠笼型电动机，其次是三相绕线型电动机，只有个别情况下才采用直流电动机。

三相鼠笼型电动机与其他两种电动机相比较，具有结构简单、制造方便、易防爆、运行可靠、价格低廉等一系列优点，因此在煤矿井下得到广泛的应用。但其最大缺点是不能经济地实现范围较宽的平滑调速，启动力矩不能控制，启动电流大。

三相绕线型电动机具有较好的调速特性，在其转子回路中串接电阻，可较方便地解决输送机各传动滚筒间的功率平衡问题，不致使个别电动机长时过载而烧坏；可以通过串接电阻启动以减小对电网的负荷冲击，且可实现软启动控制。但三相绕线型电动机在结构和控制上均比较复杂，如带电阻长时运转会使电阻发热、效率降低，尤其很难做到防爆，因此在煤矿井下很少采用。

直流电动机最突出的优点是调速特性好，启动力矩大，但结构复杂、维护量大，与同容量的异步电动机相比，其重量是异步电动机的2倍，价格是异步电动机的3倍，且需要直流电源，因此只存在特殊情况下才采用。

3）联轴器

驱动装置中的联轴器分为高速轴联轴器与低速轴联轴器，它们分别安装在电动机与减速器之间和减速器与传动滚筒之间。常见的高速轴联轴器有尼龙柱销联轴器、液力耦合器等；常见的低速轴联轴器有十字滑块联轴器、齿轮联轴器和棒销联轴器等。

4）减速器

驱动装置用的减速器从结构形式上分，主要有直交轴和平行轴减速器，煤矿井下主要使用的是前者。

2. 驱动装置的类型及布置形式

驱动装置按传动滚筒的数目分为单滚筒驱动、双滚筒驱动及多滚筒驱动；按电动机的数目分为单电机和多电机驱动。每个传动滚筒既可配一个驱动单元［图 3 - 13（a）］，又可配两个驱动单元［图 3 - 13（b）］，且一个驱动单元也可以同时驱动两个传动滚筒（图 3 - 12）。

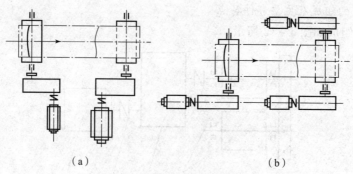

（a）   （b）

图 3 - 13 驱动装置布置形式

（a）垂直式；（b）并列式

（五）拉紧与制动装置

1. 拉紧装置

拉紧装置又称张紧装置，它是带式输送机必不可少的部件。其主要作用有：① 使输送带有足够的张力，以保证输送带与传动滚筒间能产生足够的驱动力以防止打滑；② 保证输送带各点的张力不低于某一给定值，以防止输送带在托辊之间过分松弛而引起撒料和增加运行阻力；③ 补偿输送带的弹性及塑性变形；④ 为输送带重新接头提供必要的行程。

1）固定式

固定式拉紧装置的特点是在工作中拉紧力恒定不可调，常用的有以下几种形式：

（1）螺旋式拉紧装置。螺旋式拉紧装置由于行程小，只适用于长度小于 80 m、功率较小的输送机，如图 3 - 14 所示。

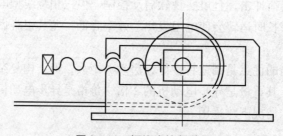

图 3 - 14 螺旋式拉紧装置

（2）重力式拉紧装置。重力式拉紧装置适用于固定安装的带式输送机，结构形式较多，其中两种布置方式如图 3 - 15 所示。重力式拉紧装置的主要特点是胶带伸长、变形不影响拉紧力，但体大笨重。

（3）钢丝绳式拉紧装置。钢丝绳式拉紧装置有两种形式，即绞车式和卷筒式。

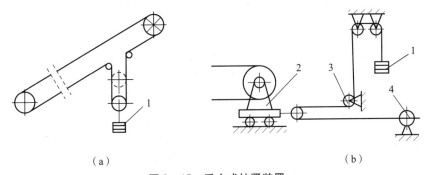

图 3 - 15　重力式拉紧装置
1—重锤；2—拉紧滚筒小车；3—滑轮；4—绞车

① 钢丝绳绞车式拉紧装置。钢丝绳绞车式拉紧装置是用绞车代替重力式拉紧装置中的重锤，以牵引钢丝绳改变滚筒位置，实现张紧胶带的目的。这种张紧方式，当胶带伸长变形时，需及时开动绞车张紧胶带，以免张力下降。满载启动时，可开动绞车适当增加张紧力；正常运转时，反转绞车适当减小拉紧力；滚筒打滑时，开动绞车加大拉紧力，以增加驱动滚筒的摩擦牵引力。

② 钢丝绳卷筒式拉紧装置。转动手把，经蜗轮蜗杆减速器带动卷筒缠绕钢丝绳，移动拉紧滚筒便可拉紧胶带。该装置广泛使用在采区运输巷道中的绳架吊挂式和可伸缩式胶带输送机上。

以上几种固定式拉紧装置的拉紧力大小是按整机重载启动时，满足胶带与驱动滚筒不打滑所需张紧力确定的，而输送机在稳定运行时所需张紧力较启动时小，由于拉紧力恒定不可调，所以胶带在稳定运行工况下仍处于过度张紧状态，从而影响其使用寿命，增加能耗。

2）自动式

自动式拉紧装置的特点是在工作过程中拉紧力大小可调，即输送机在不同的工况下（启动、稳定运行、制动）工作时，拉紧装置能够提供合理的所需拉紧力。它适应于大型胶带输送机。常用的有自动电动绞车拉紧装置，它的组成、布置与自动液压绞车拉紧装置基本相似，但使用的是电动绞车。工作时，通过测力机构的电阻应变式张力传感器模拟反应并转换为电信号，与电控系统给定值比较，控制绞车的正转、反转和停止，实现自动调整拉紧力。缺点是动态响应差。

2. 制动装置

制动装置的作用有两个：一是正常停机，即输送机在空载或满载情况下停车时能可靠地制动住输送机；二是紧急停机，即当输送机工作不正常或发生紧急事故（如胶带被撕裂或跑偏等故障出现）时对输送机进行紧急制动，迅速而又合乎要求地制动输送机。

制动装置按工作性质可分为制动器和逆止器两类：制动器用于输送机在各种情况下的制动；逆止器用于倾角大于4°、向上运输的满载输送机，在突然断电或发生事故时停车制动防止其倒转。

1）逆止器

对于上运输送机应通过具体计算来判断是否逆转，若发生逆转则安装逆止器。当一部输送机使用两个以上逆止器时，为防止各逆止器的工作不均匀性，每个逆止器都必须按能单独承担输送机逆止力矩的 1.5 倍配置。同时，在安装时必须正确确定其旋转方向，以防造成人身伤害和机器损坏。

图 3-16 所示为塞带式逆止器。胶带向上正向运行时，制动带不起作用；胶带倒行时，制动带靠摩擦力被带入胶带与滚筒之间，因制动带另一端固定在机架上，依靠制动带与胶带之间的摩擦力，制止胶带倒行。制动摩擦力的大小，取决于制动带塞入胶带与滚筒之间的包角及胶带的张力大小。这种逆止器结构简单，容易制造，但必须倒转一段距离方可制动，容易造成机尾处撒煤，故多用于小功率胶带输送机。

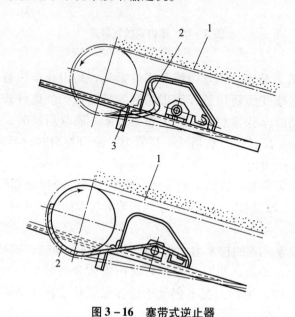

图 3-16　塞带式逆止器
1—胶带；2—制动带；3—固定挡块

图 3-17 所示为滚柱式逆止器。输送机正常运行时，滚柱位于切口宽侧，不妨碍星轮在固定圈内转动；停车后胶带倒转使星轮反转，滚柱挤入切口窄侧，滚柱被楔紧，星轮不能继续反转，输送机被制动。这种逆止器安装于机头卸载滚筒两侧，并与卸载滚筒同轴。

2）制动器

常用的制动器有闸瓦制动器和盘式制动器。

图 3-18 所示为电动液压推杆制动器。这种采用电动液压推杆的闸瓦制动器可用于水平、向上、向下运输的输送机，但制动力矩小，安装在减速器一轴或二轴上。制动器通电后，由电力液压推动器推动制动杠杆松闸，断电时靠弹簧抱闸，制动力是由弹簧和杠杆加在闸瓦上的。

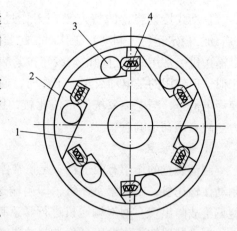

图 3-17　滚柱式逆止器
1—星轮；2—固定套圈；
3—滚柱；4—弹簧柱销

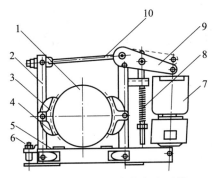

图3－18　电动液压推杆制动器

1—制动轮；2—制动臂；3—制动瓦衬垫；4—制动瓦块；5—底座；6—调整螺钉；
7—电力液压推动器；8—制动弹簧；9—制动杠杆；10—推杆

电力液压推动器的结构原理如图3－19所示，通电时，伸进电动机轴盲孔中的传动轴7及固定在传动轴上的叶轮6随电动机8一同高速旋转。将液压缸3内活塞5上部的油液吸到活塞与叶轮下部，形成压差，迫使活塞及固定在活塞上的推杆4随传动轴和叶轮一同上升，举起制动杠杆；断电后，推杆在制动弹簧的作用下复位。叶轮与活塞下部的油液则通过叶轮径向叶片间的流道被重新压到活塞上部。

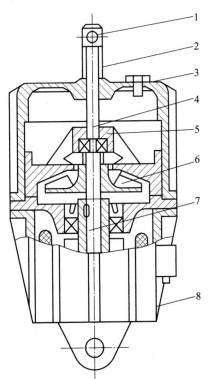

图3－19　YD型单推杆电力液压推动器的结构原理

1—连接块；2—护管；3—液压缸；4—推杆；5—活塞；6—叶轮；7—传动轴；8—电动机

盘式制动器多用于大型胶带输送机，水平、向上、向下运输时均可采用，但下运时必须加强制动盘及闸瓦的散热能力。安装在减速器输出轴或滚筒轴上。

第二节 特种带式输送机

带式输送机的发展十分迅速，现已发展成一个庞大的家族，不再是常规的开式槽形和直线布置的带式输送机，而是根据使用条件和生产环境设计出了多种多样的机型。在此将煤矿中常使用的几种特种输送机类型介绍如下。

一、绳架吊挂式带式输送机

绳架吊挂式带式输送机与通用型带式输送机基本相同，其特点仅在于机身部分为吊挂的钢丝绳机架支撑托辊和输送带，主要用于煤矿井下采区顺槽和集中运输巷中作为运输煤炭的设备，在条件适宜的情况下，亦可使用于上、下山运输。

绳架吊挂式带式输送机有以下几方面特点：

（1）机身结构为绳架式，用两根纵向平行布置的钢丝绳代替一般带式输送机的刚性机架，因此结构简单，节省钢材，安装拆卸及调整都很方便，并且可以利用矿井运输、提升中换下来的旧钢丝绳。图3-20所示为SPJ-800型绳架式带式输送机传动系统。

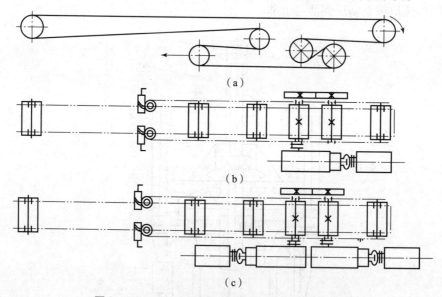

图3-20 SPJ-800型绳架式带式输送机传动系统

（a）工作原理图；（b）单电机拖动系统图；（c）双电机拖动系统图

（2）上托辊组由三个托辊铰接组成。由于钢丝绳具有弹性，铰接托辊槽形角可随负载大小而变化，因而可以提高运输能力和减少撒煤现象，还可减轻大块煤通过托辊时产生的冲击，延长输送带和托辊的使用寿命。

（3）机身吊挂在巷道支架上，亦可架设在底板上，机身高度可以调节。采用吊挂机身便于清扫巷道底板，并能适应底板不稳定的巷道。

（4）输送机可用双电动机驱动，亦可用单电动机驱动，以适应各种输送任务和输送长度对功率的要求。传动布置中装有液力联轴器，以改善输送机启动性能，并保证在双电动机驱动时负荷分配趋于均衡。

（5）输送带的张紧装置在机头部，利用蜗轮蜗杆传动钢丝绳将张紧滚筒拉紧，操作简便省力，可及时调整输送带的张紧力。

二、可伸缩带式输送机

随着综合机械化采煤的迅速发展，工作面向前推进的速度越来越快，这就要求顺槽的长度及运输距离也相应发生变化，从而使拆移顺槽中运输设备的次数和所花费时间在总生产时间中所占比重增加，影响了采煤生产力的进一步提高，为解决此矛盾，20 世纪 70 年代国内推出了可伸缩带式输送机。

可伸缩带式输送机最大的优点是能够比较灵活而又迅速地伸长和缩短。它的传动原理和普通带式输送机一样，都是借助于输送带与滚筒之间的摩擦力来驱动输送带运行。在结构上的主要特点是比普通带式输送机多一个储带仓和一套储带装置，当移动机尾进行伸缩时，储带装置可相应地放出或收缩一定长度的输送带，利用输送带在储带仓内多次折返和收放的原理调节输送机长度。

可伸缩带式输送机主要用于前进或后退式长壁采煤工作面的顺槽运输和巷道掘进时的运输工作。图 3 - 21 所示为 SJ - 80 型可伸缩带式输送机结构。

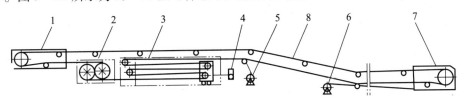

图 3 - 21　SJ - 80 型可伸缩带式输送机结构

1—卸载端；2—传动装置；3—储带装置；4—拉紧绞车；5—收放输送带装置；

6—机尾牵引装置；7—机尾；8—输送带

国产可伸缩带式输送机有三种类型：第一种是钢丝绳吊挂式可伸缩带式输送机，有 SD - 80 型，它们的机身与 SPJ - 800 型绳架吊挂式带式输送机的机身相似；第二种是落地式可伸缩带式输送机，有 SJ - 80 型和 SSP - 1000 型；第三种是落地吊挂混合式可伸缩带式输送机，属于这种类型的有 SDJ - 150 型。国产矿用可伸缩带式输送机的主要特征见表 3 - 3。

表 3 - 3　国产矿用可伸缩带式输送机的主要特征

技术数据	机　型	SDJ - 150	SD - 150	SJ - 80	SD - 80	SSP - 1000
	输送量（t·h^{-1}）	630	630	400	400	630
	输送长度/m	700	700	600	600	1 000
	带速/（m·s^{-1}）	1.9	2.0	2.0	2.0	1.88
	储带长度/m	50	100	50	100	50
	输送带宽度/mm	1 000	1 000	800	100	1 000
电动机	型号	DSB - 75	JDSB - 75	JDSB - 40	JDSB - 40	SBD - 125
	功率/kW	2 ×75	2 ×75	2 ×40	2 ×40	125
	转速/（r·min^{-1}）	1 480	1 470	1 470	1 470	1 480
	电压/V	380/660	380/660	380/660	380/660	1 140/660
质量/kg		66 521	50 638	46 268	47 933	90 000

储带仓在带式输送机机头部的后面，是用型钢焊接而成的机架结构。运行的输送带在机头部卸载换向后经过传动滚筒进入储带仓，输送带分别绕过拉紧车上的两个滚筒和前端固定架上的两个滚筒，折返四次后向机尾方向运行。需要缩短带式输送机时，输送带张紧车在张紧绞车的牵引下向后移动，机尾前移，输送带就重叠四层储存在储带仓内；需要伸长带式输送机时，张紧绞车松绳，机尾后移，输送储带仓中的输送带放出，输送带张紧车前移。根据伸长或缩短的距离，相应地增加或拆除中间托架。输送机伸缩作业完成以后，张紧绞车仍以适当的拉力将输送带张紧，使带式输送机正常传动和运行。

三、钢丝绳芯带式输送机

钢丝绳芯带式输送机又称强力带式输送机。随着我国煤炭工业的迅速发展，矿井运输量日益增大，在大型矿井主要水平及倾斜巷道采用大运量、长距离的带式输送机极为有利。由于普通型带式输送机输送带强度有限，为满足长距离运输的要求，常采用10多台普通型带式输送机串联使用，组成一条长距离输送带输送线。由于使用设备台数多，转载次数多，设备成本高，运输不合理，因此需要创造运输能力大、运距长，实现长距离无转载运输的新型输送机。钢丝绳芯带式输送机就是为适应这种需要而设计的一种强力带式输送机。它与普通型带式输送机不同之处是用钢丝绳芯输送带代替了普通输送带，输送带强度较普通型提高了几十倍，甚至高达近百倍。钢丝绳芯带式输送机已成为大运量、长距离情况下运送物料的重要设备之一，现常用的钢丝绳芯输送带为SJ系列。

四、钢丝绳牵引带式输送机

钢丝绳牵引带式输送机是一种以钢丝绳作为牵引机构，而输送带只起承载作用的输送机。它不受牵引力，使牵引机构和承载机构分开，从而解决了运输距离长、运输量大、输送带强度不够的矛盾。

在图3-22中，钢丝绳牵引带式输送机的两条平行牵引钢丝绳6，经过主动绳轮1和尾部钢丝绳张紧车10。主动绳轮1转动时借助于其衬垫与钢丝绳之间的摩擦力，带动牵引钢丝绳6运行。输送带5以其特制的绳槽搭在两条钢丝绳上，靠输送带与钢丝绳之间的摩擦力而被拖动运行，完成物料输送任务。钢丝绳的回空段、承载段布置托绳轮支承。

输送带在机头及机尾换向滚筒处应脱离钢丝绳，而从两条钢丝绳之间弯曲，因此在输送带换向弯曲处必须使输送带抬高，使两条钢丝绳间距加大，因而在输送带张紧车9上设有分绳轮，在输送带卸载架上也设有分绳轮。

为了保证钢丝绳有一定的张力和使钢丝绳在托绳架8间的悬垂度不超过一定限度，在机尾设有钢丝绳拉紧装置，10为钢丝绳张紧车，12为钢丝绳拉紧重锤。输送带拉紧装置的作用是使输送带不至于松弛，9为输送带张紧车，11为输送带张紧重锤。钢丝绳牵引带式输送机设有尾部和中间装载设备，为保证装载均匀，一般采用给煤机装煤。卸载一般在机头换向滚筒处借助卸载漏斗实现。

钢丝绳牵引带式输送机自1967年在我国山西某煤矿投入使用以来，至今近50多年了，积累了一定的经验，但也暴露出了这种输送机的严重缺点：如设备基建投资大、输送带制造成本高、钢丝绳及托绳轮衬垫寿命低、维护量大、运转维护费大等（如兖州煤业股份有限

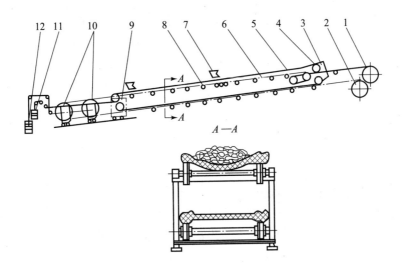

图 3 – 22　钢丝绳牵引带式输送机传动系统

1—主动绳轮；2—导绳轮；3—卸载漏斗；4—输送带换向滚筒；5—输送带；
6—牵引钢丝绳；7—给煤机；8—托绳架；9—输送带张紧车；10—钢丝绳张紧车；11，12—拉紧重锤

公司南屯煤矿一条钢丝绳牵引带式输送机的年维修费高达近 50 万元)。因此这种输送机虽然制定了产品系列，但一直未按系列大批生产，而现今制造厂家除特殊订货外已停止制造。在国外，如日本、德国等这种输送机已被淘汰。

五、线摩擦驱动带式输送机

对于长距离、大运量和高速度的带式输送机，主要采用钢丝绳芯和钢丝绳牵引带式输送机。近年来又研制和使用了一种线摩擦多点驱动带式输送机，如图 3 – 23 所示。如上海某煤炭装卸码头使用的就是这种输送机，其主要技术特征为：运距 400 m，运量 1 000 t/h，带宽 1 000 mm，带速 3.15 m/s，功率 7 × 30 kW。该输送机共有 7 套 30 kW 的驱动装置，头尾各布置两套，中间每隔 100 m 布置一套长约 15 m 的小型带式输送机作为中间驱动装置。

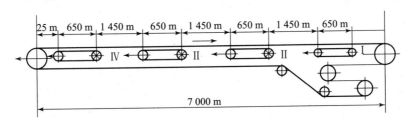

图 3 – 23　线摩擦驱动带式输送机传动系统

所谓线摩擦带式输送机，即在一台长距离带式输送机（称为主机）某位置输送带（称为主带）下面加装一台或几台短的带式输送机（称为辅机），主带借助重力或弹性压力压在辅机的输送带（辅带）上，辅带通过摩擦力驱动主带，即借助于各台短的带式输送机上输送带与长距离带式输送机的输送带间相互紧贴所产生的摩擦力，而驱动长距离带式输送机。这些短的带式输送机即为中间直线摩擦驱动装置，长的带式输送机的输送带则为承载和牵引机构。

使用线摩擦驱动带式输送机，可以将驱动装置沿长距离带式输送机的整个长度多点布置，可大大降低输送带的张力，故可使用一般强度的普通输送带完成长距离、大运量的输送任务；同时，驱动装置中的滚筒、减速器、联轴器、电动机等各部件的尺寸可相应地减小，亦可采用大批量生产的小型标准通用驱动设备等，故可降低设备的成本，从而使初期投资大大降低。因此，线摩擦驱动带式输送机已成为目前国内外长运距、大运量带式输送机的发展方向之一。

六、可弯曲带式输送机

平面弯曲带式输送机是一种在输送线路上可变向的带式输送机。它可以代替沿折线布置的、由多台单独直线输送机串联而成的运输系统，沿复杂的空间折曲线路实现物料的连续运输。输送带在平面上转弯运行，可以大大简化物料运输系统，减少转载站的数目，降低基建工程量和投资。

七、大倾角带式输送机

大倾角是指上运倾角在 18°～28° 和下运倾角在 16°～26° 范围的输送倾角。

普通带式输送机的输送倾角超过临界值角度时，物料会沿输送带下滑。输送的物料不同，其临界角度是不同的。采用大倾角带式输送机，可以减少输送距离，降低巷道开拓量，减少设备投资。常用大倾角带式输送机主要有压带式带式输送机、管状带式输送机、波状挡边横隔板带式输送机、深槽带式输送机、花纹带式输送机等几种形式。

八、气垫带式输送机

气垫带式输送机的研究工作始于荷兰。20 世纪 70 年代初期，荷兰 Sluis 公司的制造厂已经批量生产气垫带式输送机，其年产量达 20 km。与此同时，德国、美国、英国、日本和苏联也相继开始研制气垫带式输送机，使其结构进一步完善。我国在气垫带式输送机研制方面虽然起步较晚，但由于气垫带式输送机的技术经济效果显著，近年来也发展很快。气垫带式输送机的工作原理及其结构不同于前述的几种带式输送机，其工作原理如图 3 - 24 所示。气垫带式输送机是利用离心式鼓风机 1，通过风管将有一定压力的空气流送入气室 2，气流通过盘槽 3 上按一定规律布置的小孔进入输送带 4 与盘槽之间。由于空气流具有一定的压力和黏性，在输送带与盘槽之间形成一层薄的气膜（也称气垫），气膜将输送带托起，并起润滑剂作用，浮在气膜上的输送带在原动机驱动下运行。由于输送带浮在气膜上，变固体摩擦为流体摩擦，所以在运行中的摩擦阻力大大减小，运行阻力系数为 0.02 ～ 0.002。

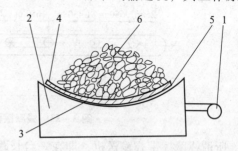

图 3 - 24　气垫带式输送机
工作原理

1—离心式鼓风机；2—气室；3—盘槽；
4—输送带；5—气垫；6—物料

气垫带式输送机的优点：① 结构简单、维修费用低。由于气室取代了托辊，输送机的运动部件大为减少，维修量和维修费用明显下降。② 运行平稳，工作可靠。由于气室取代了托辊，输送带浮在气膜上运行十分平稳，原煤在运输中不振动、不分层、不散落，改善了工作环境，减少了清扫工作。③ 能耗少。经过对样机在不同运量工况下的实测证明，可节电 8% ~ 16%，若采用水平运输，则可节电 20% ~ 25%。④ 生产率高。带宽相同时，气垫带式输送机的装料断面和带速可增大与提高；若运量相同，带宽可以下降 1 ~ 2 级。

第三节　带式输送机的操作

带式输送机的操作规程如下：

（1）操作司机必须人员固定，持证上岗，严禁无证或持无效证件上岗。

（2）带式输送机机头处必须至少规范悬挂有以下相关规章制度：《带式输送机司机岗位责任制》《带式输送机司机操作规程》。

（3）每部设备设置有交接班记录、检查检修记录和安全保护试验记录并由相关人员认真填写。

（4）胶带机司机必须坚持现场交接班，交接班时双方必须将设备运转情况、现场遗留问题及注意事项等交接清楚并及时、完整、准确地填写交接班记录。

（5）输送机运转期间出现重大机械、电气故障或其他异常问题时，应立即停机，及时将情况向队跟（值）班人员和矿调度室汇报，并针对所发现问题采取必要措施进行处理。

（6）驱动装置的电机、减速机运转正常、无异常响声，减速机中油脂清洁，油量适当。

（7）胶带机运行时胶带不跑偏：上层胶带不出托辊，下层胶带不摩擦 H 架支腿，上下层胶带不接触、无摩擦。

（8）发生皮带跑偏时，应根据胶带跑偏位置和跑偏情况，采取措施调偏，严禁用木棍、锚杆等其他物品强行调偏。

（9）胶带机要托辊齐全、转动灵活，无破损、无异常响声。

（10）液力耦合器严格按照传动功率的大小加注合格、适量的传动介质，双电动机驱动时液力耦合器的充液量要保持均衡，避免因电动机出力不均而损坏。严禁用其他液体代替传动介质。易熔塞和防爆片严禁使用其他物品代替。

（11）带式输送机必须将输送带上的煤拉空才能停机，避免重载启动设备。

（12）及时清理落入煤流中的钢钎、锚杆、刮板、链条、木材等物料，严禁进入主运输皮带。

（13）输送机司机负责机头文明卫生，保证责任范围内无浮煤、杂物，设备干净整洁。

第四节　带式输送机的安装、检测、检修

一、普通、钢丝绳芯带式输送机

（一）滚筒、托辊

（1）各滚筒表面无开焊、无裂纹、无明显凹陷。滚筒端盖螺栓齐全，弹簧垫圈压平紧

固，使用胀套紧固滚筒轴的螺栓，必须使用力矩扳手，紧固力矩必须达到设计要求。

（2）胶面滚筒的胶层应与滚筒表面紧密贴合，不得有脱层和裂口。井下使用时，胶面必须为阻燃胶面。

①驱动滚筒的直径应一致，其直径差不得大于 1 mm。

②托辊齐全，运转灵活，无卡阻、无异响。逆止托辊能可靠工作。

③井下使用缓冲托辊时，缓冲托辊表面胶层应为阻燃材料和抗静电材料。胶层磨损量不得超过原凸起高度的 1/2。使用缓冲床时，缓冲床的材料必须为阻燃材料和抗静电材料，缓冲床上的耐磨材料磨损剩余量不得低于原厚度的 1/4。

（二）架体

（1）机头架、机尾架和拉紧装置架不得有开焊现象。如有变形，应调平、校直。其安装轴承座的两个对应平面，应在同一平面内，其平面度、两边轴承座上对应孔间距允差和安装孔对角线允差不得大于表 3-4 的规定。

表 3-4 架体轴承座平面度与允差   mm

输送带宽	≤800	>800
安装轴承座的平面度	1.25	1.5
轴承座对应孔间距允差	±1.5	±2.0
轴承座安装孔对角线允差	3.0	4.0

（2）转载机运行轨道应平直。每节长度上的弯曲，不得超过全长的 5‰。

（3）机尾架滑靴应平整，连接紧固可靠。

（4）中间架应调平、校直，无开焊现象。中间架连接梁的弯曲变形，不得超过全长的 5‰。

（三）输送带拉紧和伸缩装置

（1）牵引绞车架无损伤，无变形。车轮在轨道上运行自如，无异响。

（2）小绞车轨道无变形，连接可靠，行程符合规定。

（3）牵引绞车减速机密封良好，传动平稳，无异响。

（4）牵引绞车制动装置应操作灵活，动作可靠。闸瓦制动力均匀，达到制动力矩要求。钢丝绳无断股，无严重锈蚀。在滚筒上排列整齐，绳头固定可靠。

（5）储带仓和机尾的左右钢轨轨顶面应在同一水平面内，每段钢轨的轨顶面高低偏差不得超过 2.0 mm。轨道应成直线，且平行于输送机机架的中心线，其直线度公差值在 1 m 内不大于 2 mm，在 25 m 内不大于 5 mm，在全长内不大于 15 mm。轨距偏差不得超过 ±2 mm，轨缝不大于 3 mm。

（6）自动液压张紧装置动作灵活，泵站不漏油，压力表指示正确。

（7）滚筒、滑轮、链轮无缺边和裂纹，运转灵活可靠。

（四）输送带

（1）井下必须使用阻燃输送带。输送带无破裂，横向裂口不得超过带宽的 5%，保护层脱皮不得超过 0.3 m²，中间纤维层损坏宽度不得超过 5%。

（2）钢丝绳芯输送带不得有边部波浪，不得有钢丝外漏，面胶脱层总面积每 100 m² 内不超过 1 600 cm²。

（3）输送带接头的接缝应平直，接头前后 10 m 长度上的直线允差值不大于 20 mm，输送带接头牢固平整，接头总破损量之和不得超过带宽的 5%。

（4）钢丝绳芯输送带硫化接头平整，接头无裂口，无鼓泡，无碎边，不得有钢丝外露。输送带硫化接头的强度不低于原输送带强度的 85%。

（五）制动装置、清扫器、挡煤板

（1）机头、机尾都必须装设清扫器，清扫器调节装置完整无损。清扫器橡胶刮板必须用阻燃、抗静电材料，其高度不得小于 20 mm，并有足够的压力。与输送带接触部位应平直，接触长度不得小于 85%。

（2）制动装置各传动杆件灵活可靠，各销轴不松旷，不缺油，闸轮表面无油迹，液压系统不漏油。各类制动器检修后在正常制动和停电制动时，不得有爬行、卡阻等现象。

（3）盘式制动器装配后，油缸轴心线应平行；在松闸状态下，闸块与制动盘的间隙为 0.5～1.5 mm；两侧间隙差不大于 0.1 mm。制动时，闸瓦与制动盘的接触面积不低于 80%。闸瓦瓦衬需使用阻燃、抗静电材料。

（4）闸瓦式制动器装配后，在松闸状态下，闸瓦与制动轮表面的间隙为 0.5～1.5 mm，两侧间隙之差不大于 0.1 mm；制动时，闸瓦与制动轮的接触面积不低于 90%。

（5）挡煤板固定螺栓齐全、紧固，可靠接煤。挡煤板无漏煤现象。

（六）保护装置

（1）驱动滚筒防滑保护、堆煤保护、跑偏装置齐全可靠。

（2）温度保护、烟雾保护和自动洒水装置齐全，灵敏可靠。

（3）钢丝绳芯带式输送机沿线停车装置每 100 m 安装一个，且灵敏可靠。

（4）主要运输巷输送带张力下降保护和防撕裂保护装置灵敏可靠。

（5）机头、机尾传动部件防护栏（罩）应可靠防止人员与其相接触。

（七）信号

信号装置声光齐备，清晰可靠。

二、钢丝绳牵引带式输送机

（一）驱动轮、导向轮、托绳轮

（1）驱动轮衬垫磨损剩余厚度不得小于钢丝绳直径，绳槽磨损深度不超过 70 mm；导向轮绳槽磨损不超过原厚度的 1/3；托绳轮衬垫圈磨损余厚不小于 5 mm，贴合紧密，无脱离现象。

（2）轮缘、辐条无开焊、裂纹或变形，键不松动。

（二）滚筒、托辊、支架

（1）滚筒、托辊完整齐全，无开焊、裂纹或变形，转动灵活，运转无异响。

（2）各种过渡架、中间架及其他组件焊接牢固，螺栓紧固，无严重锈蚀。

（三）牵引钢丝绳

（1）钢丝绳的使用符合《煤矿安全规程》有关规定。

（2）插接头光滑平整，插接长度不小于钢丝绳直径的 1 000 倍。

（四）输送带

（1）输送带无破裂，横向裂口不得超过带宽的5%；无严重脱胶，橡胶保护层脱落不得超过0.3 m²，输送带连续断条不得超过1 m。

（2）槽耳无严重磨损，输送带托带耳槽至输送带边缘不小于60 mm。

（3）输送带接头牢固，平整光滑，无缺卡缺扣。

（五）制动装置

（1）制动装置各传动杆件灵活可靠，各销轴不松旷，不缺油，闸轮表面无油迹，液压系统不漏油。各类制动器检修后在正常制动和停电制动时，不得有爬行、卡阻等现象。

（2）盘式制动器装配后，油缸轴心线应平行；在松闸状态下，闸块与制动盘的间隙为0.5~1.5 mm；两侧间隙差不大于0.1 mm。制动时，闸瓦与制动盘的接触面积不低于80%。闸瓦瓦衬需使用阻燃、抗静电材料。

（3）闸瓦式制动器装配后，在松闸状态下，闸瓦与制动轮表面的间隙为0.5~1.5 mm，两侧间隙之差不大于0.1 mm；制动时，闸瓦与制动轮的接触面积不低于90%。制动力矩符合《煤矿安全规程》的规定。

（4）闸带无断裂，磨损剩余厚度不小于1.5 mm，闸轮磨损沟槽时不得超过闸轮总宽度的10%。

（六）拉紧装置

（1）部件齐全完整，焊接牢固，动作灵活。

（2）钢丝绳拉紧车及输送带拉紧车的调节余程不小于各自全行程的1/5。配重锤符合设计规定，两支架间钢丝绳的挠度不超过50~100 mm。

（七）装卸料、清扫装置

（1）料口不得与输送带面直接接触，给料应设缓冲挡板和缓冲托辊。

（2）挡煤板装设齐全，不漏煤，调节闸门动作灵活可靠。

（3）清扫装置各部件灵活有效。

（八）安全保护

（1）各项安全保护装置齐全，动作灵敏可靠。

（2）沿线保护、乘人越位保护动作灵敏可靠。沿线保护的设置间距不大于40 m，底皮带可适当加长。

（3）紧急停车开关灵敏可靠。

（九）信号与仪表

（1）声光信号装置应清晰可靠。

（2）电流表、电压表、压力表、温度计齐全，指示准确。每年校验一次。

三、带式输送机安装标准

（一）机头安装

（1）固定胶带机应采用混凝土基础，掘进工作面胶带机采用打地锚拉紧的方式固定。机头驱动装置固定必须牢固、可靠。胶带机的混凝土基础，应有专门的设计，并严格按照设计要求施工，经验收合格后方可安装。

（2）驱动装置原则上布置在巷道行人侧，便于安装检修，行人侧驱动装置与巷道之间间距大于 700 mm、非行人侧驱动装置与巷道之间间距大于 500 mm，卸载滚筒与顶板的间距不小于 600 mm。

（3）张紧小车在轨道安装时其轨距偏差不应大于 3 mm，轨道直线度不超过 3/1 000，两轨高低差不大于 1.5/1 000，轨道接头间隙不大于 5 mm，轨道接头错动上下不大于 0.5 mm、左右不大于 1 mm。拉紧装置工作可靠，调整行程不小于全行程的 1/2。拉紧装置调整灵活，拉紧小车的车轮应转动灵活，无卡阻现象。

（二）机尾安装

（1）固定胶带机应采用混凝土基础固定，其混凝土基础应有专门的设计，并严格按照设计要求施工，经验收合格后方可安装。

（2）掘进工作面胶带机机尾必须有稳固的压柱或地锚，掘进工作面胶带机应打地锚、综采工作面胶带机同时安装有转载机时应打地锚。

（三）中间部分安装

（1）胶带机严格按巷道中心线和腰线为基准进行安装，距离偏差不得超过 10 mm，做到平、直、稳，传动滚筒、转向滚筒安装时其宽度中心线与胶带输送机纵向中心线重合度不超过滚筒宽度 2 mm，其轴心线与胶带输送机纵向中心线的垂直度不超过滚筒宽度的 2/1 000，轴的水平度不超过 0.3/1 000。

（2）中间架安装时中心线与胶带输送机中心线重合度不大于 3 mm，支腿的铅垂度不大于 3/1 000，在铅垂面内的直线度不大于中间架长度的 1/1 000。

（3）上、下托辊齐全，转动灵活，上、下托辊的水平度不应超过 2/1 000。皮带机装载处必须使用缓冲托辊，不准使用普通托辊代替。

（4）纵梁安装必须采用标准胀销与 H 架连接，且连接牢固可靠，两纵梁接头处上下错位、左右偏移不大于 1 mm。

（5）皮带机延伸时，H 架、纵梁、托辊及时安装齐全。

（6）胶带必须使用阻燃带，胶带卡子接头应卡接牢固，卡子接头与胶带中心线成直角。皮带接头不断裂，皮带无撕裂，磨损不超限，胶带跑偏不超过皮带宽度的 5/1 000。

（四）电气部分安装

（1）带式输送机机头必须设置配电点，电气设备要集中放置。

（2）电气开关和小型电器分别按要求上架、上板，摆放位置无淋水，有足够行人和检修空间，电缆悬挂整齐、规范。

（3）电气开关、电缆选型符合设计要求，各种保护装置齐全、动作灵敏可靠，各种保护整定值符合设计要求。

（4）控制信号装置齐全，灵敏可靠。机头硐室段巷道安装防爆照明灯具。

（5）通信信号系统完善、布置合理、声光兼备、清晰可靠。

（五）附属设施安装

（1）清扫器安装长度合适，符合生产需要。清扫器与输送带面接触良好，松紧适宜，接触面均匀，清扫器与输送带接触长度不小于带宽的 80%，确保清扫效果良好。

（2）按要求安装各种保护罩、防护栏和行人过桥。

四、带式输送机保护安装及试验标准

带式输送机的防滑保护、堆煤保护、跑偏保护、沿线急停装置、烟雾保护、防撕裂保护、欠电压保护、过电流保护应接入胶带输送机控制回路或主回路，所有保护应动作灵敏、保护可靠。

超温自动洒水保护应接入带式输送机电控回路，当出现温度超限时，能实现自动打开水源洒水降温，并报警停车。

（一）保护安装要求

1. 防滑保护

1）安装要求

带式输送机防滑保护应安装在带式输送机回程带上面。固定式带式输送机安装时，应装在机头卸载滚筒与驱动滚筒之间；当两驱动滚筒距离较远时，也可安装在两驱动滚筒之间；其他地点使用的带式输送机，应安装在回程带距机头较近处；简易皮带（注：采掘工作面用 800 mm 及以下可伸缩皮带，下同）防滑保护应设在改向滚筒侧面，与滚筒侧面的距离不超过 50 mm，防滑保护安装时，传感器应采用标准托架固定在胶带机头大架上，严禁用铁丝或其他物品捆扎固定。

2）保护特性

当输送带速度 10 s 内均在（50% ~ 70%）v_e（v_e 为额定带速）范围内、输送带速度小于或等于 50%v_e、输送带速度大于或等于 110%v_e 时防滑保护应报警，同时中止带式输送机的运行，对带式输送机正常启动和停止的速度变化，防滑保护装置不应有保护动作。

2. 堆煤保护

1）安装要求

（1）两部带式输送机转载搭接时，堆煤保护传感器在卸载滚筒前方吊挂；传感器触头水平位置应在落煤点的正上方，距下部胶带上带面最高点距离不大于 500 mm，且吊挂高度不高于卸载滚筒下沿，安装时要考虑到洒水装置状况，防止堆煤保护误动作。

（2）使用溜煤槽的胶带，堆煤保护传感器触头可安装在卸载滚筒一侧，吊挂高度不得高于卸载滚筒下沿，水平位置距卸载滚筒外沿不大于 200 mm。

（3）胶带与煤仓直接搭接时，分别在煤仓满仓位置及溜煤槽落煤点上方 500 mm 处各安装一个堆煤保护传感器，两处堆煤保护传感器都必须灵敏可靠。

（4）采用矿车或其他方式转载的地点，以矿车装满或接煤设施局部满载为基准点，堆煤保护传感器触头距基准点应在 200 ~ 300 mm。

（5）堆煤保护控制线应自巷道顶板垂直引下，传感器触头垂直吊挂，并可靠固定，严禁随风流摆动，以免引起保护误动作。

（6）带式输送机机头安装有除铁器或其他设施，影响堆煤保护传感器安装时，应加工专用托架安装，确保传感器固定牢固。

2）保护特性

堆煤保护装置在 2 s 内连续监测到煤位超过预订值时应预警，同时，中止带式输送机运行。由改变传感器偏角或动作行程实现保护的堆煤保护装置，其保护动作所需的作用力不大于 9.8 N。

3. 跑偏保护

1）安装要求

固定带式输送机的跑偏保护应成对使用，且机头、机尾处各安装一组，距离机头、机尾10 ~ 15 m，当带式输送机有坡度变化时，应在变坡位置处安装一组；简易皮带跑偏保护只需在机头安装一组即可。跑偏保护应用专用托架固定在带式输送机大架或纵梁上，对带式输送机上带面的偏离情况进行保护。

2）保护特性

（1）当运行的输送带跑偏超过托辊的边缘 20 mm（使用三联辊的胶带输送机超过70 mm）时，跑偏保护装置应报警。

（2）当运行的输送带超出托辊 20 mm（使用三联辊的胶带输送机超过 70 mm）时，经延时 5 ~ 15 s，跑偏保护装置应可靠动作，能够中止带式输送机的运行。

（3）对于使用接触式跑偏传感器之类的跑偏保护装置，其保护动作所需作用于跑偏传感器中点正向力为 20 ~ 100 N。

4. 烟雾保护

1）安装要求

带式输送机烟雾保护应安装在带式输送机机头驱动滚筒下风侧 10 ~ 15 m 处的输送机正上方，烟雾传感器应垂直吊挂，距顶板不大于 300 mm，当输送机为多滚筒驱动时应以靠近机头处滚筒为准。

2）保护特性

连续 2 s 内，烟雾浓度达到 1.5% 时，烟雾保护应报警，中止带式输送机运行，同时启动自动洒水装置，洒水降温。

5. 防撕裂保护

1）安装要求

主运带式输送机应在胶带落煤点下方，向机头方向（胶带机为头部驱动时）10 ~ 15 m位置安装防撕裂保护。防撕裂保护安装在输送机上下两层胶带之间，保护方式为压电式或牵引钢丝绳式的防撕裂保护，安装时应加工标准托架，将防撕裂保护固定在输送机纵梁上，靠上层胶带方向。

2）保护特性

运行的胶带纵向撕裂时，防撕裂保护应报警，同时中止带式输送机的运行。

6. 超温自动洒水保护

1）安装要求

热电偶感应式超温洒水保护传感器应固定在主传动滚筒瓦座（轴承座）上，简易带式输送机超温洒水保护传感器安装在主驱动架后台减速机侧最上边端盖螺栓孔上；采用红外线传感器时，传感器发射孔应正对主传动滚筒轴承端盖（瓦座）处进行检测，传感器与主传动滚筒距离为 300 ~ 500 mm。有两套驱动装置时温度传感器安装在距离卸载滚筒较远处的主滚筒轴承端盖瓦座上。

2）保护特性

在测温点处，温度超过规定时超温自动洒水装置应报警，同时能启动自动洒水装置（带式输送机超温自动洒水装置采用 U 型卡固定在主驱动架后台主滚筒处的斜撑上，喷嘴正对着后台主滚筒），喷水降温。有两套驱动装置的皮带，洒水装置必须与超温保护装置安装在同一驱动滚筒上。

7. 欠电压保护

控制带式输送机的磁力起动器或馈电开关，当电网电压低于额定电压的 65% 时，应可靠动作，切断输送机电源，中止输送机运行。

8. 过电流保护

控制带式输送机的磁力起动器或馈电开关，当输送机电动机运行电流超过控制开关的整定值时，应可靠动作，切断输送机电源，中止输送机运行。

9. 逆止制动装置

1）安装要求

在倾斜巷道中的上运带式输送机（平均倾角超过 8°）上必须安装逆止制动装置。棘轮式逆止制动装置可安装在输送机的减速器上；或采用塞带式逆止制动装置，装设在驱动滚筒与胶带之间。

2）保护特性

当切断停止输送机电源时，逆止制动装置应可靠动作，并能够及时中止输送机运行，防止输送机反向下滑运行。

（二）保护配备标准

（1）必须装设驱动滚筒防滑保护、堆煤保护和防跑偏装置。

（2）应装设温度保护、烟雾保护和自动洒水装置。

（3）在主要巷道内安设的带式输送机还必须装设输送带张紧力下降保护装置和防撕裂保护装置。

（4）倾斜井巷中使用的带式输送机上运时（平均倾角超过 8°），必须同时装设防逆转装置与制动装置；下运时（平均倾角超过 8°），必须装设制动装置。

（三）保护装置试验标准

（1）每班由带式输送机司机对带式输送机的各类安全保护装置进行检查试验，现场没有试验功能的保护装置，必须每班检查设备及关联线路的完好情况，保证各保护装置完好齐全、动作灵敏可靠。现场保护试验与完好检查必须有详细记录。

（2）温度保护、烟雾保护、防滑保护、自动洒水传感器在井下现场不具备试验条件的保护装置，升井检验（地面必须有备件，升井校验前使用完好备件替换现场使用的传感器）。

（3）温度保护、烟雾保护、防滑保护传感器、自动洒水传感器在井下现场不具备试验条件的保护装置升井地面校验必须有记录。

（4）温度保护、烟雾保护、防滑保护传感器、自动洒水传感器的地面校验必须在地面设置配套校验设施，地面设置配套校验设施必须满足试验要求。

（5）温度保护传感器与自动洒水传感器构建在一起地面校验。热电偶感应式超温洒水保护传感器采用外加热（红外线传感器照射外加热源），传感器采集温度达到要求温度，洒水传感器动作，配套洒水装置自动洒水，超温自动洒水传感器校验为合格。

（6）烟雾保护传感器地面校验人工施加烟雾，配套系统设备报警，传感器校验为合格。

（7）防滑保护传感器地面校验在配套校验设施上进行，传感器采集配套设施正常速度，配套系统能正常工作，传感器采集配套设施低速（相当于胶带打滑），配套系统保护报警，传感器校验为合格。

（四）沿线急停装置安装及使用管理标准

（1）沿线急停装置设置距离不大于 100 m/个，自机头起安装至机尾。较大的起伏段处应设急停开关。

（2）采用拉线急停装置实现急停功能时，急停装置应安装在皮带机行人侧。急停传感器使用专门加工的固定板并用螺栓固定在皮带机 H 架上，连接电缆使用扎带固定在皮带机纵梁上。

（五）设备检查、检修、试验制度

（1）使用单位要制订带式输送机的月度检修计划并按照计划严格执行。

（2）使用单位配备足够的检修人员并在规定的时间内进行检修，检修后检修人员要按照要求认真填写检修记录。

（3）每周对胶带机进行一次全面的检查；胶带机检修人员每天应对设备进行一次全面的检查维护，胶带机司机班中应对所操作维护的设备进行不少于两次的巡回检查。

（4）设备操作维护人员应对机电设备的完好情况、保护使用情况、安全设施使用情况等进行全面检查，发现问题及时处理，处理不了的及时汇报。

（5）胶带输送机开关整定值应严格按照整定设计执行，检修维护人员每天应检查一次保护使用情况，严禁私自改动保护整定值。

（6）胶带输送机开关的保护齐全完善，设置规范，严禁甩保护或保护装置失灵未处理好而强行开机运行。

（7）带式输送机必须配备具有堆煤、防跑偏、防打滑、温度、烟雾报警等功能的综合保护装置。每班交接班时进行检查试验，保证各保护装置完好齐全、动作灵敏可靠。保护装置的检查试验和校验要有详细记录。

（8）驱动装置外露部分、滚筒等转动部位必须有完好的防护罩或防护栏，储带仓架全长段安装有整齐美观的防护网，每班检查一次其完好情况。

（9）经常检查清扫器的磨损状况，确保清扫器有足够的宽度、长度和接触面。

（10）胶带接头要保持完整、牢靠。每班都要做认真检查，发现刮坏、拉叉、皮带扣脱落的接头应及时修补，严重影响安全运行时必须割除并重新做接头。

（11）根据巷道变化情况，检修人员要及时调整胶带机安装情况，保证机身及中间架结构完整，无严重变形，连接可靠，螺栓紧固，平直稳固，坡度变化处中间架过渡平缓；巷道底板不平整不能保证中间架水平时，H 架支腿只能采用可调节支腿，或采用木墩等较方正的物体支垫牢稳，不得用多层木板、煤块、碴块支垫。

第四节　带式输送机的选型计算

带式输送机的选型设计类型有两种：一种是选用成套的带式输送机，验算其用于具体条件的可能性；另一种是通过计算选择各组成部件，最后组合成适用于具体条件下的带式输送机。本节主要介绍成套设备选型的计算方法。选型设计分为初步设计和施工设计两部分。在此仅介绍初步设计。

初步选型设计带式输送机，一般应给出下列原始资料：

（1）输送长度 L，m。

（2）输送机安装倾角 β。

（3）设计运输生产率 Q，t/h。

（4）物料货载的松散密度 ρ'，t/m³。

（5）物料在胶带上的堆积角 θ，(°)。

（6）物料块度 a，mm。

计算的主要内容如下：

（1）输送带的运输能力与带宽、速度的计算与选择。

（2）运行阻力与输送带张力的计算。

（3）输送带悬垂度及输送带强度验算。

（4）牵引力与电动机功率的计算。

一、输送带的运输能力与带宽、速度的计算与选择

取 v 表示输送带运行速度（m/s），q 表示单位长度输送带内物料的质量（kg/m），则带式输送机的输送能力为

$$Q = 3.6qv$$

因为在选型计算中输送带的速度是选定的，而单位长度的物料量 q 值决定于输送带上被运物料的断面积 A 及其密度 ρ'，对于连续物料的带式输送机，其单位长度的质量为

$$q = 1\ 000A \cdot \rho'$$

将两式子合并，则得

$$Q = 3\ 600A \cdot v \cdot \rho'$$

物料断面积 A 是内梯形断面积 A_1 和圆弧面积 A_2 之和。在输送带宽度 B 上，物料总宽度为 $0.8B$，中间托辊长为 $0.4B$。物料在带面上的堆积角为 θ，并堆成一个圆弧形，其半径为 r，中心角为 2θ。则梯形面积为

$$A_1 = \frac{0.4B + 0.8B}{2} \times 0.2B \cdot \tan 30° = 0.069\ 3B^2$$

圆弧面积

$$A_2 = \frac{r^2}{2}(2\theta - \sin 2\theta) = \frac{1}{2} \times \left(\frac{0.4B}{\sin \theta}\right)^2 (2\theta - \sin 2\theta)$$

总面积为

$$A = A_1 + A_2$$

$$= 0.069\ 3B^2 + \frac{1}{2} \times \left(\frac{0.4B}{\sin \theta}\right)^2 (2\theta - \sin 2\theta)$$

$$= \left[0.069\ 3 + \frac{1}{2} \times \left(\frac{0.4}{\sin \theta}\right)^2 (2\theta - \sin 2\theta)\right] B^2$$

式中　θ——物料的堆积角，rad。各种物料松散密度及物料的堆积角见表 3-5。

将上式简化后得带式输送机的输送能力

$$Q = K_m \cdot B^2 \cdot v\rho' C_m$$

表 3 – 5 各种物料散集密度及物料的堆积角

货载名称	$\rho'/(\mathrm{t \cdot m^{-3}})$	$\theta/(°)$	货载名称	$\rho'/(\mathrm{t \cdot m^{-3}})$	$\theta/(°)$
煤	0.8 ~ 1.0	30	石灰岩	1.6 ~ 2.0	25
煤渣	0.6 ~ 0.9	35	砂	1.6	30
焦炭	0.5 ~ 0.7	35	黏土	1.8 ~ 2.0	35
黄铁矿	2.0	25	碎石及砾岩	1.8	20

式中 B——输送带宽度，m；

v——带速，m/s；

Q——输送量，t/h；

ρ'——物料松散密度，t/m³；

K_m——物料断面系数，$K_\mathrm{m} = 3\,600\left[0.069\,3 + \dfrac{0.08}{\sin^2\theta}(2\alpha - 2\sin 2\theta)\right]$，$K_\mathrm{m}$ 值与物料的

堆积角 θ 值有关，可由表 3 – 6 查得；

C_m——输送机倾角系数，即考虑倾斜运输时运输能力的减小而设的系数，其值见表 3 – 7。

表 3 – 6 物料断面系数表

动堆积角		10°	20°	25°	30°	35°
K_m	槽形	316	385	422	458	466
	平形	67	135	172	209	247

表 3 – 7 输送机倾角系数表

β	0° ~ 7°	8° ~ 15°	16° ~ 20°
C_m	1.0	0.95 ~ 0.9	0.9 ~ 0.8

如给定使用地点的设计运输生产率为 Q（t/h），则可满足运输生产率要求的最小输送带宽度为

$$B = \sqrt{\dfrac{Q}{K_\mathrm{m} \cdot v \cdot \rho' \cdot C_\mathrm{m}}}$$

按式中求得的为满足一定的运输生产率 Q 所需的带宽，还必须按物料的宽度进行校核。

对于未过筛的松散物料（如原煤）

$$B \geqslant 3.3 a_\mathrm{max} + 200(\mathrm{mm})$$

对于经过筛分后的松散物料

$$B = 3.3 a_\mathrm{p} + 200(\mathrm{mm})$$

式中 a_max——物料最大块度的横向尺寸，mm；

a_p——物料平均块度的横向尺寸，mm。

如果胶带宽度不能满足块度要求，则可把带宽提高一级，但不能单从块度考虑把带宽提

高两级或者两级以上，否则造成浪费。对于原煤可利用转载机上的破碎机破碎，以降低块度。各种带宽允许的最大物料块度见表3-8。

表3-8　各种带宽允许的最大物料块度

B/mm	500	650	800	1 000	1 200	1 400	1 600	1 800	2 000
a_p/mm	100	130	180	250	300	350	420	480	540
a_{max}/mm	150	200	300	400	500	600	700	800	900

二、运行阻力与输送带张力的计算

（一）运行阻力的计算

1. 直线段运行阻力

图3-25为带式输送机的运行阻力计算示意图。图中3~4段为运送物料段，输送带在这一段托辊上所遇到的阻力为承载段运行阻力，用 W_{zh} 表示；1~2段为回空段，输送带在这一段的阻力为空运行阻力，用 W_k 表示。一般情况下，承载段和回空段运行阻力可分别表示为

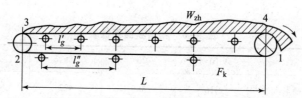

图3-25　带式输送机运行阻力计算示意图

$$W_{zh} = g(q + q_0 + q'_t) \cdot L \cdot \omega'' \cdot \cos\beta \pm g(q + q_d) \cdot L \cdot \sin\beta$$
$$W_k = g(q_d + q''_t) \cdot L \cdot \omega' \cdot \cos\beta \mp g \cdot q_d \cdot L \cdot \sin\beta$$

式中　β——输送机的倾角，当输送带在该段的运行方向是倾斜向上时 $\sin\beta$ 取正号，而倾斜向下时 $\sin\beta$ 取负号；

　　　L——输送机的长度，m；

　　　ω'，ω''——槽形、平行托辊阻力系数，见表3-9；

　　　q——输送带每米长度上的物料质量，kg/m，可由下述公式求得：

$$q = \frac{Q}{3.6v}$$

　　　q'_t，q''_t——承载、回程托辊转动部分线密度，kg/m³。

表3-9　托辊阻力系数表

工作条件	ω'（槽形）		ω''（平行）	
	滚动轴承	含油轴承	滚动轴承	含油轴承
清洁、干燥	0.02	0.04	0.018	0.034
少量尘埃、正常湿度	0.03	0.05	0.025	0.040
大量尘埃、湿度大	0.04	0.06	0.035	0.056

$$q'_t = \frac{G'}{l'_g}$$

$$q''_t = \frac{G''}{l''_g}$$

G'，G''——承载、回空托辊转动部分质量，kg，见表3－10；

l'_g——上托辊间距，一般取 1～1.5 m；

l''_g——下托辊间距，一般取 2～3 m；

q_d——输送带线密度，kg/m，织物层芯输送带线密度可按下式计算：

$$q_d = 层胶布质量 \times 层数 + 覆盖层密度 \times （上覆盖层厚度 + 下覆盖层厚度）$$

表3－10　托辊转动部分质量

托辊型式		带宽 B/mm					
		500	650	800	1 000	1 200	1 400
		G'，G''/kg					
槽形托辊	铸铁座	11	12	145	22	25	27
	冲压座	8	9	11	17	20	22
平行托辊	铸铁座	8	10	12	17	20	23
	冲压座	7	9	11	15	18	21

2. 曲线段运行阻力

在进行张力计算时，滚筒处阻力计算如下。

绕出改向滚筒的输送带张力为

$$S'_1 = kS'_y$$

式中　S'_1——绕出改向滚筒的输送带张力，N；

S'_y——绕入改向滚筒的输送带张力，N；

k——张力增大系数，见表3－11。

表3－11　张力增大系数

轴承种类	包角 ～90°	包角 ～180°	包角 ～45°
滑动轴承	1.03～1.04	1.05～1.06	1.03
滚动轴承	1.02～1.03	1.03～1.04	1.02

传动滚筒处的阻力为

$$W_c = (0.03 \sim 0.05)(S_y + S_1)$$

式中　W_c——传动滚筒处的阻力，N；

S_y——输送带在传动滚筒相遇点的张力，N；

S_1——输送带在传动滚筒相离点的张力，N；

（二）输送带张力计算

输送带张力的计算方法有两种：一种是根据输送带的摩擦传动条件，利用"逐点计算法"首先求出输送带上的各特殊点的张力值，然后验算输送带在两组托辊间的悬垂度不超过允许值；另一种是首先按照输送带在两组托辊间允许的悬垂度条件，给定带式输送机承载段最小张力点的张力值，然后按"逐点计算法"计算出其他各点的张力，最后验算输送带在主动滚筒上摩擦传动不打滑条件，即使之满足 $\dfrac{S_y}{S_1} < e^{\mu_0 \alpha}$ 的条件。对于上山运输带式输送机，当牵引力 $F_0 < 0$ 时，往往采用第二种方法。

下面介绍第一种计算输送带张力的方法。

（1）以主动滚筒的分离点为 1 点，依次定 2、3、4 点，根据"逐点计算法"，列出 S_1 与 S_4 的关系。

$$S_2 = S_1 + W_k$$
$$S_3 = S_2 + W_{2 \sim 3}$$
$$S_4 = S_3 + W_{zh}$$
$$S_4 = S_1 + W_{zh} + W_k + W_{2 \sim 3}$$

式中 $W_{2 \sim 3}$——输送带绕经导向滚筒所遇到的阻力，$W_{2 \sim 3} = (0.05 \sim 0.07) S_2$。

（2）按摩擦传动条件来考虑摩擦力备用问题，找出 S_1 与 S_4 的关系。

因为

$$S_4 - S_1 = F_{max} = \frac{F_{0max}}{C_0} = \frac{S_1(e^{\mu_0 \alpha} - 1)}{C_0}$$

所以

$$S_4 = S_1 + \frac{S_1(e^{\mu_0 \alpha} - 1)}{C_0} = S_1 \left[1 + \frac{S_1(e^{\mu_0 \alpha} - 1)}{C_0} \right]$$

式中 C_0——摩擦力备用系数，一般取 $C_0 = 1.15 \sim 1.2$；

μ_0——输送带与滚筒之间的摩擦因数，可按表 3-12 选取，对于井下一般取 $\mu_0 = 0.2$。

（3）联立公式，即可求出 S_1 与 S_4 的值，同时可算出其他点的张力值。

表 3-12 摩擦因数 μ_0 与 $e^{\mu_0 \alpha}$ 的值

滚筒表面材料及空气干湿程度	摩擦因数 μ_0	以度和弧度为单位的围包角 α							
		180°	210°	240°	300°	360°	400°	450°	480°
		3.14	3.66	4.19	5.24	6.28	7.00	7.85	8.38
		相应的 $e^{\mu_0 \alpha}$ 值							
铸铁或钢滚筒，空气非常潮湿	0.10	1.37	1.44	1.52	1.69	1.87	2.02	2.19	2.32
滚筒上包有木材或橡胶衬面空气非常潮湿	0.15	1.60	1.73	1.87	2.19	2.57	2.87	3.25	3.51
铸铁或钢滚筒，空气潮湿	0.20	1.87	2.08	2.51	2.85	3.51	4.04	4.84	5.34
铸铁或钢滚筒，空气干燥	0.30	2.56	3.00	3.51	4.81	6.59	8.17	10.50	12.35
带木材衬面的滚筒，空气干燥	0.35	3.00	3.61	4.33	6.27	9.02	11.62	15.60	18.78
带橡胶衬面的滚筒，空气干燥	0.40	3.51	4.33	5.34	8.12	12.35	16.41	23.00	28.56

三、输送带悬垂度及输送带强度验算

1. 悬垂度的验算

为使带式输送机运行平稳，输送带在两组托辊间悬垂度不应过大，以免产生冲击和撒料。输送带的悬垂度与其张力有关，张力越大，垂度越小，反之亦然。输送带张力与悬垂度的关系如图 3–26 所示。

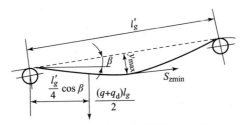

图 3–26　托辊间输送带的悬垂度

在两组托辊间的中点把重段输送带截开，取左侧为分离体，并取 $\sum M_A = 0$，则有

$$S_{minzh} \cdot [y_{max}] = \frac{g(q + q_d)L'_g}{2} \cdot \frac{L'_g \cos \beta}{4}$$

$$= \frac{g(q + q_d)L'^2_g}{8} \cos \beta$$

$$S_{minzh} = \frac{g(q + q_d)L'^2_g \cos \beta}{8[y_{max}]}$$

式中　$[y_{max}]$——输送带最大允许悬垂度，m，计算时可取 $[y_{max}] = 0.025L'_g$；

　　　S_{minzh}——重段输送带最小张力，N。

将 $[y_{max}]$ 的值代入，可得重段胶带允许的最小张力为

$$[S_{minzh}] = \frac{g(q + q_d)L'^2_g \cos \beta}{8 \times 0.025 L'_g}$$

$$= 5(q + q_d)L'_g \cos \beta$$

同理，可得回空段胶带允许的最小张力为 $[S_{minzh}] = 5q_d L'_g \cos \beta$

在一般情况下，回空段输送带的最小张力比较容易满足垂度要求，因而通常只验算重段的悬垂度。按上式求得的输送带重段最小张力值，若大于计算的 $[S_{minzh}]$，则满足悬垂度要求；否则应以求得的值作为重段最小张力点的张力值，再用逐点计算法计算其他各点张力，最后验算输送带在主滚筒上不打滑条件。重段最小张力值的增大可借助于拉紧装置来实现。

计算输送带张力也可以采用下列方法：首先按照悬垂度条件，确定重段最小张力点，然后按"逐点计算法"计算出其他各点的张力，最后验算输送带在主动滚筒上是否满足不打滑条件。计算上山运输带式输送机输送带张力，当牵引力 $W_0 < 0$ 时，往往采用此方法。

2. 输送带强度的验算

输送带的最大破断力与实际承受的最大张力之比，称为输送带的实际安全系数。验算输送带强度的原则是：输送带的实际安全系数应不低于允许安全系数。

（1）普通帆布层输送带强度的验算：

$$\frac{Bp'i}{10S_{max}} \geq n$$

式中　B——输送带宽度，mm；

　　　i——帆布层数；

p'——帆布层每厘米宽的拉断力，N/（cm·层）

S_{max}——输送带运行时实际承受的最大张力，N；

n——输送带的允许安全系数，棉帆布芯橡胶带安全系数见表3-13。

表3-13 棉帆布芯橡胶带安全系数

帆布层数		3~4	5~8	9~12
安全系数 n	硫化接头	8	9	10
	机械接头	10	11	12

（2）整芯输送带与钢丝绳芯输送带强度的验算：

$$\frac{Bp}{S_{max}} \geq n$$

式中 p——每毫米宽钢丝绳芯胶带的拉断力，N/mm。

对于整芯输送带，一般取 $n=10$；钢丝绳芯输送带的安全系数，要求不小于7，重大载荷时一般取10~12。

四、牵引力与电动机功率的计算

1. 驱动滚筒牵引力

以图3-26为例，得

$$W_0 = S_4 - S_1 + W_{4~1}$$
$$= S_4 - S_1 + (0.03 ~ 0.05)(S_4 + S_1)$$

2. 电动机功率

$$P = k\frac{W_0 v}{1\,000\eta}$$

式中 P——电动机功率，kW；

W_0——驱动滚筒牵引力，N；

v——输送带运行速度，m/s；

η——减速器的机械效率；

k——功率备用系数，$k=1.15 ~ 1.2$。

用于上山运输的带式输送机，当 $W_0 < 0$ 时，电动机将以发动机方式运转，所以应按下式计算电机发电时的反馈功率，即

$$P' = k\frac{W_0 v'}{1\,000\eta}$$

式中 v'——电动机超过同步转速运转时，输送带运行速度 $v'=1.05\,v$。

上山输送机在空转运行时，有时仍按电动机方式运转，空载时所需电动机功率为

$$P = k\frac{W_0' v}{1\,000\eta}$$

式中 W_0'——空载时驱动滚筒牵引力，N。

对于上山输送机，取较大值作为带式输送机所需要的电动机功率。

思考题与习题

1. 带式输送机有哪几种类型？各由哪几部分组成？各部分的作用是什么？其传动原理与刮板输送机有何不同？带式输送机适应的倾角为多大？带式输送机与刮板输送机比较有何优缺点？

2. 带式输送机的传动装置由哪些部分组成？主滚筒为何有单、双滚筒之分？为什么又有光面、包胶、铸胶之分？

3. 简述调心托辊的纠偏原理。

4. 某上山带式输送机向下运输煤炭，输送机传动装置布置在输送机上方，处于发电运行状态。已知：主动滚筒相遇点的张力 $S_y = 5\,500$ N，分离点的张力 $S_1 = 21\,000$ N，主动滚筒的阻力系数 0.04，输送带的运行速度 $v = 1$ m/s，传动装置的传动效率为 $\eta = 0.85$。试计算电机功率。

5. 简述带式输送机可弯曲运行的工作原理及采取的主要措施。

6. 输送带在运行中为什么会跑偏？如何防止跑偏？跑偏时应如何调整？

第四章 辅助运输机械

第一节 矿用电机车

一、矿用电机车运输设备的组成

目前，我国煤矿使用的电机车都是直流电机车，其牵引电动机和牵引电网均系直流。直流电机车按供电方式可分为架线式电机车和蓄电池式电机车两种。

架线式电机车运转设备包括列车和供电设备两部分。列车是由电机车和矿车组组成的；供电设备是由牵引电网和牵引变电所组成的。架线式电机车的供电系统如图 4-1 所示。

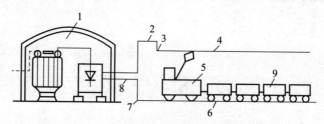

图 4-1 架线式电机车的供电系统

1—牵引变电所；2—馈电线；3—馈电点；4—架空裸导线；5—电机车；6—运输轨道；
7—回电点；8—回电线；9—矿车

牵引电网是由架空线和轨道向架线式电机车供应电能的网络，由馈电电缆、回电电缆、架空接触线和轨道四部分组成。

牵引变电所中的主要设备有变压器、整流器和直流配电设备等，牵引变电所一般与井底车场变电所在一起或在附近硐室中。

蓄电池式电机车运输设备由列车、供电设备、轨道组成，但轨道不在供电系统中。

蓄电池式电机车的供电设备由变电所和充电室的设备组成。

二、矿用电机车的形式及分类

按电能来源，电机车分为矿用直流架线式电机车（ZK 型）和矿用蓄电池式电机车（XK 型）。

按电机车的黏着质量（能够产生牵引力的质量即作用于主动轮对上的质量）分类，架线式电机车有：1.5 t、3 t、7 t、10 t、14 t、20 t 几种，蓄电池式有 2 t、2.5 t、8 t、12 t 几种。小于 7 t 的电机车一般用作短距离调车用，或用于输送量不大的采区平巷。

按电机车的轨距分为 600 m、762 mm、900 mm 三种。其中 762 mm 轨距主要用于较大的金属矿井中，中小型煤矿多采用 600 mm 轨距，大型煤矿多采用 900 mm 轨距。

按电压等级，架线式电机车有 100（97）V、250 V、550 V 三种，其中 100（97）V 用于 3 t 及以下吨位的电机车；蓄电池式电机车有 40/48 V 与 110/132 V 两个等级，40/48 V 电压等级用于 2.5 t 以下吨位的电机车。矿用架线式电机车、煤矿防爆特殊型蓄电池式电机车技术特征见表 4 – 1 和表 4 – 2。

表 4 – 1 矿用架线式电机车技术特征

技术特征 \ 电机车型号		6/100 ZK1.5 – 7/100 9/100	6/250 ZK3 – 7/250 9/250	6/250 ZK7、10 – 7/250 9/250	6/550 ZK7、10 – 7/550 9/550	ZK14 – 7/550 9/550	ZK20 – 7/550 9/550
电机车黏着质量/t		1.5	3	7、10	7、10	14	20
轨距/mm		600, 762, 900	600, 762, 900	600, 762, 900	600, 762, 900	762, 900	762, 900
固定轴距/mm		650	816	1 100	1 100	1 700	2 500
车轮滚动圆直径/mm		460	650	680	680	760	840
机械传动装置传动比		18.8	6.43	6.92	6.92	14.4	14.4
连接器距轨面高度/mm		270, 320	270, 320	270, 320, 430	270, 320, 430	320, 430	500
受电器工作高度/mm（最小/最大）		1 600/2 000	1 700/2 100	1 800/2 200	1 800/2 200	1 800/2 200	2 100/2 600
制动方式		机械	机械	机械，电气	机械，电气	机械，电气，压气	机械，电气，压气
弯道最小曲率半径/m		5	5、7	7	7	10	20
轮缘牵引力/kN	小时制	2.84/2.11	4.7	13.05	15.11	26.68	41.20
	长时制	0.736/0.392	1.51	3.24	4.33	9.61	12.75
速度/(km·h⁻¹)	小时制	4.54/6.47	9.1	11	11	12.9	13.2
	长时制	6.6/12.5	12.0	16.9	16	17.7	19.7
	最大	—	—	25	25	25	26

续表

技术特征 \ 电机车型号			6/100 ZK1.5 - 7/100 9/100	6/250 ZK3 - 7/250 9/250	6/250 ZK7、10 - 7/250 9/250	6/550 ZK7、10 - 7/550 9/550	ZK14 - 7/550 9/550	ZK20 - 7/550 9/550
牵引电动机	型 号		ZQ - 4 - 2	ZQ - 12	ZQ - 21	ZQ - 24	ZQ - 52	ZQ - 82
	额定电压/V		100	250	250	550	550	550
	电流/A	小时制	45	58	95	50.5	105	162
		长时制	18	25	34	19.6	50	75
	功率/kW	小时制	3.5	12.5	21	24	52	82
		长时制	1.35	—	7.4	9.6	25.2	38
	台数			1	1	2	2	2
外形尺寸/mm	长		2 100	2 700	4 500	4 500	4 900	7 400
	宽		750, 1 050	950, 1 250	1 060, 1 360	1 060, 1 360	1 355	1 600
	高		1 450, 1 550	1 550	1 550	1 550	1 550	1 900
生产厂			2, 5	3, 6	1, 2, 3, 4, 7	1, 2, 3	3, 5, 7	2

注：生产厂：1. 湘潭电机厂；2. 常州内燃机厂；3. 大连电车工厂；4. 六盘水煤矿机械厂；5. 重庆动力机械厂；6. 吉林市通用机械厂；7. 平遥工矿电机车。

表 4 - 2 煤矿防爆特殊型蓄电池式电机车技术特征

技术特征 \ 电机车型号		CDXT - 2.5	6/48KBT XR2.5 - 7/48KBT 9/48KBT	CDXT - 5	6/90KBT XR2.5 - 7/90KBT 9/90KBT	6/40KBT XR8 - 7/140KBT 9/140KBT	6/192 - 1KBT XR2.5 - 7/192 - 1KTB 9/192 - 1KTB	CDXT - 12
黏着质量/t		2.5	2.5	5	5	8	12	12
轨距/mm		600, 762, 900	600, 762, 900	600, 900	600, 762, 900	600, 762, 900	600, 762, 900	900
固定轴距/mm		650	600	800	850	1 150	1 220	2 080
车轮直径/mm		460	460	520	520	680	680	680
牵引高度/mm		250, 320	320	250, 320	250, 320	320, 430	320, 430	320, 430
最小曲率半径/m		5	5	6.5	6	7	10	14
制动方式		机械	机械	机械	机械	机械	机械，电气，液压	机械，电气
牵引力/kN	小时制	2.75	2.55	7.24	7.06	12.83	16.8	—
	长时制	—	—	—	—	—	—	16.8
速度/(km·h⁻¹)	小时制	4.5	4.54	7	7	7.8	8.7	8.5
	长时制	6	—	—	—	—	—	—

续表

技术特征			CDXT - 2.5	6/48KBT XR2.5 - 7/48KBT 9/48KBT	CDXT - 5	6/90KBT XR2.5 - 7/90KBT 9/90KBT	6/40KBT XR8 - 7/140KBT 9/140KBT	6/192 - 1KBT XR2.5 - 7/192 - 1KTB 9/192 - 1KTB	CDXT - 12
牵引电动机	型号		DJZB - 4.5	—	DZQB - 7.5	—	—	—	DZQ - 21dI
	额定电压/V		48	—	90	—	—	—	—
	电流/A	小时制	105	—	100	—	—	—	—
		长时制	50	—	—	—	—	—	—
	功率/kW	小时制	3.5	3.5	3.5	—	—	—	—
		长时制	—	—	—	7.5	15	22	21
	台数		1	1	2	2	2	2	
外形尺寸/mm	长		2 150	2 330	3 200	2 850	4 490	4 885	5 200
	宽		914, 1 076, 1 214	950, 1 250	1 000, 1 300	1 000, 1 050, 1 243	144, 1 192, 1 220	1 121, 121, 1 350	1 360
	高		1 380	1 550	1 550	1 550	1 600	1 600	1 750
蓄电池组	型号		DG - 330 - KT	—	DG - 330 - KT	—	—	—	DG - 560 - KT
	额定电压/V		48	48	96	90	140	192	192
	容量 (5 h 制) / (A·h)		330	330	330	330, 385	444	560	
	电池个数 /个		24	—	48	—	—	—	—
制造厂家			2, 3	1	2	1	1	1	2

注：制造厂家：1. 湘潭电机厂；2. 六盘水煤矿机械厂；3. 徐州机械厂。

三、矿用电机车的应用范围及发展方向

(一) 矿用电机车的应用范围

矿用电机车特别是架线式电机车，由于具有设备简单、牵引力大、操作调速方便、运输成本低等优点而被广泛应用于水平或近水平巷道，巷道坡度一般为3‰，局部坡度不能超过30‰。

《煤矿安全规程》的有关条目对电机车的应用范围有明确的规定，主要内容如下：

(1) 低瓦斯矿井进风的主要运输巷道内，可以使用架线式电机车，但巷道支护必须使用不燃性材料支护。

(2) 高瓦斯矿井的主要运输巷道内，应使用矿用防爆特殊型蓄电池式电机车，如果使用架线式电机车，必须采取特殊措施以满足《煤矿安全规程》的一系列规定。

(3) 在瓦斯突出的矿井和瓦斯喷出区域中，进风主要巷道内或主要回风巷道内，都应

使用矿用防爆特殊型蓄电池式电机车，并必须在机车内装设瓦斯自动检测报警仪。

（二）矿用电机车运输的发展方向

（1）电机车运输高度自动化。

（2）采用大型电机车和大容积的矿车。

（3）使用新型电机车。我国电机车已采用晶闸管脉冲调速系统，实现无级调速。

第二节　轨道与矿车

一、矿井轨道

矿井轨道是将钢轨按一定要求固定在线路上构成的，是电机车运行的基础件。

（一）轨道的结构

标准窄轨的结构如图4-2所示，轨道线路由下部建筑、上部建筑两部分组成。下部建筑主要是巷道底板和水沟，上部建筑主要是钢轨、连接零件、轨枕和道床。

钢轨是轨道上部建筑的重要组成部分之一。它不仅引导车辆运行，且直接承受载荷，并经轨枕将载荷传递给道床及巷道底板。

轨枕用于固定两条轨条，并使其保持规定轨距；防止钢轨纵向和横向移动，保证轨道的稳定性。轨枕承受钢轨压力，并将压力较均匀地传递给道床。轨枕有木质的和钢筋混凝土的两种。

道床一般由道碴层组成，承受轨枕的压力，并均匀地分布到巷道底板上。道床将轨道的上部建筑和下部建筑连接成一个整体。道碴一般选用坚硬的岩石，一般块度不超过40 mm，道碴铺设具有一定厚度。

轨道线路的主要参数有轨距、轨型、坡度、曲率半径。轨距是两条钢轨的轨头内缘的间距，用S_g表示，如图4-3所示，国内标准轨距有600 mm、762 mm、900 mm三种。

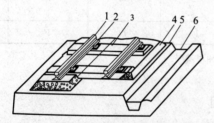

图4-2　标准窄轨的结构

1—钢轨；2—道钉；3—道床；
4—枕轨；5—底板；6—水沟

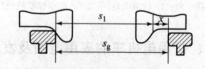

图4-3　轨距与轮缘距

S_1—轮缘距；S_g—轨距；

x—游隙

因为机车能牵引的坡度很小，所以轨道的坡度用两点间的高差和水平距离之比表示，通用i表示，其数值取千分数。

（二）弯曲轨道

弯曲轨道是轨道线路的重要组成部分。车辆经过弯道时：一方面，离心力使车轮轮缘向外轨挤压，既增加了行车阻力，又使得钢轨与轮缘的磨损严重，严重时可能造成翻车事故；另一方面，车辆在弯道上成弦状分布，车轮轮缘与轨道不平行，如图4-4所示，前轴的外

轮被挤到外轨上 B 点。后轴的内轮被挤到内轨上 C 点。这样，轮对将被钢轨卡住，严重时车辆会被挤出轨面而掉道。

为了保证车辆在弯道上正常运行，弯道处外轨要抬高，轨距要加宽，弯道半径不能太小。

（三）道岔

道岔是轨道线路的分支装置，如图 4 - 5 所示。

道岔由基本轨、尖轨、辙叉、护轮轨、转辙机构及一些零件组成。道岔按轨距轨型有标准系列规格。搬动道岔的转辙机构有手动搬道器、弹簧转辙器和电动转辙机。在特定的运行条件下可使用弹簧转辙器。用电动转辙机对道岔可进行远距离操作和监视。

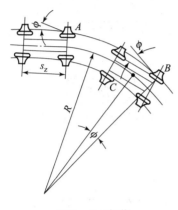

图 4 - 4 弯道

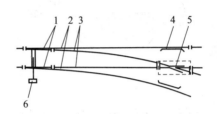

图 4 - 5 道岔

1—尖轨（岔尖）；2—基本轨；3—转辙轨；
4—护轮轨；5—辙叉；6—转辙机构

（四）轨道维护

轨道的铺设和维护质量影响行车速度、运行安全和轨道寿命，应遵照《煤矿窄轨铁道维修质量标准及检查评级办法》铺设和维护。有条件时，主要运输大巷的轨道应采用无缝线路和整体道床。使用期间应加强维护，定期检查。

二、矿用车辆

矿用车辆有标准窄轨车辆、卡轨车辆、单轨吊车和无轨机车车辆。标准窄轨车辆就是通常说的矿车。这种矿车是目前我国煤矿使用的主要车辆。

（一）矿车的类型及标准规格

煤矿使用的矿车类型很多，按结构和用途可分为以下几种：

（1）固定车厢式矿车。如图 4 -6（a）所示，这种矿车需要翻车机卸车。

（2）翻转车厢式矿车。如图 4 -6（b）所示，车厢能侧向翻倾卸车。

（3）底卸式矿车。如图 4 -6（c）所示，车底开启卸车。在专设的卸载站，整列车在运行中逐个开启自卸，如图 4 -7 所示。底卸式矿车按车底开启的方向，有正底卸式和侧底卸式之分，侧底卸式矿车的优点是进卸载站的行车方向不受限制，卸载时的车速易控制，底卸曲轨不受撞击。底卸式矿车装卸能力很强，能满足大型矿井的需要。

（4）材料车。材料车专用于装运长材料。

（5）平板车。平板车装运大件装备。

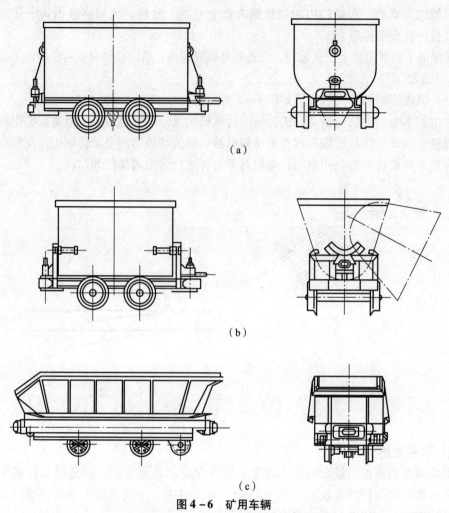

（a）

（b）

（c）

图 4 – 6　矿用车辆

（a）固定厢式；（b）翻转车厢式；（c）底卸式

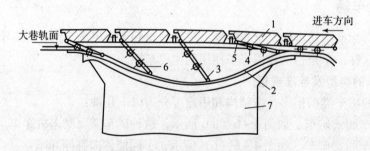

图 4 – 7　正底卸式矿车的卸载

1—车厢；2—卸载曲轨；3—卸载轮；4—轮对；5—底门转轴；6—底门；7—煤仓

（6）人车。人车是有座位的专用乘人车，分斜井人车、平巷人车。每辆斜井人车上都装有防坠器，在运行中断绳时，能自动平稳地停在轨道上，也能人工操作。停车装置有插爪式和抱轨式两种。

（7）梭车。梭车的车底装有刮板链，是在短距离内运送散料的特殊车辆，可用于掘进工作面运煤矸。

（8）仓式列车。仓式列车与梭车的相同之处是车底装有刮板链，不同之处是由多节短车厢铰接构成的。

此外还有各种专用车辆，如炸药车、水车、消防车等。

（二）矿车的基本参数

矿车的基本参数包括矿车的容积、装载量、自身质量、外形尺寸、轨距、轴距以及连接器的允许牵引力等。矿车的基本参数及尺寸见表4－3。

表4－3　矿车的基本参数及尺寸

| 型式 | 型号 | 容积/m | 装载量/t | 最大装载量/t | 轨距G/mm | 外形尺寸/mm | | | 轴距C/mm | 轮径D/mm | 牵引高度h/mm | 允许牵引力/N | 质量/kg |
						长L	宽B	高H					
固定车厢式	MGC 1.1-6	1.1	1	1.8	600	2 000	800	1 150	550	300	320	60 000	610
	MGC 1.7-6	1.7	1.5	2.7	600	2 400	1 050	1 200	750	300	320	60 000	720
	MGC 1.7-9	1.7	1.5	2.7	900	2 400	1 150	1 150	750	350	320	60 000	970
	MGC 3.3-9	3.3	3	5.3	900	3 450	1 320	1 300	1 100	350	320	60 000	1 320
底卸式	MDC 3.3-6	3.3	3	5.3	600	3 450	1 200	1 400	1 100	350	320	60 000	1 700
	MDC 5.5-9	5.5	5	8	900	4 200	1 520	1 550	1 350	400	430	60 000	3 000

注：底卸式矿车的卸载角度不小于50°。

矿车的两个重要经济技术指标如下：

（1）容积利用系数，即矿车有效容积与外形尺寸所得容积的比值。

（2）车皮系数，即矿车质量与货载质量的比值。车皮系数越小越好。

第三节　矿用电机车的机械结构

电机车的机械构造包括车架、轮对、轴箱、弹簧托架、齿轮传动装置、制动装置、撒砂装置和连接缓冲装置等。

一、车架

车架是机车的主体，是由厚钢板焊接而成的框架结构，除了轮对和轴箱外，机车上的机械和电气装置也安装在车架上。车架用弹簧托架支承在轴箱上，运行中经常受到冲击、碰撞而产生变形，所以应加大钢板厚度或采取增强刚度的措施。架线式电机车的基本构成如图 4-8所示。

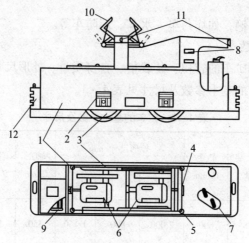

图4-8　架线式电机车的基本构成

1—车架；2—轴箱；3—轮对；4—制动手轮；5—砂箱；6—牵引电动机；7—控制器；
8—自动开关；9—启动电阻器；10—受电弓；11—车灯；12—缓冲器及连接器

二、轮对

轮对是由两个车轮压装在一根轴上而成的。

车轮有两种：一种是轮箍和轮心热压在一起的结构；另一种是整体的车轮。前者的优点是轮箍磨损到极限时，只更换轮箍而不至于整个车轮报废。机车的两个轮对上都装有传动齿轮，电动机经齿轮减速后带动轮对相对转动。矿山电机车的轮对如图4-9所示。

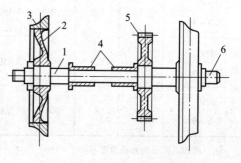

图4-9　矿山电机车的轮对

1—车轴；2—轮心；3—轮箍；
4—轴瓦；5—齿轮；6—轴

三、轴箱

轴箱是轴承箱的简称，内有两列滚动轴承，与轮对两端的轴颈配合安装，如图4-10所示，轴箱两侧的滑槽与车架上的导轨相配，上面有安放弹簧托架的座孔。车架靠弹簧托架支承在轴箱上，轴箱是车架和轮对的连接点。轨道不平时，轮对和车架的相对运动发生在轴箱的滑槽与车架的导轨之间，依靠弹簧托架起缓冲作用。

四、弹簧托架

弹簧托架是一个组件，由弹簧、连杆、均衡梁组成，它的作用是缓和运行中对机车的冲击与振动。图4-11所示为一种使用板簧的弹簧托架。每个轴箱上的孔座装一副弹簧，板簧用弹簧支架与车架相连。均衡梁在轨道不平或局部有凹陷时起均衡各车轮上负荷的作用。目前也有在矿用电机车上使用橡胶弹簧和加装液压减震缸来提高减振效果的。

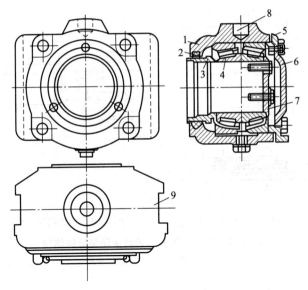

图 4 – 10 轴箱

1—轴箱体；2—毡圈；3—止推环；4—滚柱轴承；5—止推盖；

6—轴箱端盖；7—轴承压盖；8—座孔；9—滑槽

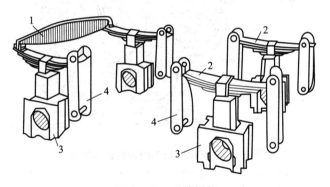

图 4 – 11 弹簧托架

1—均衡梁；2—板弹簧；3—轴箱；4—弹簧支架

五、齿轮传动装置

矿用电机车的齿轮传动装置有两种形式：一种是单级开式齿轮传动，其结构如图 4 – 12（a）所示；另一种是两级闭式齿轮减速箱，其结构如图 4 – 12（b）所示。开式传动方式动效率低，传动比较小；闭式齿轮传动效率高，齿轮使用寿命长。

六、制动装置

机械制动装置又称制动闸。它的作用是保证电机车在运行过程中能随时减速或停车。按其操作动力可分为气动闸、液压闸和手动闸三种。

图 4 – 13 所示为矿用电机车的齿轮制动装置，顺时针操作手轮 1，通过连杆系统闸瓦 9、10 向车轮施加压力，产生摩擦阻力，实现电机车制动；反向操作手轮 1 则解除制动。制动装置要经常检查，以保证其工作的可靠性。

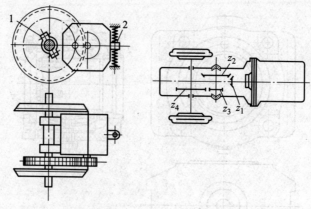

（a）单级开式齿轮转动　　　　　　（b）两级闭式齿轮减速箱

图 4 – 12　矿用电机车的齿轮传动装置的结构

1—抱轴承；2—挂耳

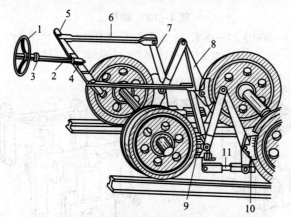

图 4 – 13　矿用电机车的齿轮制动装置

1—手轮；2—螺杆；3—衬套；4—螺母；5—均衡杆；6—拉杆；

7，8—制动杆；9，10—闸瓦；11—正反扣调节螺丝

七、撒砂装置

撒砂装置用来向车轮前沿轨面撒砂，以增大车轮与轨道间的摩擦系数，从而获得较大的牵引力或制动力，保证运输的需要和行车安全。

砂箱的位置见图 4 – 8。撒砂的方法有手动和气动两种。砂箱内装的砂子应是粒度不大于 1 mm 的干砂。

八、连接缓冲装置

矿用电机车的两端有连接缓冲装置。为能牵引具有不同高度的矿车，电机车的连接装置一般是做成多层接口的。架线式电机车上采用铸铁的刚性缓冲器；蓄电池式电机车上则采用带弹簧的缓冲器，以减轻电池所受的冲击。

思考题与习题

1. 矿用电机车的类型和应用范围是什么?

2. 什么是轨距、轮缘距? 弯道处有哪些铺设特点? 为什么?

3. 电机车的机械构造有哪些? 各部分的作用是什么?

4. 电机车的牵引力是怎样产生的? 什么是电机车的黏着系数? 它对牵引力有什么影响?

第五章 矿井提升机交流电气控制系统

矿井提升机是煤矿生产中的关键设备之一，在煤矿生产中，起着非常重要的作用。矿井提升是矿井生产过程中的一个重要环节，矿井提升机担负着物料、人员等的提升运输任务等。它的安全可靠运行是保证矿井安全生产的关键，不仅关系到矿井的生产能力，而且还与矿工的生命安全紧紧地系在一起。随着生产的发展和技术的进步，矿井提升系统的安全可靠性也越来越突显重要，人们对电控系统的要求包括人性化设计水平、智能化水平、结构形式等都提出了更高的要求，这已是现代矿井提升机电控系统开发中最为重要的内容，矿井提升机自动化技术正在向智能化、网络化和集成化发展。

目前，我国绝大部分矿井提升机（超过70%）采用传统的交流提升机电控系统（TKD-A），TKD控制系统是由继电器逻辑电路、大型空气接触器、测速发电机等组成的有触点的控制系统。经过多年的发展，TKD-A系列提升机电控系统虽然已经形成了自己的特点，然而不足之处也显而易见，它的电气线路过于复杂化，系统中间继电器、电气接点、电气连线多，造成提升机因电气故障停车事故不断发生。采用PLC（可编程逻辑控制器）技术的新型电控系统都已较成功地应用于矿井提升实践，克服了传统电控系统的缺陷，代表着交流矿井提升电控技术发展的趋势。

第一节 概 述

目前，大多数中小型矿井采用斜井绞车提升，传统斜井提升机普遍采用交流绕线式电机串电阻调速系统，电阻的投切用继电器–交流接触器控制。这种控制系统由于调速过程中交流接触器动作频繁，设备运行的时间较长，交流接触器主触头易氧化，因此易引发设备故障。另外，提升机在减速和爬行阶段的速度控制性能较差，经常会造成停车位置不准确。提升机频繁的启动、调速和制动，在转子外电路所串电阻上产生了相当大的功耗。这种交流绕线式电机串电阻调速系统属于有级调速，调速的平滑性差；速时机械特性较软，静差率较大；电阻上消耗的转差功率大，节能较差；启动过程和调速换挡过程中电流冲击大；中高速运行震动大，安全性较差。

传统的矿井提升机的电控系统主要有以下几种方案：转子回路串电阻的交流调速系统、直流发电机与直流电动机组成的G-M直流调速系统和晶闸管整流装置供电的V-M直流调速系统等。

矿井提升机电控系统分为矿井提升机直流电控系统和矿井提升机交流电控系统。交流提升机电控系统的类型很多，目前国产用于单绳交流提升机的电控系统主要有TKD-A系列、TKDG系列、JTKD-PC系列，用于多绳交流提升机的电控系统主要有JKMK/J-A系列、JKMK/J-NT系列、JKMK/J-PC系列等。单绳提升机电控系统又分为继电器控制和PLC

控制。

提升机交流电控系统主要由高压开关柜（空气或真空）、高压换向柜（空气或真空）、转子电磁控制站、制动电源、操纵台、液压站、润滑油与制动液泵站、启动电阻运行故障诊断与报警装置等电气设备组成。主要完成矿井提升机的启动、制动、变速及各种保护。TKD－A 系列交流提升机电控系统如图 5－1 所示。

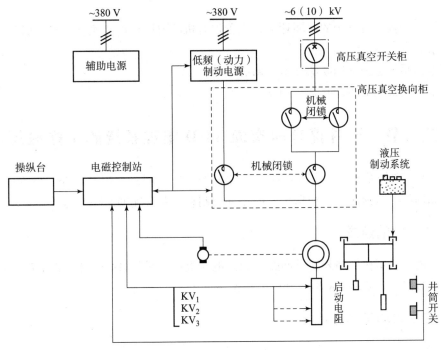

图 5－1　TKD－A 系列交流提升机电控系统

TKD 型电控系统虽然使用了 20 世纪 80 年代较成熟的继电保护技术，但其主要蓝本仍是苏联 20 世纪 50 年代的产品，实际运行中存在设备使用效率低、耗能大、故障率高、故障后备保护不完善等缺点，本系统主要存在以下几方面的问题：

（1）电机转子回路采用交流接触器切换串接电阻进行调速的方式，高压侧用高压接触器进行方向切换，由于长时间运行动作频繁，接触器触头严重烧蚀、线圈弹簧老化、振动噪声大、故障率高、日常维修量大。

（2）老式的司机台和二次盘都使用了大量的继电器，布线复杂，电气接点和控制元件多，各电气元件参数调整及配合困难，一旦发生故障，查找故障难度大，造成修复时间长，从而严重影响正常的生产。

（3）安装在井架上的过卷开关在使用过程中容易遭受罐笼撞击变形损坏，不易修复，过卷保护的可靠性不能得到保证，易发生冲罐事故，严重威胁设备和人身安全。

（4）高压换向和动力制动投入是由四台 CK5 来完成的，占地面积大，易发生绝缘阻值下降爬电等现象，机械闭锁不齐全。

（5）提升机运行时完全依靠操作司机手上的工作闸控制工作闸电流进行提升速度控制，这就要求司机注意力要高度集中，操作司机劳动强度大，容易疲劳，稍有不慎即有可能出现安全事故。

（6）系统的运行速度特性较差。

为此，结合矿井生产的实际需要，提出矿井提升机电气控制系统改造工程，开发了"提升机电控系统"项目。经过项目的实施及应用，实现了提升机数字化控制，该项目主要解决以下几方面问题：

①提高系统的可靠性。要完善保护、监视等功能，全面满足《煤矿安全规程》（2004 年版）规定的要求。

②针对国产提升机安全的薄弱环节，完善提升机的速度保护和速度监视，满足有关规程规定的要求。

③新电控系统必须采用新的技术、新的设备。

④安全回路采用双线制冗余结构设计。

第二节　矿井提升机交流 TKD 电控系统的工作原理

TKD – A 型电控系统主要由主回路、测速回路、安全回路、控制回路、调绳闭锁回路、可调阀控制回路、减速阶段过速保护、回路动力制动回路、辅助回路等组成。

一、主回路的组成

主回路由电机定子回路和转子回路构成。电动机定子回路由高压开关柜、高压接触器和制动电源装置组成。TKD – A 型提升机电控系统如图 5 – 2 所示。

二、主回路的工作原理

1. 电动机定子回路

高压开关柜由 QS、QF、TV、TA 及其二次回路组成。提升机供电线路采用两路 6 kV 高压进线，其中一路运行，一路备用。高压电源经隔离开关 QS_1、QS_2 控制，通过高压油断路器 QF 向提升电动机供电。电流互感器 TA_1、TA_2 以不完全星接方式连接过流脱扣线圈$2KA_1$、$2KA_2$ 和三相电流继电器 1KA。

当电动机过流时，过电流脱扣线圈 $2KA_1$、$2KA_2$ 动作，使高压油断路器 QF 跳闸断电以保护电动机；三相电流继电器 1KA 用于电动机转子回路电阻切除时的电流控制。电压互感器 TV 二次侧接有电压表 PV_1 和失压脱扣线圈 1 KV，当电网电压低于规定值时，1KV 动作使高压油断路器 QF 跳闸。与失压脱扣器 1KV 相串联的还有紧急停车开关 SF_1，高压换向器室栅栏门闭锁开关 1SE，前者用于紧急情况下司机脚踏停车；后者用于栅栏门与高压电源闭锁。当打开栅栏门时，1SE 即断开，1KV 断电，断路器跳闸，可以保证进入高压器室人员的安全。

高压接触器有 $2KM_1$、$2KM_2$、$2KM_3$、3KM 等，其中 $2KM_3$ 为线路接触器，用于通断定子回路；$2KM_1$、$2KM_2$ 为换向接触器，用于实现电动机控制换向控制；3KM 用于减速阶段投入制动电源。

制动电源装置又分为动力制动电源柜和低频制动电源柜。KZG（D）系列晶闸管动力制动装置有全数字量调节和模拟量调节两大类，用于控制提升机减速和下放重物的速度。全数

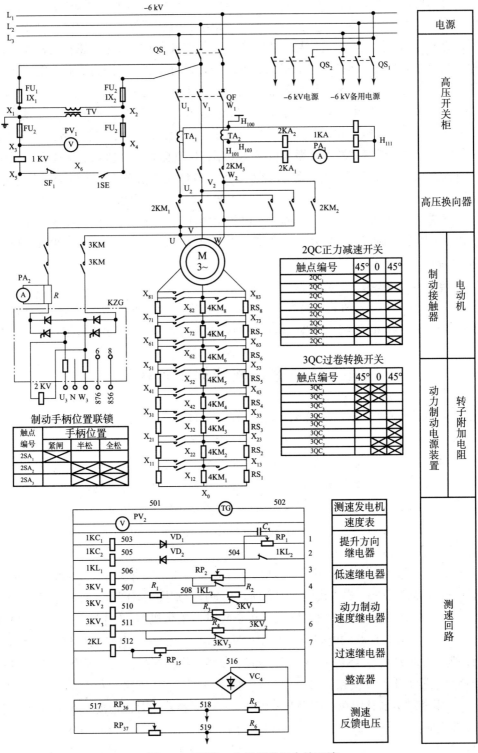

图 5 – 2　**TKD – A 型提升机电控系统**

字动力制动电源只与 6 kV 和 10 kV 高压电动机配合使用。它采用原装进口全数字直流调速器作为核心部件，硬件配置简单可靠，调试方便，维护量小；主回路采用三相全控桥式电路，控制回路为速度、电流双闭环控制，电流脉动小，调节平滑，制动力强，制动平稳。制动电源具有模拟凸轮板速度给定信号，不需要靠深度指示器上的限速凸轮板机构完成；在制动过程中采用速度继电器切换转子电阻以获得最佳的制动效果；具有自诊断功能，随时查询到报警、运行状态、参数的综合诊断及监视信息。模拟量动力制动电源与380 V、660 V、6 kV、10 kV 电动机配套使用，它采用专用的集成电路作为触发脉冲的形成环节，线路简单可靠；主回路为单相半控桥形式，晶闸管、二极管采用框架组件结构，冷却方式为强迫风冷。KDG – D 装置可以和任何型号交流提升机配套使用，控制提升机减速和低速爬行。系统具有完善的自诊断功能，通过彩色液晶显示器可以指示各种故障信息、速度图和系统运行参数等，提高了系统的可靠性和维护性。三相低频电源装置调节参数都可以通过操作面板按键完成，并通过液晶显示屏进行显示，使操作、维护更加简明。采用矢量控制技术，在不需要外加速度检测元件如测速机或编码器的情况下，零速启动转矩达 150%，确保低速爬行时的启动与运行特性。

2. 电动机转子回路

电动机转子回路由电动机转子绕组外接八段启动电阻，其中两个预备级，六个加速级，分别由接触器 $4KM_1 \sim 4KM_8$ 控制，以改变电动机的启动和制动特性，满足提升工作图的要求。

第三节　测速回路的工作原理

测速回路由测速发电机 TG，方向继电器 $1KC_1$、$1KC_2$，速度继电器 $1KL_1$、$1KL_2$、$1KL_3$、$2KL$、$3KV_1 \sim 3KV_3$ 及反馈电压环节等组成，见图 5 – 2，用以监测提升机的转速，并进行过速保护。测速发电机 TG 通过传动装置与提升机相连，其励磁绕组由固定直流电源供电。因而在提升机运行的任一时刻，测速发电机的输出电压就反映了该时刻的提升速度。一般情况下，将测速发电机调整到提升机在等速段运行时，其输出电压为 220 V。通过电压表 PV_2 显示的数值反映提升机的速度。由于测速发电机输出的电压有脉动成分，故并联电容 C_5 的作用是稳定电压表的数值。

在支路 1、2 内接有提升方向继电器 $1KC_1$、$1KC_2$。由于二极管 VD_1、VD_2 具有单向导通作用，所以它们的通断反映了提升机的旋转方向。其触点分别接在速度给定自整角机 B_5 和 B_6 的励磁绕组内（68 ~ 70 支路），从而保证提升机正转时自整角机 B_5 工作，反转时自整角机 B_6 工作。与 $1KC_1$、$1KC_2$ 串联的电阻器 RP_1 用以防止等速时测速发电机电压较高烧坏其线圈；低速时用低速中间继电器 $1KL_2$（33 支路）的动断触点将其短接，以保证有足够吸合电压。

低速继电器 $1KL_1$（3 支路）和低速中间继电器 $1KL_2$（33 支路）相配合，用以实现低速脉动爬行。低速继电器整定在对应提升速度 0.5 m/s 时释放，对应速度 1.5 m/s 时吸合。通过 $1KL_2$ 在换向回路内动断触点（11 支路），使电动机二次给电，自动实现脉动爬行。

过速继电器 $2KL$（7 支路）用以进行等速段过速保护。当提升速度超过最大速度 V_m 的 15% 时，$2KL$ 被吸持，串接在安全回路的动断触点 $2KL$ 打开，利用 $1KL$ 自动切断电动机电源，并进行安全制动。$2KL$ 的整定吸持电压应为 $220 \times 1.15 = 253$（V）。

桥式整流器 VC_4 输出反映提升机实际速度的测速反馈电压，通过输出端 518，519 分别为可调闸闭环和制动闭环提供速度反馈信号。

第四节 安全回路的工作原理

安全回路由安全接触器 1KM 各保护电器和开关的触点组成（图 5 - 3 中 8 ~ 10 支路），用以保证提升机安全、可靠地运行。当出现不正常工作状态时，安全接触器 1KM 断电，支路 12 中动合触点打开，将电动机换向回路断电，使电动机与电源断开；并且断开安全阀电磁铁 YB（63 支路）的电源，提升机进行安全制动。TKD - A 型提升机电控系统如图 5 - 3 所示。

主令控制器手柄零位联锁触点 $1SA_1$。当主令控制器操纵手柄在中间位置时，$1SA_1$ 闭合，提升机在运行中 $1SA_1$ 断开。使提升电动机只能在断电的情况下才能解除安全制动，以防止安全制动一解除，提升机自动启动。

工作闸制动手柄联锁触点 $2SA_1$。当手柄位于制动位置时，该触点闭合，其作用是提升机只能在工件制动状态下才能解除安全制动。

测速回路断线监视继电器 3KA（71 支路）的动合触点。一旦测速回路出现故障，该触点断开。正常工作时，由于加速开始或提升终了测速发电机 TG 转速较低，所以 3KA 无法吸合。为此利用加速接触器 4KM8 的动断触点短接 3KA，使提升机能正常运转。

减速阶段过速保护继电器 3KL（66 支路）动合触点。减速阶段实际速度超过给定速度 10% 时，此触点断开。

等速阶段过速保护继电器 2KL（7 支路）动断触点。当提升机运转速度超过最大速度 15% 时，触点断开。

失流联锁继电器 3KT（55 支路）动合触点。为防止深度指示器回路断线，将其失流继电器 4KA 动合触点串接在 3KT 线圈的回路中，当深度指示器断线或直流断电时，该触点断开。

制动油过压继电器 K_1（37 支路）动断触点。当制动油压过高时，油压继电器 1SP 的触点闭合，K_1 有电，断开其动断触点；同时，信号灯 $1HL_2$ 发出指示。

动力制动失压继电器 2KV（图 5 - 2）的动合触点。当晶闸管整流装置断线或发生故障失压时，2KV 失电，同时安全回路断电。

高压油断路器 QF（图 5 - 2）的辅助动合触点。当油断路器因故跳闸时，该触点打开，使高压断电的同时，安全回路断电进行安全制动。

过卷开关 $1SL_1$ ~ $1SL_2$、$2SL_1$、$2LS_2$。其中 $1SL_1$、$1SL_2$ 装在深度指示器上，$2SL_1$ ~ $2SL_2$ 安装在井架上，当任一过卷开关打开时，均能使安全回路断电进行安全制动。

过卷复位开关 3 QC。用于过卷后将 $1SL_1$ ~ $2SL_2$ 短接，使安全回路通电，以放下过卷的容器。为了防止再次过卷，3QC 与过卷开关之间有联锁关系，有两组触点串接在换向回路内，当接通 3QC 时，只能使提升机向过卷相反的方向开车。

闸瓦磨损开关 $3SL_1$、$3SL_2$。它们分别安装在制动器上，当闸瓦磨损量超过其规定的量时，其触点打开。

调绳回路。调绳回路由调绳转换开关 $1QC_7$，调绳开关 3SA，5SL、$4SL_1$、$4SL_2$ 组成（9支路），通过控制 64 回路中的五通阀电磁铁 YA_1 和四通阀电磁铁 YA_2 实现安全调绳。

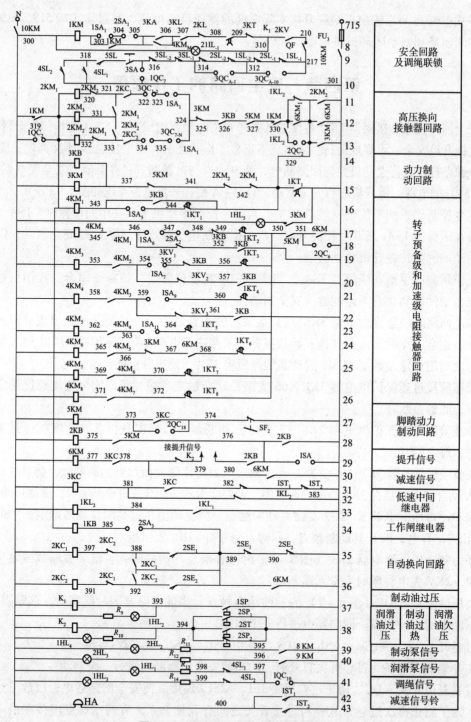

图 5－3　TKD－A 型提升机电控系统

第五节　控制回路的组成和工作原理

一、控制回路的组成

控制回路由高压换向回路、电动机正反转控制回路、动力制动回路、转子电阻控制回路、信号控制回路、时间继电器控制回路组成。TKD 型提升机电控系统如图 5-4 和图 5-5 所示。

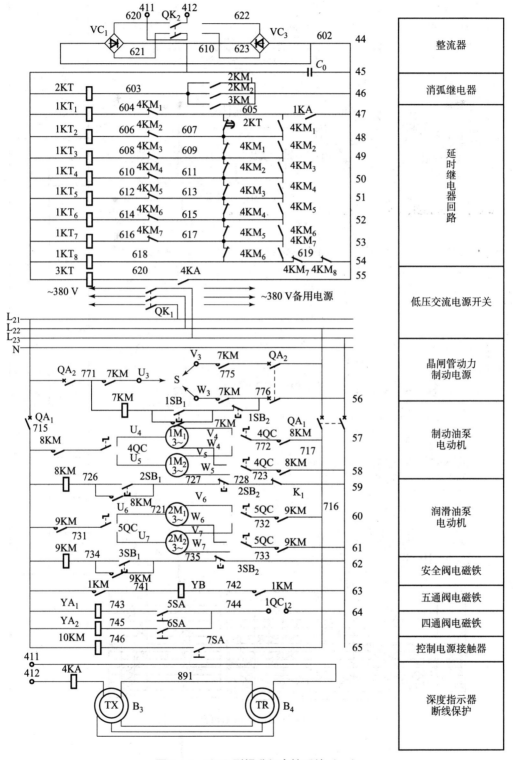

图 5-4　TKD 型提升机电控系统（一）

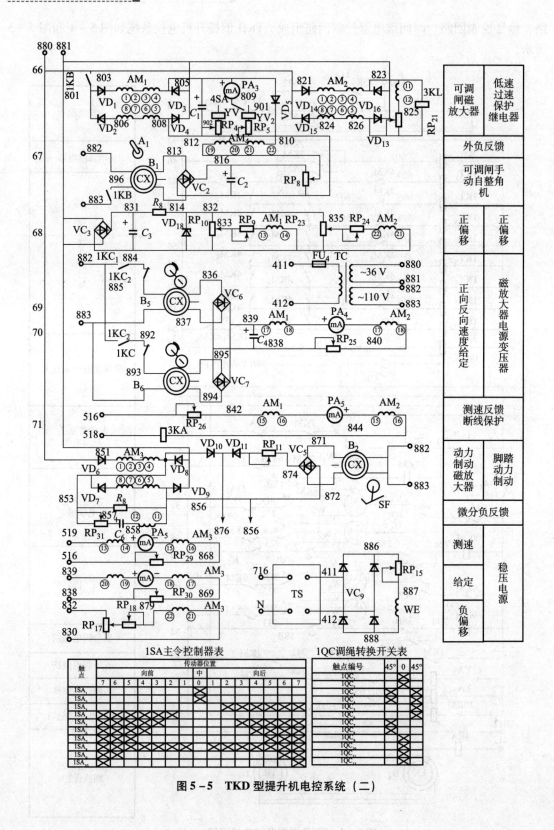

图 5-5 TKD 型提升机电控系统（二）

二、控制回路的工作原理

1. 高压换向回路

高压换向回路其主要元件为高压换向器的电磁线圈 $2KM_1$、$2KM_2$、$2KM_3$（11～13 支路），其主触电电动机换向，在它们的回路内串有一系列触电，以保证电动机安全可靠换向。其中换向闭锁是由 35、36 支路的自动换向继电器 $2KC_1$、$2KC_2$ 实现的。

2. 电动机正反转控制回路

电动机正反转控制有自动控制和手动控制两种方式。在本控制系统中，换向闭锁回路不能进行自动换向和自动启动，只能在容器到达停车位置时自动切断正反转接触器的电源，并能防止司机因操作方向错误可能造成的过卷事故。

在支路 35、36 中，接有提升方向选择继电器 $2KC_1$ 和 $2KC_2$，它受井架上的终点开关 $2SE_1$ 和 $2SE_2$ 控制。当提升机反向提升终了时，$2SE_1$ 被容器碰撞，动断触点打开，动合触点闭合，此时如果发出提升信号，6KM（36 支路）闭合，使 $2KC_1$ 通电，在手动正反转回路中的 $2KC_1$ 触点（11 支路）闭合，使反转方向选择继电器 $2KC_2$ 不能通电，实现了闭锁。同理，反向运行时，情况相似，避免了司机误操作引起事故。

3. 动力制动回路

动力制动回路接有动力制动接触器线圈 3KM 和动力制动继电器线圈 3KB，它们与高压换向回路之间有电气闭锁，以保证交、直流不能同时通电。

4. 转子电阻控制回路

转子电阻控制回路主要由 8 个加速接触器 $4KM_1$～$4KM_8$ 线圈构成，用以实现以电流为主附加延时的自动启动控制和减速阶段的速度控制。

采用动力制动减速时，因为 5KM（27 支路）断电，在支路 17 中 5KM 触点断开，使 $4KM_2$～$4KM_8$ 原来的控制电路切断，改由 $3KV_1$～$3KV_3$ 及 3KB 控制，可以实现以速度控制原则切除相应的电阻，从而调节了制动转矩。动力制动时，由于支路 16 中的 3KB 触点闭合，使 $4KM_1$ 立即通电而迅速切除第一段电阻，动力制动一开始就工作在第二项预备级电阻的特性曲线上，得到了较大的制动转矩。在制动转矩的作用下提升机减速，当速度降到约 0.75 V_m 时，$3KV_1$ 释放，支路 18 中的 $3KV_1$ 动断触点闭合，使 $4KM_2$ 有电，切除第二段电阻。速度再下降到 0.5 V_m 时，$3KV_2$ 释放，支路 20 中的 $3KV_2$ 动断闭合，使 $4KM_3$ 有电，切除第三段电阻，速度下降到 0.25 V_m 时，$3KV_3$ 释放，支路 22 中的 $3KV_3$ 动断触点闭合，使 $4KM_4$ 有电，切除第四段电阻。$4KM_4$ 有电使时间继电器 $1KT_5$ 断电（51 支路），它延时闭合支路 23 中的 $1KT_5$ 动断触点，这时电路由 300→$4KM_5$ 线圈→$4KM_4$ 动合触点→$1SA_{11}$→$1KT_5$→$1KT_4$→$1SA_9$→$3KV_3$→3KB→301 形成通路，$4KM_5$ 有电切除第五段电阻，由于动力制动时线圈 $4KM_6$ 回路中的 3KM 动断触点断开（24 支路），使 $4KM_6$～$4KM_8$ 不能有电，所以六、七、八段电阻不能切除，以免转子电阻太小使电动机运行到不稳定区域。

当采用电动机方式减速时，正力减速开关 $2QC_6$ 闭合短接 6KM（17 支路）触点，$4KM_6$、6KM（24 支路）的动合触点打开，将六、七、八段电阻加入电动机转子中，使电动机转矩减少，得到一定的减速度。

$4KM_2$ 线圈回路中的 $2SA_2$（17 支路）动合触点是工作制动手把联锁开关的触点，当制动手把离开制动位置到松闸位置时即可闭合，这就保证了在紧闸状态下不能加速，避免损坏电动机。

5. 信号控制回路

提升信号控制回路即支路 29 中的信号接触器 6KM 回路。由提升信号控制在井口发来开车信号时通电，立即闭合自锁触电和在换向回路（12 支路）及转子电阻控制回路（17 支路）的触电，为提升机启动做好准备。

减速信号控制回路即 31 支路减速继电器 3KC 线圈回路，由行程开关 $1ST_1$（或 $1ST_2$）控制。当提升容器到达减速点时，深度指示器上的减速开关 ST_1 或 ST_2 被打开，减速继电器 3KC 断电，打开其自锁触点和 6KM 线圈回路中的触电，使 6KM 断电，将主电动机电源切断，并在转子回路加入全部电阻，同时动力制动控制接触器 5KM（27 支路）回路中的 3KC 断开，准备投入动力制动。

6. 时间继电器控制回路

时间继电器控制回路（44~55 支路），采用直流电源，有 44 支路的整流器 VC_1 或 VC_3 获得直流电，二者互为备用。在直流电源上接有消弧继电器 2KT（46 支路），用以防止换向时因电弧未熄灭而引起主回路电弧短路，也可以避免交直流切换时造成短路。因为在正反换向时或动力制动投入时，都要经过 2KT 的 0.5~0.8 s 延时，在这段时间内电弧已熄灭，然后才使 $1KT_1$（15 支路）闭合，构成换向通路。

47~54 支路的 $1KT_1$~$1KT_8$ 为 8 个时间继电器，用以实现时间控制，它们的动断触点接在相应的加速回路中。

第六节 工作过程介绍

一、开车前的准备

将制动手柄拉至全抱闸位置，主令控制器手柄置于中间位置，各转换开关扳至所需位置。合上高压开关柜的隔离开关 QS_1、QS_2（或 QS_3）和高压油断路器 QF，使高压换向器电源端有电，同时电压表指示出高压数值。合上辅助回路开关 QK_1、QA_1 和 QA_2，辅助回路送电。

启动制动油泵、润滑油泵，给动力制动电源柜送电。合上 QK_2 开关，直流控制回路（44~45 支路）送电。合上 7SA（65 支路）开关，接触器 10KM 通电控制回路接通电源（8~9 支路）。如果安全回路正常，则安全接触器 1KM 通电，解除安全制动。

二、提升机启动、加速控制

当井口发来开车信号，信号接触器 6KM（29 支路）通电，其他触点动作，完成下列功能：30 支路动合触点闭合，实现自锁；12 支路动合触点闭合，为正转（或反转）接触器 $2KM_1$（或 $2KM_2$）通电做准备；17、24 支路动合触点闭合，为 $4KM_1$~$4KM_2$ 通电做准备；36 支路动合触点闭合，短接终点开关 $2SE_1$、$2SE_2$、$2KC_1$ 通电，闭合串在 11 支路的动合触点 $2KC_1$，提升机只能正转。

将工作闸制动手柄置于松闸位置。将主令控制器手柄置于正转方向的终端位置，其触点闭合情况见图 5-3，此时正转接触器 $2KM_1$ 通电，其触点动作，完成下列功能：11 支路动合触点闭合，实现自锁；电动机定子回路主触点闭合；11、12 支路间动合触点闭合，使线路接触器 $2KM_3$ 通电，闭合其定子回路主触点，电动机定子接通电源；13 支路动断触点断开，对反转接触器 $2KM_2$ 实现闭锁；15 支路动断触点断开，对动力制动接触器 3KM 实现闭锁；46 支路动合触点闭合，熄弧继电器 2KT 通电，断开其串接在 47~48 支路间的动断触点，使时间继电器 $1KT_1$ 断电（由于此时电动机电流小，加速电流继电器 1KA 未闭合），此时，电动机定子接通电源，转子串入八段电阻，运行在 RY_1 特性曲线上。

当 1KT 在 16 支路中的触点延时闭合时，加速接触器 $4KM_1$ 通电，完成下列功能：电动机转子回路内的主触点的闭合，切除第一预备级电阻 RY_1，使电动机运行在第二预备级电阻 RY_2 特性曲线上，提升机开始加速；47 支路动断触点断开，以免加速电流继电器 1KA 吸合后 $1KT_1$ 再次通电；48 支路与 49 支路之间动合触点闭合，使 $1KT_2$ 断电（一般情况下第一、第二级采用单纯的时间控制，所以此时 1KA 仍未吸合），实现时间控制；17 支路动合触点闭合，为 $4KM_2$ 通电做准备。

当时间继电器 $1KT_2$ 在 17 支路的动断触点延时闭合时，第二加速接触器 $4KM_2$ 便通电吸合，闭合了转子回路的主触点，切除了第二段预备级电阻，使电动机运行在主加速级电阻 RS_3 特性上。此时由于电动机的转矩增大至尖峰转矩 M_1，所以启动电流增大，使加速电流继电器 1KA 吸合，47 支路的动合触点闭合，维持 $1KT_3$ 通电。电动机开始电流为主附加时间的原则加速。

随着转速升高，转矩减小，当电动机电流达到 1KA 释放值时，继电器 1KA 释放，47 支路动合触点断开，使 $1KT_3$ 断电，经过延时后，闭合 19 支路的动断触点，使第三个加速接触器 $4KM_3$ 通电，其触点转换作用和 $4KM_2$ 相似。以后均按电流为主时间为辅的控制原则，切换全部附加电阻，使电动机运行在固有的特性曲线上，完成启动过程。

三、等速阶段

等速阶段控制回路无任何切换，电动机以最大转速稳定运行在固有特性曲线 $M = M_L$ 点上。

四、减速阶段

1. 动力制动减速

当提升机容器达到减速点时，限速圆盘上的撞块压动减速开关 $1ST_1$ 或 $1ST_2$（31 支路），使减速信号继电器 3KC 断电；同时压合其动合触点（42、43 支路），电铃 HA 发出减速信号。3KC 断电使 29 支路信号接触器 6KM 断电，6KM 在 12 支路中的动合触点断开，使 $2KM_1$（或 $2KM_2$）线圈断电，其主触点切除主电动机高压工频交流电源；同时，在 27 支路中的 3KC 触点断开动力制动控制接触器 5KM 的电源，5KM 断电使 2KB（28 支路）断开，同时在 15 支路回路中的动断触点闭合，使动力制动接触器 3KM 线圈及动力制动中间继电器 3KB 线圈通电，其完成下列功能：

（1）闭合定子回路 3KM 主触点，电动机定子送入直流电，开始动力制动。

（2）13 支路中的 3KM 动合触点闭合，实现自锁。

（3）12 支路中的 3KM 动断触点断开，对交流实现闭锁。

（4）16 支路中的 3KB 动合闭合，使 $4KM_1$ 通电，切除第一预备级电阻，使动力制动运行在第二预备级电阻 RY_2 特性曲线上，以获得较大的制动转矩。

（5）18、20、22 支路中的 3KB 动断触点断开，故 $4KM_6 \sim 4KM_8$ 不能通电，使动力制动过程中保留一部分转子电阻不切除。

（6）16 支路和 17 支路之间 3KM 动断触点闭合，用信号灯 $1HL_5$ 发出动力制动运行指示。

当提升机速度下降到 0.75 Vm 左右时，速度继电器 $3KV_1$（4 支路）释放，其串接在 18 支路的动断触点闭合。使 $4KM_2$ 通电吸合，切除第二预备级电阻 RY_2 电动机转入 RS_3 特性曲线上运行，制动转矩重新增大。以后，按 $3KV_2$、$3KV_3$ 整定值适时动作，电动机依次过渡到 RS_4、RS_5 特性曲线上运行，使制动转矩维持在最大值附近。

另外，在动力制动过程中，制动电流大小还要根据实际速度与给定速度的偏差来自动调整。速度偏差信号经 AM_3 放大，由端点 876、856 输入动力制动电源柜移相电路的 6、8 两端中，自动控制动力制动电流的大小，使其按速度图运行。

2. 电动机减速

当采用电动机减速方式时，应将正力减速开关 2QC 置于减速位置，此时，$2QC_2$、$2QC_6$、$2QC_8$ 均闭合（13、17、27 支路）。

当提升容器到达减速点时，$1ST_1$（或 $1ST_2$）断开 3KC 的电源（31 支路），信号接触器 6KM 同时失电，但由于 $2QC_2$（13 支路）闭合，电动机定子不断电；加速接触器 $4KM_6$（25 支路）因 $4KM_6$ 动合触点断开，电动机转子串入三段电阻，按电动机方式运行。由于 $M < M_L$，电动机开始减速。

3. 自由滑行减速

自由滑行减速时，司机在减速点立即将主令控制器手柄扳至中间零位，电动机定子断电，转子串入全部电阻。此时，电动机转矩 $M = 0$，在负载转矩的作用下开始减速。当达到爬行阶段时，如需正力，司机重新扳动主令手柄以实现二次给电脉动爬行。

4. 脚踏动力制动减速

在提升机运行的任何时刻均可投入脚踏动力制动减速。在低速下放重物或人员时，也可按脚踏动力制动方式运行。

提升机运行中，如需动力制动减速，司机可踩下脚踏动力制动开关 SF_2（27 支路），利用 5KM 与 2KB 使电动机投入动力制动运行，控制线路动作与自动投入动力制动减速相似。动力制动转矩的调节，可由司机通过脚踏自整角机 B_2 来人工控制。

当采用脚踏动力制动下放重物时，由于开始下放速度很低，$3KV_1 \sim 3KV_3$ 的触点（18、20、22 支路）均闭合，使 $4KM_1 \sim 4KM_4$ 均有电，电动机转子串入四段电阻动力制动运行。此时，主令控制器手柄习惯上均放在零位，同时将工作制动手柄慢慢推向松闸位置，提升机便在重物的作用下慢慢加速，转子电阻按 $3KV_1 \sim 3KV_3$ 吸合自动串入（$4KM_2 \sim 4KM_4$ 释放），司机控制动力制动踏板的角度，即改变自整角机 B_2 的角度，用以调节制动电流的大小，以满足下放速度的要求。制动电流愈大，下放速度愈低。当至减速点时，制动电流按速度闭环自动调节，转子电阻的切除仍由继电器控制，进行自动减速。

5. 爬行阶段

当提升速度减至 0.5 m/s 时，第 3 支路中的低速继电器 $1KL_1$ 释放，其串接在 33 支路中的动合触点断开，使低速中间继电器 $1KL_2$ 断电，它在 11 支路中的动断触点闭合，为二次给电做好准备；它在 32 支路中的动断触点闭合，使 3KC 通电吸合。3KC 串接在 27 支路中的动合触点闭合使 5KM 通电，其串接在 15 支路的动断触点断开，使动力制动接触器 3KM 和动力制动继电器中间 3KB 断电，解除动力制动；接在 9 支路的动合触点 $4KM_8$ 闭合，为电动机二次给电做准备。46 支路中的 3KM 动合触点断开，使熄弧继电器 2KT 断电，其在 47 支路与 48 支路之间动断触点延时闭合，使 $1KT_1$ 通电。$1KT_1$ 串接在 15 支路的动合触点闭合，使 $2KM_1$（或 $2KM_2$）通电吸合，电动机二次给电，转子串入全部电阻运行在 RY_1 特性曲线上，速度继续下降。同时 $2KM_1$ 在 46 支路中的动合触点闭合，使 2KT 通电，1KT 断电，其 16 支路的动断触点延时闭合，接通 $4KM_1$，切除第一预备级电阻，电动机转入 RY_2 特性曲线上加速运行。当提升机速度达到 1.5 m/s 左右时，第 3 支路低速继电器 $1KL_1$ 又重新吸持，通过第 33 支路使中间继电器 $1KL_2$ 通电，电动机又与交流电网断开，电动机以自由滑行方式减速，待速度下降到 0.5 m/s 时又重复上述过程，如此直至容器达到停车位置。

6. 停车

当容器达到停车点时，35 支路中的终点开关 $2SE_1$（或 $2SE_2$）被断开，使工作闸继电器 1KB 断电，在 66 支路中的动合触点断开 AM_1 电源，自动实现工作制动。同时使提升方向选择继电器 $2KC_1$ 断电，$2KC_2$ 可以通电（35 支路），保证了提升机再次提升时，只能反向运转。

7. 验绳及调绳

1）验绳

当需要检查提升钢丝绳或检修井筒时，要求提升机在很低的速度下运行。此时的操作过程与正常开车相同，只是用主令控制器切除第一预备级电阻，使提升机在第二预备级上低速运行，便可实现验绳或井筒检修。

2）调绳

对于双卷筒提升机，在更换水平等情况下需要进行调绳，使上、下提升容器同时达到停车位置。

双卷筒提升机的两只卷筒，一只固定在卷筒轴上，称为固定卷筒；另一只通过离合器与卷筒轴相连，称为游动卷筒。正常提升时，离合器为"合上"状态，卷筒轴带动两只卷筒一起转动。调绳时，通过液压装置使离合器"分离"，单独闸住流动卷筒，松开固定卷筒闸，开动提升机，使固定卷筒跟随提升机转动，直到提升容器到达新的位置；然后使游动卷筒复原，完成调绳过程。

为使调绳过程能安全进行，TKD – A 系统设置有安全闭锁电路，见图 5 – 3 中支路 9，它由开关 3SA、5SL、$4SL_1$、$4SL_2$ 各调绳转换开关 $1QC_1$ 的触点组成。其中 3SA 为主令开关，用于调绳过程中控制安全回路的通断；位置开关 5SL 装在游动卷筒的闸瓦上，紧闸状态时闭合，松闸状态时断开，用于调绳松闸保护；位置开关 $4SL_1$、$4SL_2$ 装在离合器上，当离合器完全合好时，$4SL_1$ 被压闭合；完全离开时，$4SL_2$ 被压闭合。离合器在离合过程中，$4SL_1$、$4SL_2$ 均断开，保证在离合期间，安全回路不能通电。

调绳操作的步骤如下：

（1）启动制动油泵，并接通控制电路。

（2）调绳转换开关 1QC 打至调绳位置，其触点 $1QC_7$ 断开，调绳闭锁电路串入安全回路；13 支路的触点 $1QC_2$ 闭合，为工作闸继电器 1KB 通电做准备；41 支路的触点 $1QC_{10}$ 闭合，用于显示调绳过程中离合器的离合状态；64 支路的触点 $1QC_{12}$ 闭合，为液压站的四通阀、五通阀电磁铁 YA_1、YA_2 通电做准备。

（3）控制主令开关 $1SA_1$ 断开安全回路，提升机抱闸。

（4）将工作闸手柄推向松闸位置，使液压站制动油压达到最大值，然后调整液压系统减压阀，使离合器油路压力达到一定数值。

（5）闭合 64 支路中的开关 5SA，五通阀电磁铁 YA_1 通电，此时游动卷筒被闸紧，压力油通过五通阀进入离合器，离合器被慢慢打开。在离合器离开前，安全回路中的触点 4SL1 闭合，$4SL_2$ 断开，41 支路的触点 $4SL_1$ 断开，$4SL_2$ 闭合，指示灯 $1HL_1$ 灭，$1HL_3$ 亮；当离合器刚离开时，安全回路中的 $4SL_1$、$4SL_2$ 均断开，保证安全闭锁，同时 41 支路中的 $4SL_1$、$4SL_2$ 均闭合，指示灯 $1HL_1$、$1HL_3$ 均亮，表示离合器已离开；当离合器完全离开时，安全回路的触点 $4SL_2$ 闭合，解除闭锁，接通安全回路，41 支路的触点 $4SL_2$ 断开，指示灯 $1HL_3$ 灭，表示离合器已处于离开位置。

（6）将工件闸手柄拉回紧闸位置，安全回路中的触点 $2SA_1$ 闭合，为安全接触器通电做准备。

（7）闭合主令开关 $1SA_1$，安全接触器通电，解除制动，按正常开车方式启动电动机，使固定卷筒单独运行，直到提升容器到达新的终点位置时，可施闸停车，新水平调整结束。

（8）重新断开主令开关 $1SA_1$，安全回路断电，提升机制动抱闸。

（9）将工件闸手柄推向松闸位置，制动油压回升。

（10）闭合 64 支路中的开关 6SA，四通阀电磁铁 YA_2 被接通，压力油通过四通阀将离合器慢慢合上，安全回路及 41 支路的触点 $4SL_1$、$4SL_2$ 相应动作，并由指示灯显示离合器状态。将工件闸手柄拉回紧闸位置，断开 64 支路的开关 5SA、6SA，并使高调绳转换开关 1QC 复位，调绳闭锁电路解除，调绳过程结束。

在调绳过程中，闭锁电路中的位置开关 5SL 作为游动卷筒的松闸保护，当离合器完全离开后，固定卷筒旋转时，若由于某种原因使游动卷筒松闸，该开关触点将断开，切断安全回路，实现安全制动，从而起到保护作用。

第七节　PLC 控制提升机交流电控系统组成、功能、原理

一、PLC 控制提升机交流电控系统的组成

PLC 控制提升机交流电控系统由可编程序控制器、输入输出转换继电器、KT - DLZD 可调闸动力制动电路模块、TSZX - 01 型提升机综合显示控制仪电路、YTX - 1 语言报警通信电路、CL - 1 电流检测模块、电气保护电路、加速接触器柜组成。

二、PLC 控制提升机交流电控系统的功能

PLC 控制系统可完成开关量逻辑控制（这是 PLC 最基本的控制，可以取代传统的继电器控制系统）、模拟量控制（PLC 可以接收和控制连续变化的模拟量）、运动控制（控制步进电动机、伺服电动机各交流变频器，从而控制机件的动方向、速度和位置）、多级控制（可以与其他 PLC、上位计算机、单片机互相交换信息，组成自动化控制网络）。

三、PLC 控制提升机交流电控系统的原理

通过运行 PLC 内所编写的程序去控制继电器和接触器的通断来控制电动机的运行。在程序运转状态下，PLC 工作于独特的周期性循环扫描工作方式，每一个扫描周期分为读输入、执行程序、处理通信请求、执行 CPU（中央处理器）自诊断和写输出几个阶段。

1. 读输入

读输入也叫输入采样。在此阶段，顺序读入所有输入端子的通断电状态，并将读入的信息存入内存中所对应的映像寄存器。在此输入映像寄存器被刷新。接着进入程序执行阶段，在程序执行时，输入映像寄存器与外界隔离，即使输入信号发生变化，其映像寄存器的内容也不会发生改变，只有在下一个扫描周期的输入处理阶段才能被读入信息。

2. 执行程序

根据 PLC 梯形图程序扫描原则，按先左右后上下的步序，逐句扫描，执行程序。但遇到程序跳转指令时则根据跳转条件是否满足来决定程序的跳转地址。用户程序涉及输入输出状态时，PLC 输出映像寄存器中读出上一阶段采入的对应输入端子状态。根据用户程序进行逻辑运算，运算结果再存入有关器件寄存器中。

3. 处理通信请求

CPU 执行通信任务。

4. 执行 CPU 自诊断

PLC 检查 CPU 模块的硬件是否正常，复位监视定时器。

5. 写输出

程序执行完毕后，将输出映像寄存器，即器件映像寄存器中的寄存器状态，在输出处理阶段转存到输出锁存器，通过隔离电路驱动功率放大电路，使输出端子向外界输出控制信号，驱动外部负载。

四、PLC 控制提升机交流电控系统的硬件、软件

交流提升机电控系统中 PLC 控制系统由两套 PLC 组成，减少了柜间的连线，S7 - 300 313C 作为主 PLC，安装在主令柜中，S7 - 300 312 作为从 PLC，安装在司机台中，主 PLC 与从 PLC 采用网络连接，即 MPI 网络。两套 PLC 互相监视。

（一）提升机 PLC 电控应满足要求

（1）有提升信号后才允许开车。

（2）方向选择可以记忆，只有到停车位置后或手动解除后才能复位，避免由于某种原因停车后判断不了方向而发生误操作的情况。

（3）根据来自深度指示器、井筒开关及软件等的位置信号实现自动减速和停车。

（4）提升机运行的加减速度平稳。

（5）提升机具有良好的速度特性，能满足各种运行方式及提升阶段（如加速、减速、等速、爬行等）稳定运行的要求。

（6）要求具备各种必要的联锁和安全保护环节，确保系统安全运行。

（7）每一个提升循环，深度指示校零一次。

（二）电控系统

采用可编程序控制器（PLC）、先进的网络化控制技术以及一些专用的电子模块，完成提升机的操作控制和监控功能，对交流绕线式提升机异步电动机的启动、加速、等速、减速、爬行、停车与换向等进行控制，并具有提升机必要的电气保护和联锁装置。

（三）提升机 PLC 输入输出分配

重要输入信号（如松绳开关、过卷开关等）直接送入主令柜 PLC 的输入模块或通过继电器转换后（如井筒磁开关信号）送入主令柜 PLC 的输入模块，主 PLC 的 CPU 在接收这些信号后，会根据系统的情况及操作指令对其进行运算、控制，给出开关信号的继电器输出或模拟量信号的输出，这些不同的输出信号再分别控制不同的设备，如液压站、润滑站等。

采用就近原则，如操作台的按钮、开关等直接进入从 PLC 进行控制。

两个光电编码器分别进入主 PLC、从 PLC 的 FM350 高速计算模块，对每一套编码器分别计数，并通过软件比较两套 FM350 之间的计数值，互为监视。若程序检测到编码器故障信号，发出报警并进入电气制动停车。

参 考 文 献

［1］方慎权．煤矿机械［M］．徐州：中国矿业大学出版社，1986.

［2］程居山．矿山机械［M］．徐州：中国矿业大学出版社，1997.

［3］李树森．矿井轨道运输［M］．北京：煤炭工业出版社，1986.

［4］孙玉蓉，周法礼．矿井提升设备［M］．北京：煤炭工业出版社，1995.

［5］能源部．煤矿安全规程［M］．北京：煤炭工业出版社，1992.

［6］国家安全生产监督管理总局，国家煤矿安全监察局．煤矿安全规程［M］．北京：煤炭工业出版社，2016.

［7］牛树仁，陈滋平．煤矿固定机械及运输设备［M］．北京：煤炭工业出版社，1988.

［8］尹清泉，刘英林．胶带输送机［M］．太原：山西科学技术出版社，1993.

［9］杨复兴．胶带运输机结构、原理与计算［M］．北京：煤炭工业出版社，1983.

［10］陈玉凡．矿山机械［M］．北京：冶金工业出版社，1981.

［11］于学谦．矿山运输机械［M］．徐州：中国矿业大学出版社，1989.

［12］张景松．流体机械［M］．徐州：中国矿业大学出版社，2001.

［13］陈伯时．电力拖动自动控制系统［M］．北京：机械工业出版社，1997.

［14］陈维健．矿井运输与提升设备［M］．徐州：中国矿业大学出版社，2007.

［15］裴文喜．矿山运输与提升设备［M］．北京：煤炭工业出版社，2004.

［16］中国矿业大学．矿山运输机械［M］．北京：煤炭工业出版社，1979.